뉴 트렌드
패션 손뜨개

임현지 저

예신 Books

들어가면서 …

『정장, 캐주얼 패션 손뜨개』를 펴내고 3년 만에 작품집을 다시 발간하게 되어 감회가 새롭다.

오랜만에 내는 작품집이라 기존의 작품보다 나은 새로운 디자인을 구상하기 위해 고민을 많이 했다.

기존 책에서는 상의나 스커트, 원피스 정도의 작품만 다루었는데, 바지 정장과 치마 바지도 니트로 만들 수 있을지 의구심을 가지고 있다가 계속된 고민 끝에 직접 작품으로 만들어 보기로 했다.

작품을 만드는 동안 과연 니트로 완벽하게 표현할 수 있을지 걱정을 했지만 기대 이상의 작품이 나와 그동안의 고생이 한순간 날아가는 것 같아 기뻤다.

특별한 날 기분 전환을 위해 좀 돋보이고 싶다면 과감히 도전하여 내가 직접 만든 옷을 입어 보면 어떨까? 그런 분들에게 이 책이 많은 도움이 되었으면 한다.

이 책을 발간하기 위해 도움을 주신 출판사 사장님과 직원분들께 감사드리고, 더운 날 사진 촬영을 위해 야외에서 고생하신 구자익 실장님, 모델 김수연 씨와 메이크업 아티스트, 코디네이터분께 깊은 감사를 드린다.

임현지(jwy1266@hanmail.net)

CONTENTS

Part ❶

코바늘 뜨기

FASHION
HAND-KNIT

FASHION
HAND-KNIT

Part 1

Fashion Hand Knit

Part 1

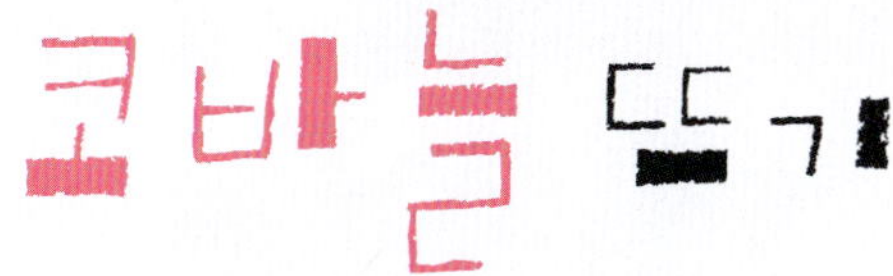

코바늘 뜨기

Fashion Hand-knit

물빛 반팔 투피스

A sky blue
two-piece

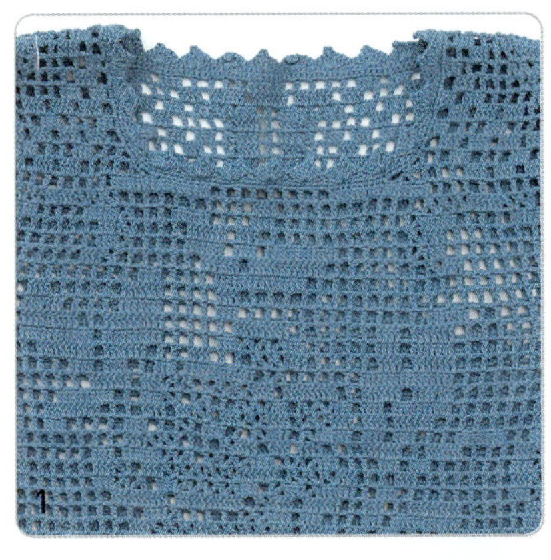

1. 스퀘어 넥 단뜨기 및 앞판 무늬뜨기
2. 반팔 소매 부분 무늬뜨기
3. 스커트 밑단뜨기 및 무늬뜨기

01 물빛 반팔 투피스

뜨는 방법

01 뒤판은 사슬 175코를 만들어 도안 1을 참고하여 뜨고, 뒤목둘레 만들기는 도안 2를 참고한다.

02 앞판은 사슬 175코를 만들어 도안 1을 참고하여 전체 55단까지 뜨고 앞목둘레를 만든다. 앞목둘레는 도안 3을 참고하여 만든다. 앞, 뒤판이 완성되면 양 어깨와 옆솔기는 사슬뜨기하여 붙여준다.

03 목단은 144코를 만들어 목단 무늬뜨기로 24무늬를 만든다.

04 밑단은 294코를 만들어 단 무늬뜨기로 49무늬를 만든다.

05 소매는 사슬 107코를 만들어 도안 4를 참고하여 뜨는데 완성 후 솔기를 붙인 후 밑단은 90코만 만들어 단 무늬뜨기로 15무늬를 만든다. 똑같이 1개를 더 만든 후 몸판에 달아 완성한다.

06 치마는 사슬 226코를 만들어 도안 5를 참고하여 2장 뜬다. 옆솔기는 15단 오픈시켜 붙이고 허리단을 뜨는데 424코를 만들어 짧은뜨기 1단, 긴뜨기 1단씩 번갈아 7단을 뜬 뒤 고무벨트를 넣어 반으로 접어 감침질한다.

07 치마 밑단은 단 무늬뜨기로 떠서 장식 마무리한다.

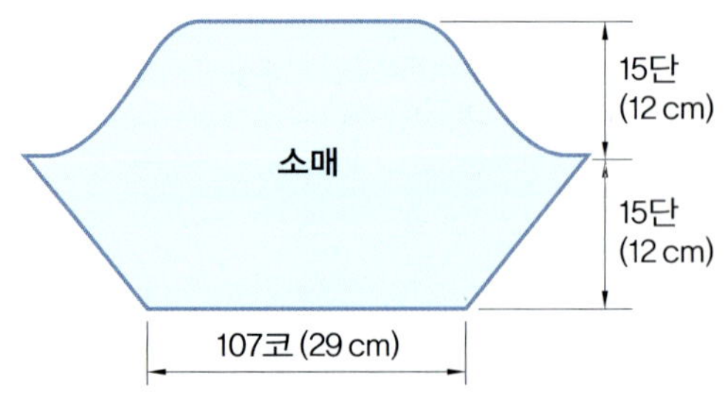

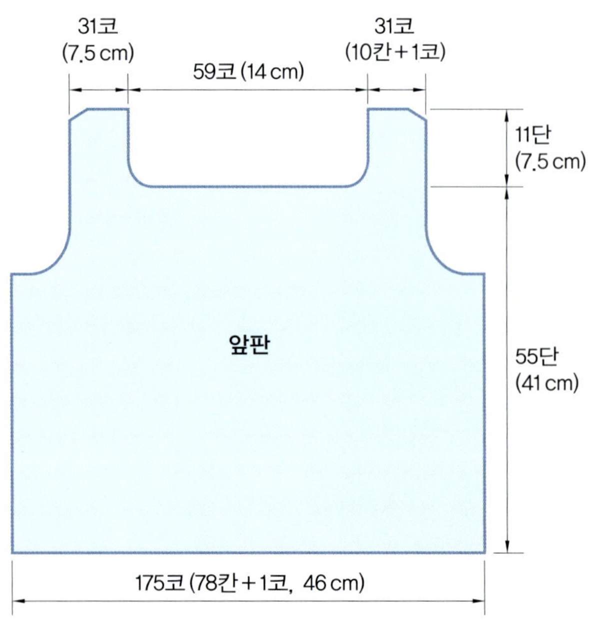

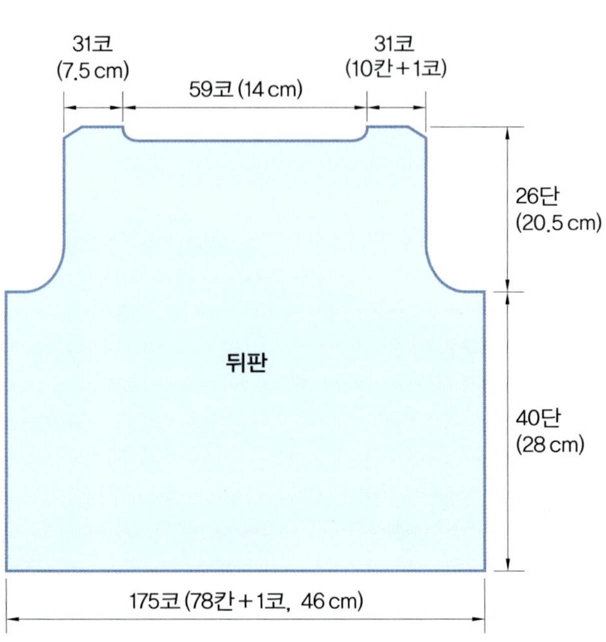

진동둘레
7
6
5
4
3
2
1
뒤판 (도안)
6
5
4
3
2
1
실달기
진동둘레
뒤목둘레
진동둘레
진동둘레
17
15
10
5
1
23
20
15
10
5
1
35
30
25
20
15
10
5
1
26 25
20
15
10
5
1
23
20
15
10
5
1
58 55 50 45 40 35 30 25 20 15 10 5 1
58 57
2 1

목단 무늬뜨기 (6코 3단 1무늬)
3
2
1
6코

단 무늬뜨기 (6코 6단 1무늬)
6
4
2
5
3
1
6코

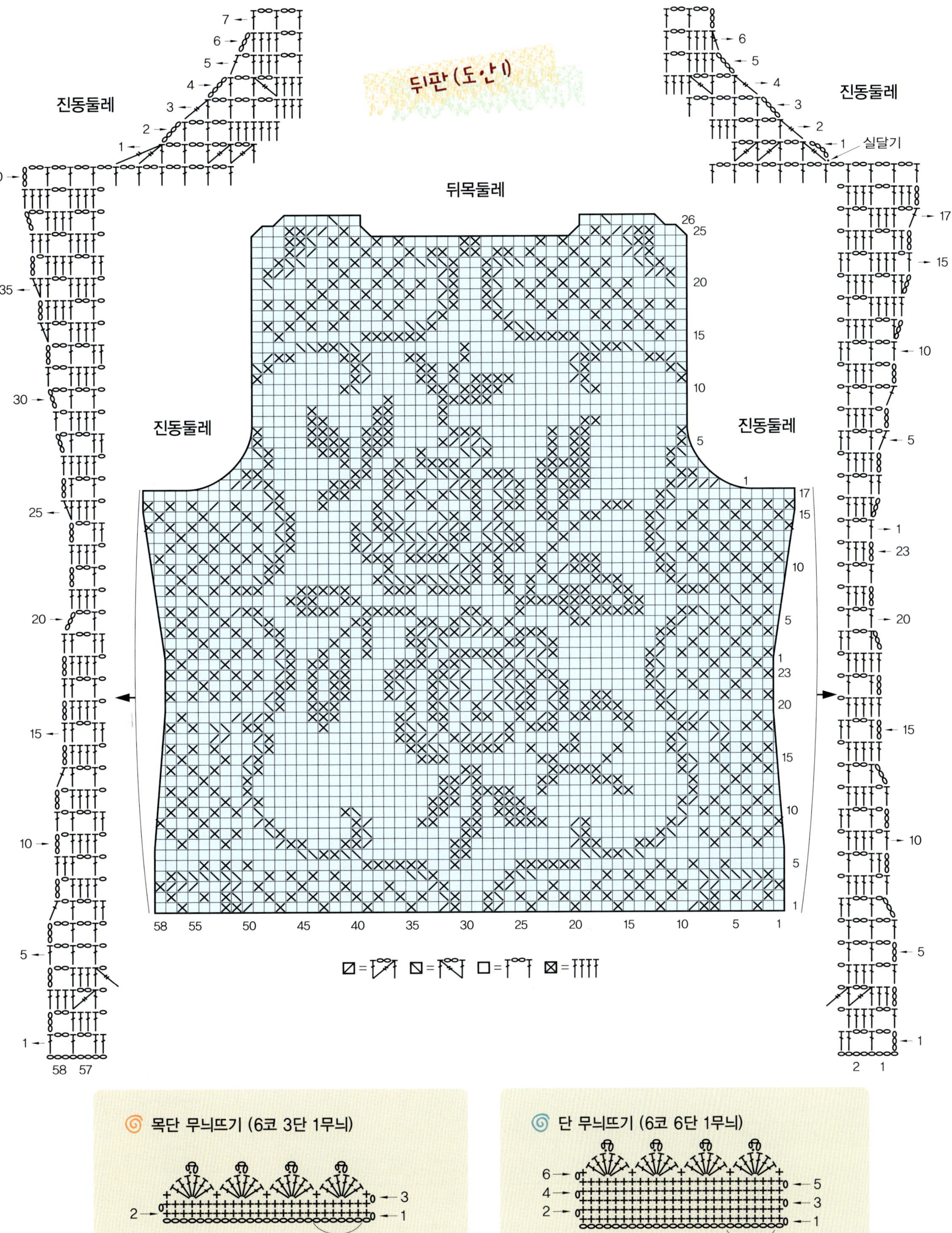

11

뒤목둘레(도안2)
실달기
26
실달기 ← 25
24

실달기
앞목둘레(도안3)
11
10
9
8
7
6
5
4
3
2
1
26
25
24
23
22
21
20
19
18
17
16
15
실달기

소매(도안4)

실달기
15
13
11
9
7
5
3
1
26
13
11
9
7
5
3
1
35 30 25 20 15 10 5 1
15
10
5
1

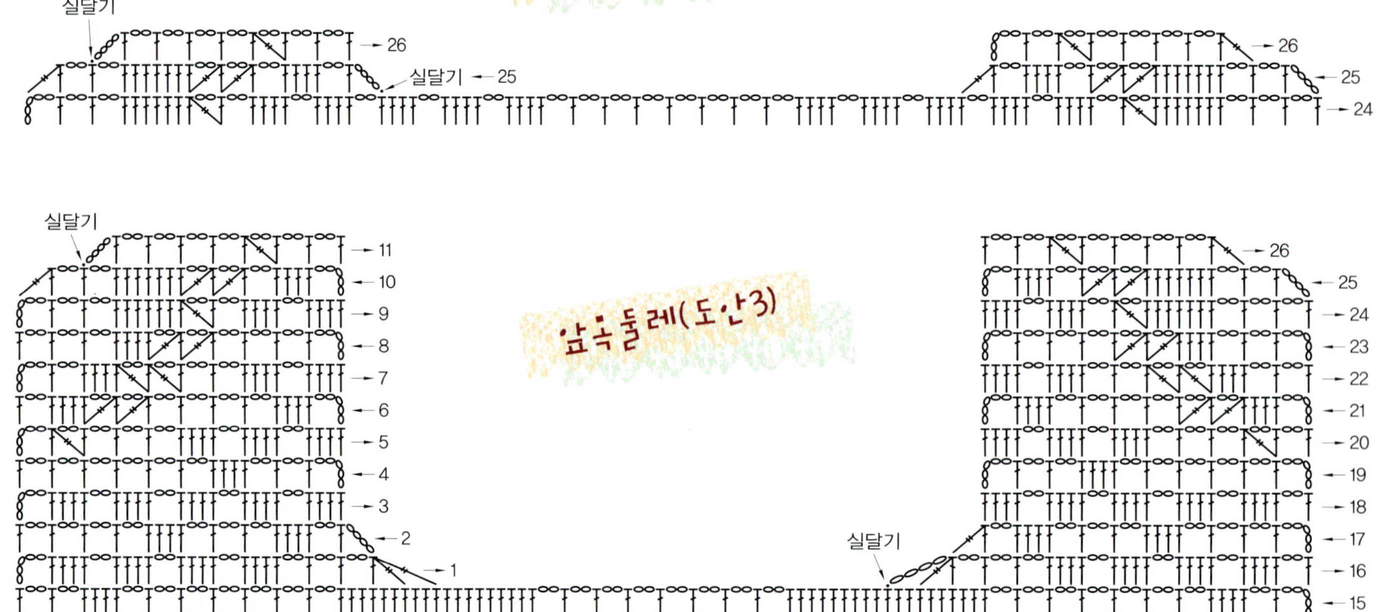

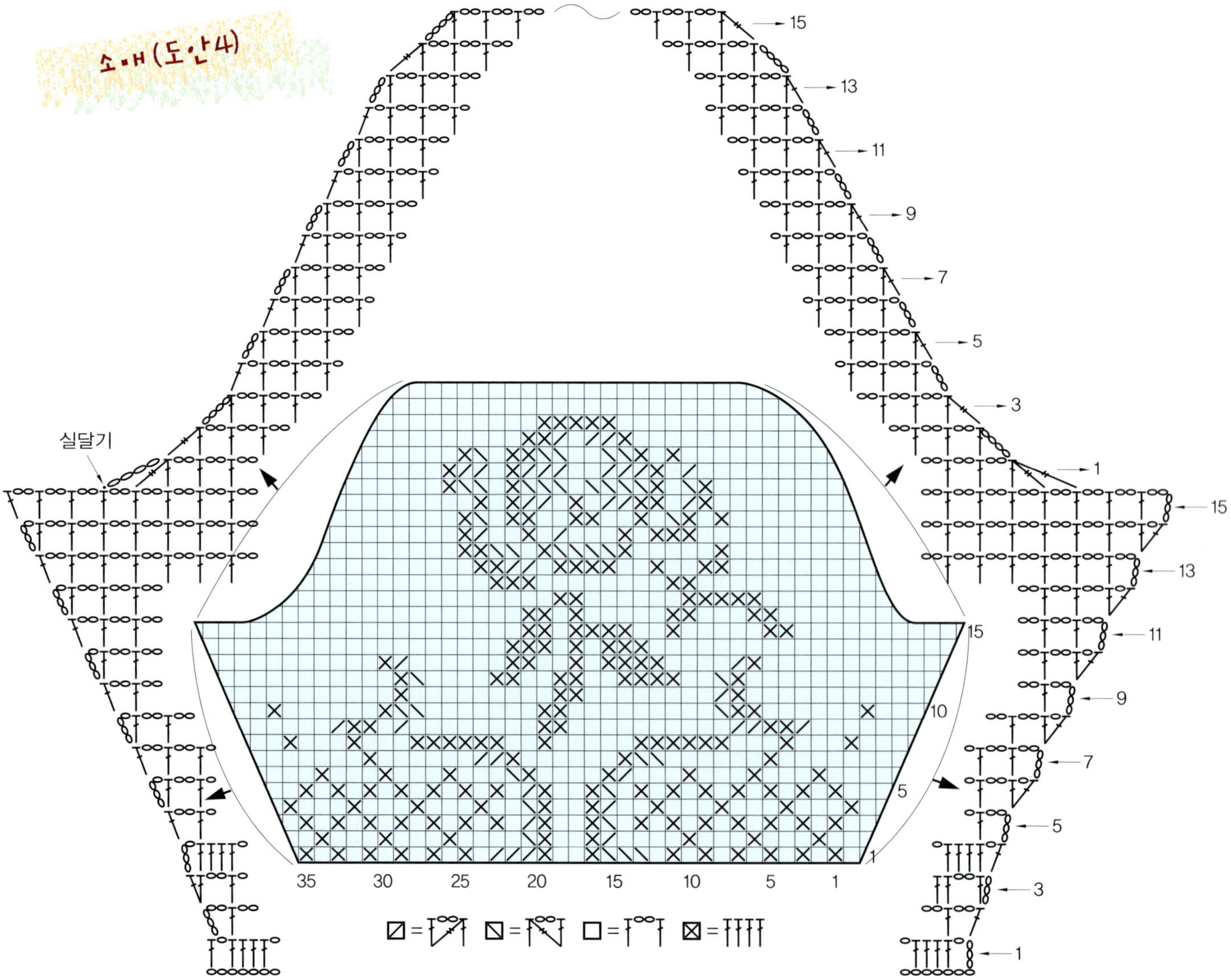

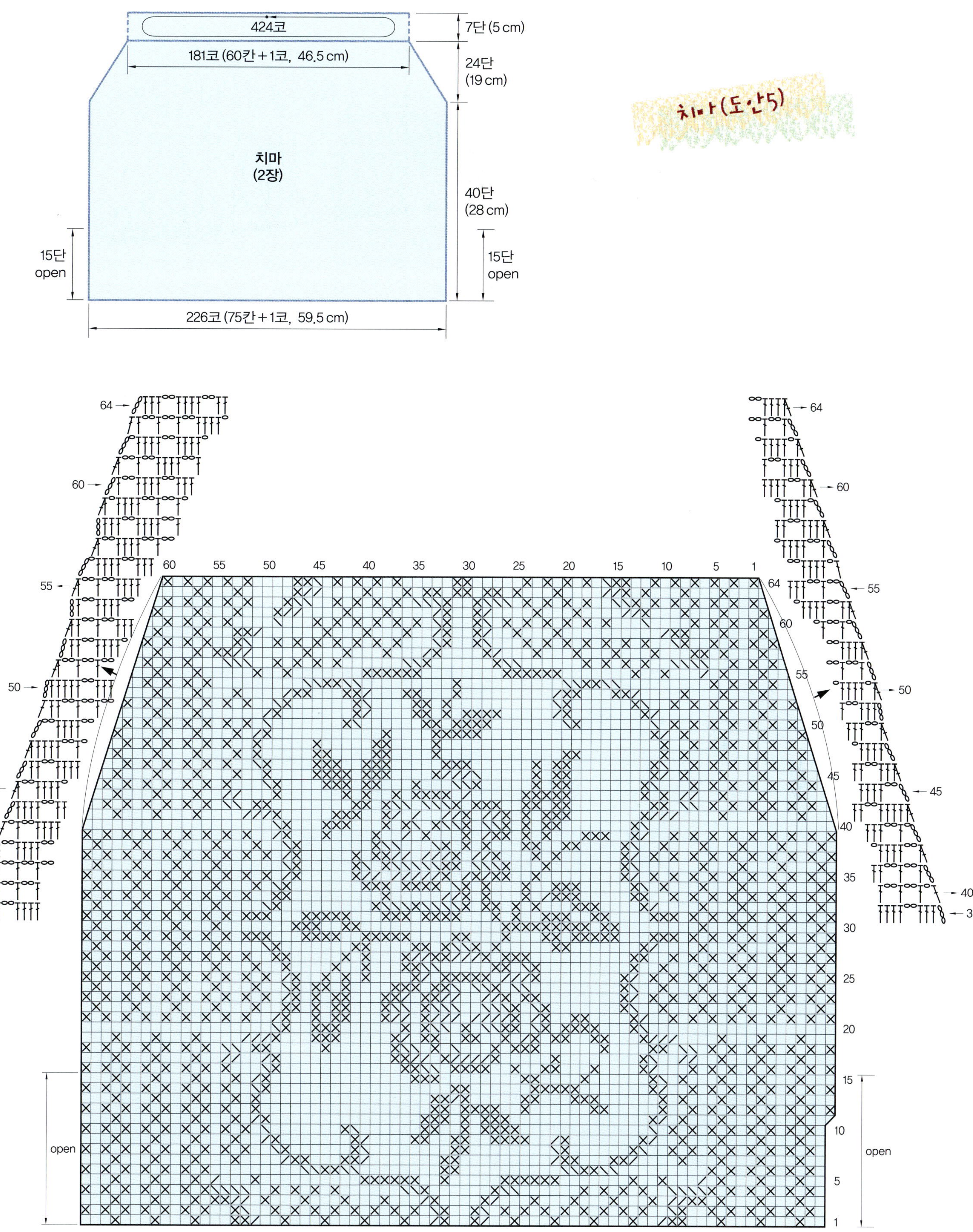
424코
7단 (5 cm)
181코 (60칸＋1코, 46.5 cm)
24단 (19 cm)
치마
(2장)
40단 (28 cm)
15단 open
15단 open
226코 (75칸＋1코, 59.5 cm)
치마(도안5)

프리티 모티브 원피스

A pretty motive
one-piece

1. 중심에 리본 장식과 어깨끈 뜨기
2. 모티브 무늬뜨기가 연결된 모습
3. 스커트 밑단뜨기

프리티 모티브 원피스

뜨는방법

01 모티브 도안을 보고 70장을 뜬다. 모티브 5장씩을 연결하여 큰 모티브 14장을 완성하고 도안 1을 참고하여 사슬뜨기하며 연결한다.

02 앞판은 큰 모티브 한 장 반만큼 오픈시켜 놓는다.

03 앞 어깨끈 부분에 실을 걸어 사슬 45코를 떠서 뒤 어깨끈 부분과 연결하고 짧은뜨기 2단을 뜬다.

04 어깨끈과 앞 오픈시킨 곳까지 연결해 피코뜨기로 장식하고 각각의 진동둘레 부분도 피코뜨기로 장식 마무리한다.

05 치마 밑단은 도안 2를 참고하여 무늬뜨기 8단을 원통뜨기하여 마무리한다.

06 앞쪽의 오픈시킨 곳에 사슬뜨기 끈을 떠서 끼워주고 끈 양끝을 구슬 방울을 달아 장식한다.

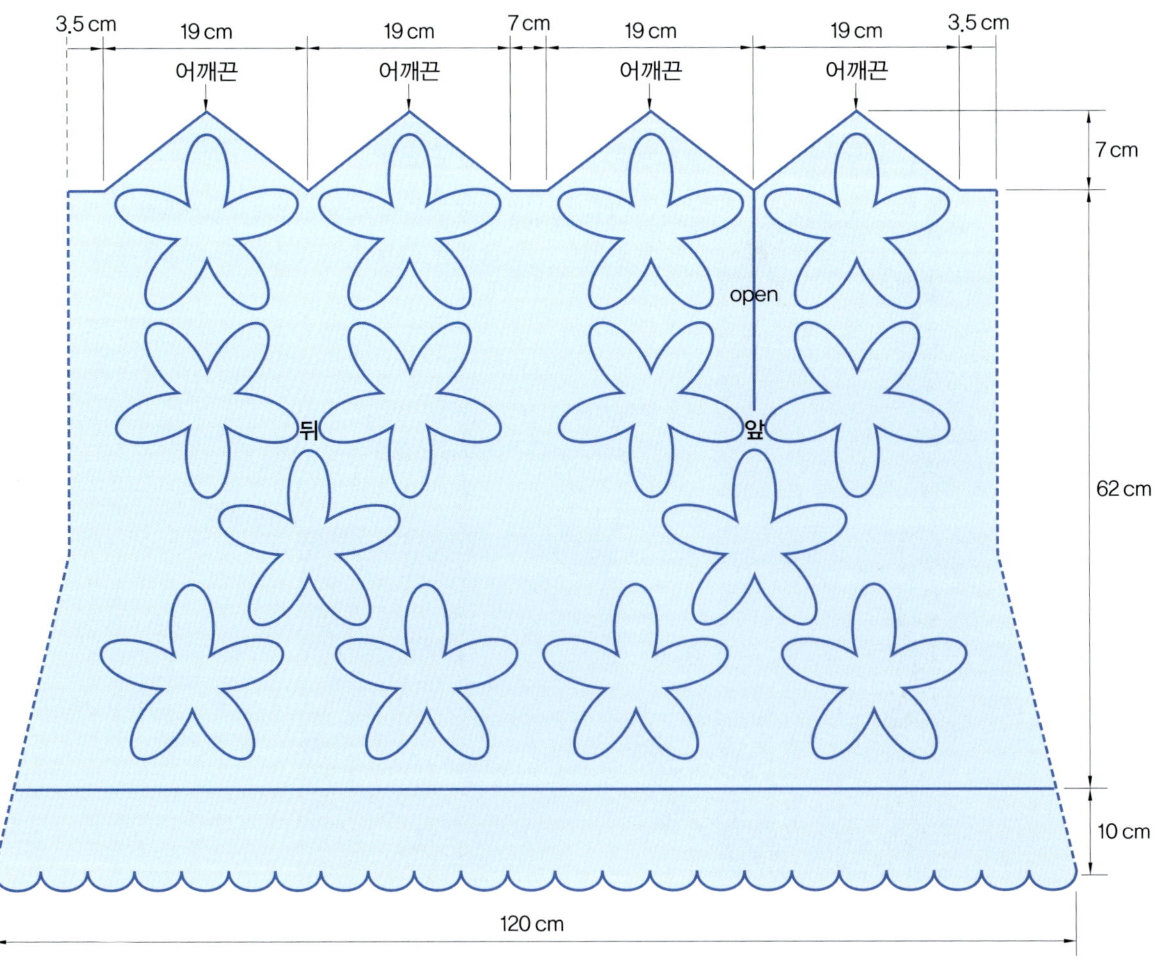

치마 밑단(도안2)

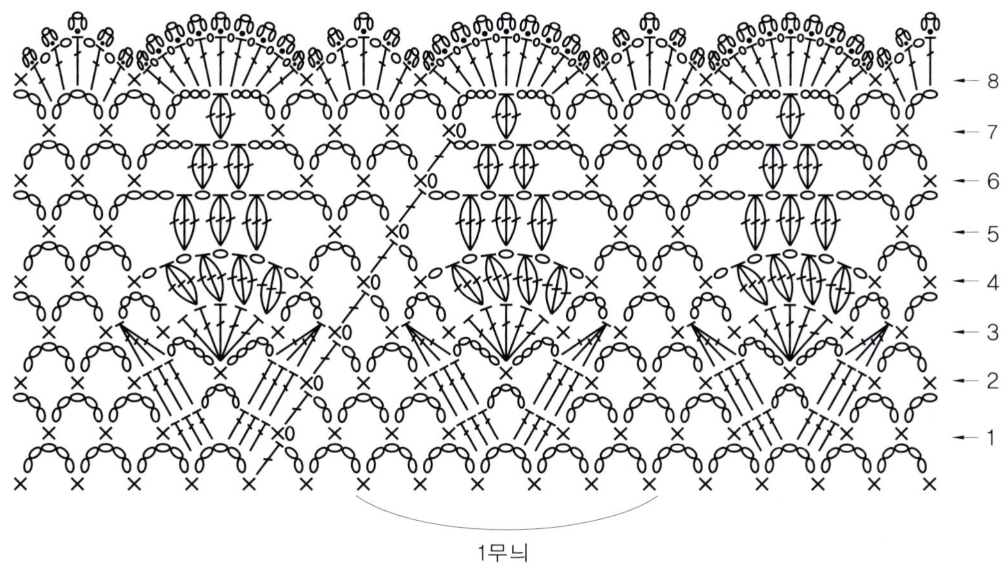

8
7
6
5
4
3
2
1
1무늬

모티브

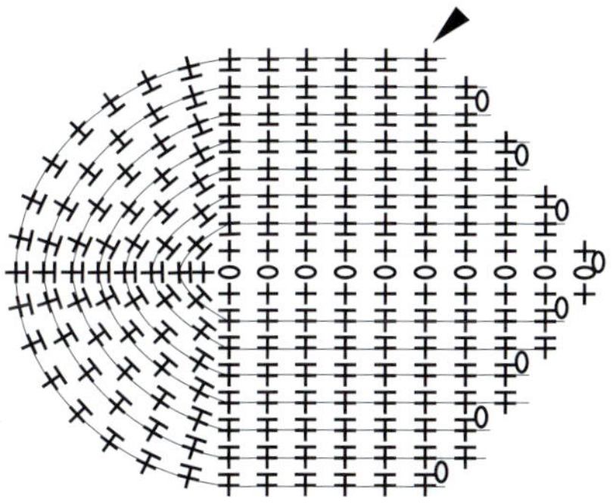

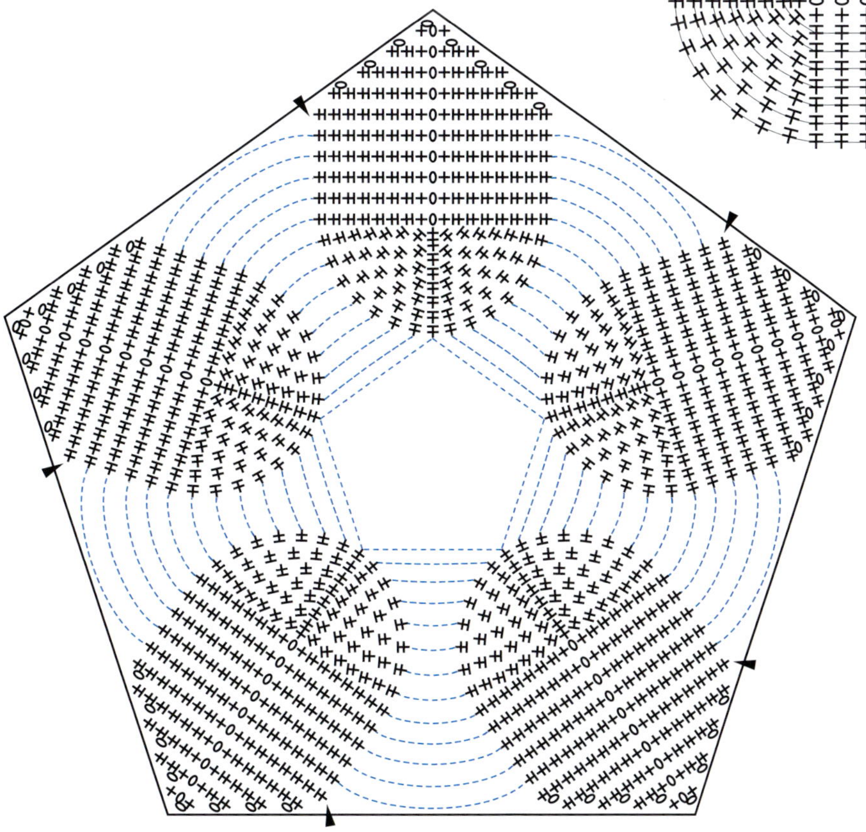

뒤·앞판(도안)

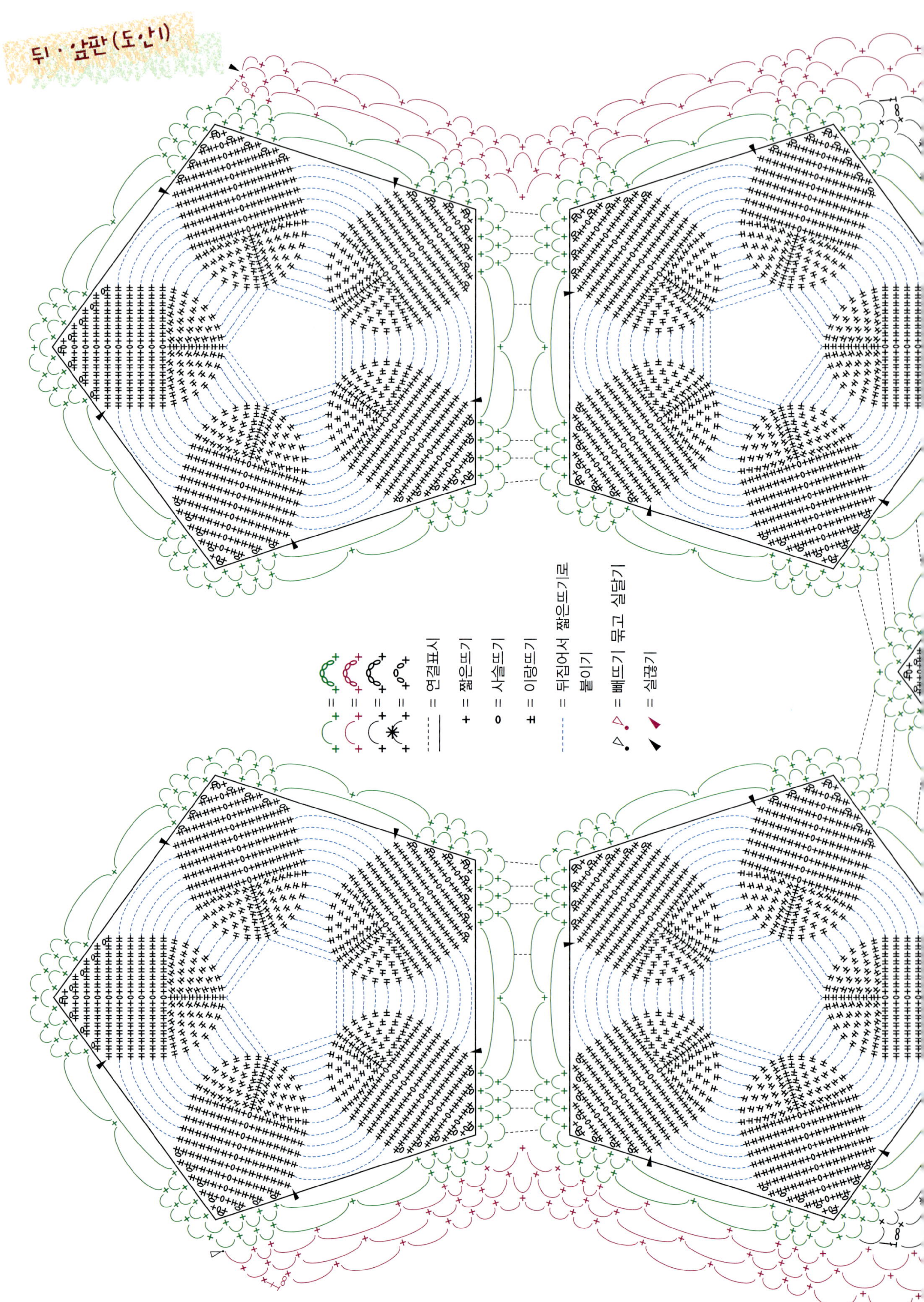

= 연결표시
= 짧은뜨기
= 사슬뜨기
= 이랑뜨기
= 뒤집어서 짧은뜨기로 붙이기
= 빼뜨기 묶고 실달기
= 실풀기

탐롱 원피스

Top long
one-piece

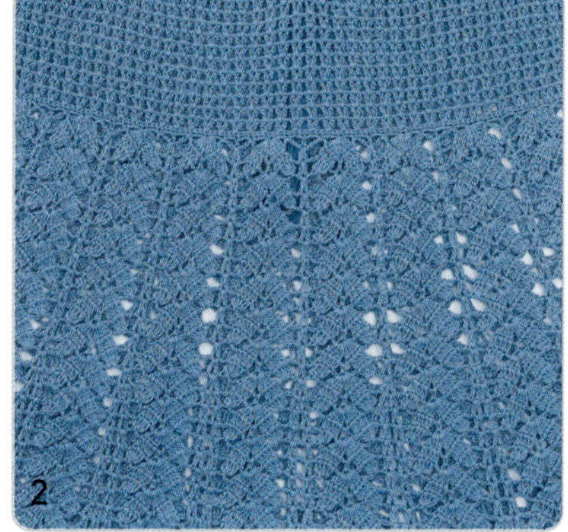

1. 원피스 탑 부분 목둘레와 어깨끈 뜨기
2. 탑과 원피스 연결 시작 부분
3. 치마 밑단 뜨기

뜨 는 방 법

01 치마 부분은 사슬 221코를 만들어 도안 1의 무늬 22무늬＋1코로 시작해서 4단을 일자로 뜬 뒤 3단째는 빼뜨기로 이어 원통뜨기로 뜬다.

02 단 이어 올라가기나 코 늘림은 도안 1을 참고하며 98단까지 떠서 치마를 완성한다.

03 02가 끝나면 처음 사슬 시작 부분에 실을 걸어 286코를 만들어 짧은뜨기 2단을 뜨고 3단째부터는 도안 2를 참고하여 무늬뜨기한다.

04 9단을 뜨기 전에 앞 가슴 부분에 가슴선을 2단 먼저 떠준다.

05 양 어깨끈은 도안 2를 참고하여 뜨고 앞, 뒤 끈은 돗바늘로 감침질한다.

06 양 진동둘레단은 각각 140코를 만들어 짧은뜨기 4단 뜨고 5단째는 피코뜨기를 떠서 마무리한다.

07 목둘레와 지퍼선까지 412코를 만들어 짧은뜨기 4단 뜨고 5단째는 피코뜨기를 떠서 마무리한다.

08 뒤 오픈된 부분에 지퍼를 달아 완성한다.

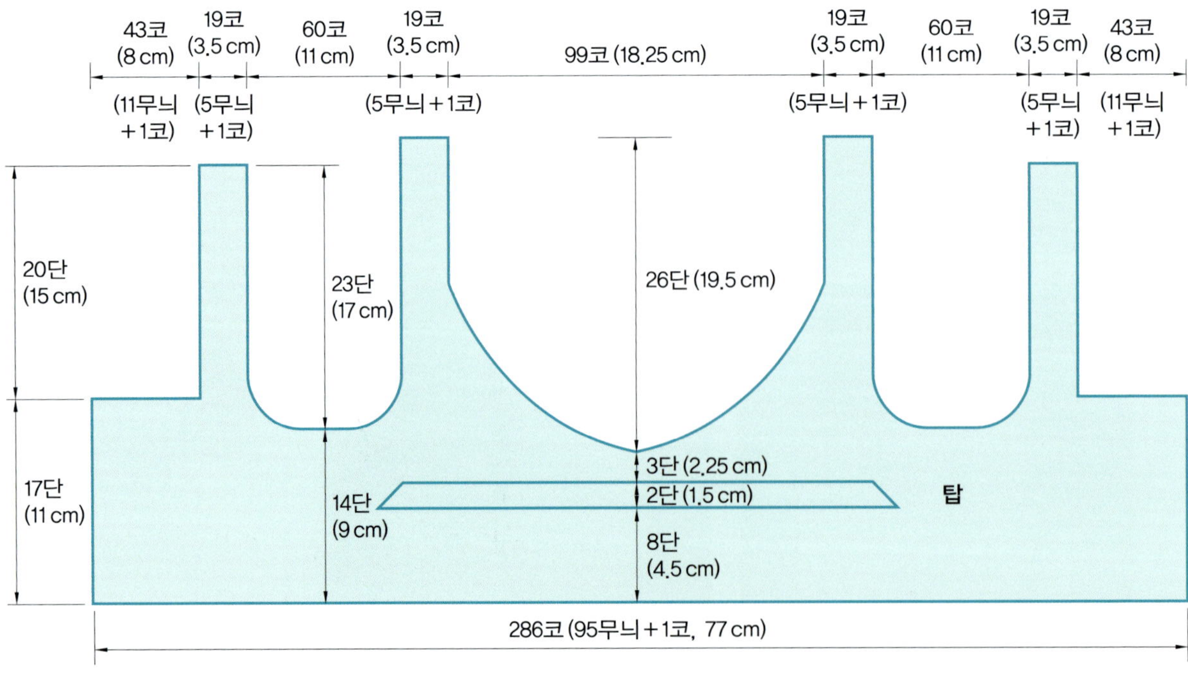

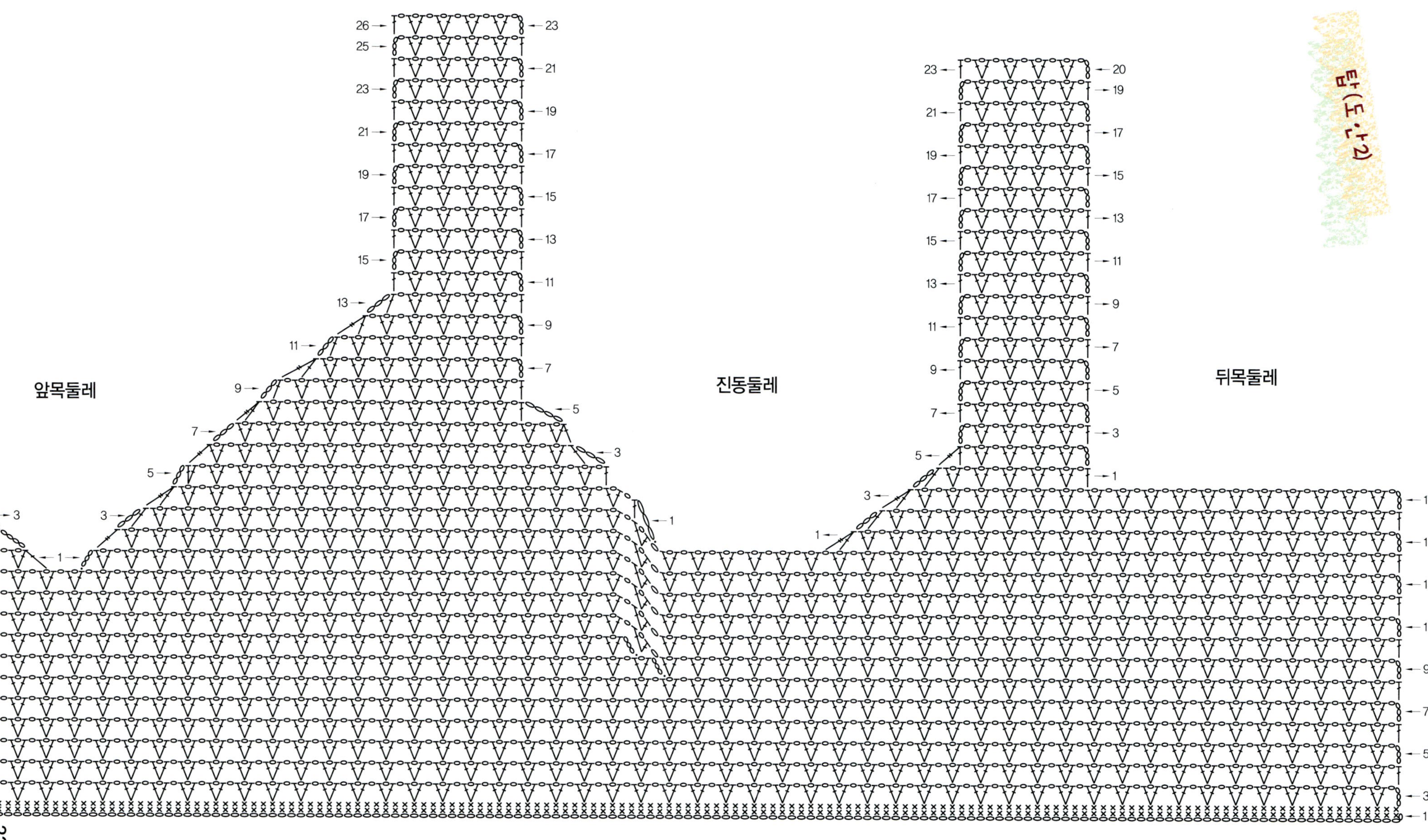

23

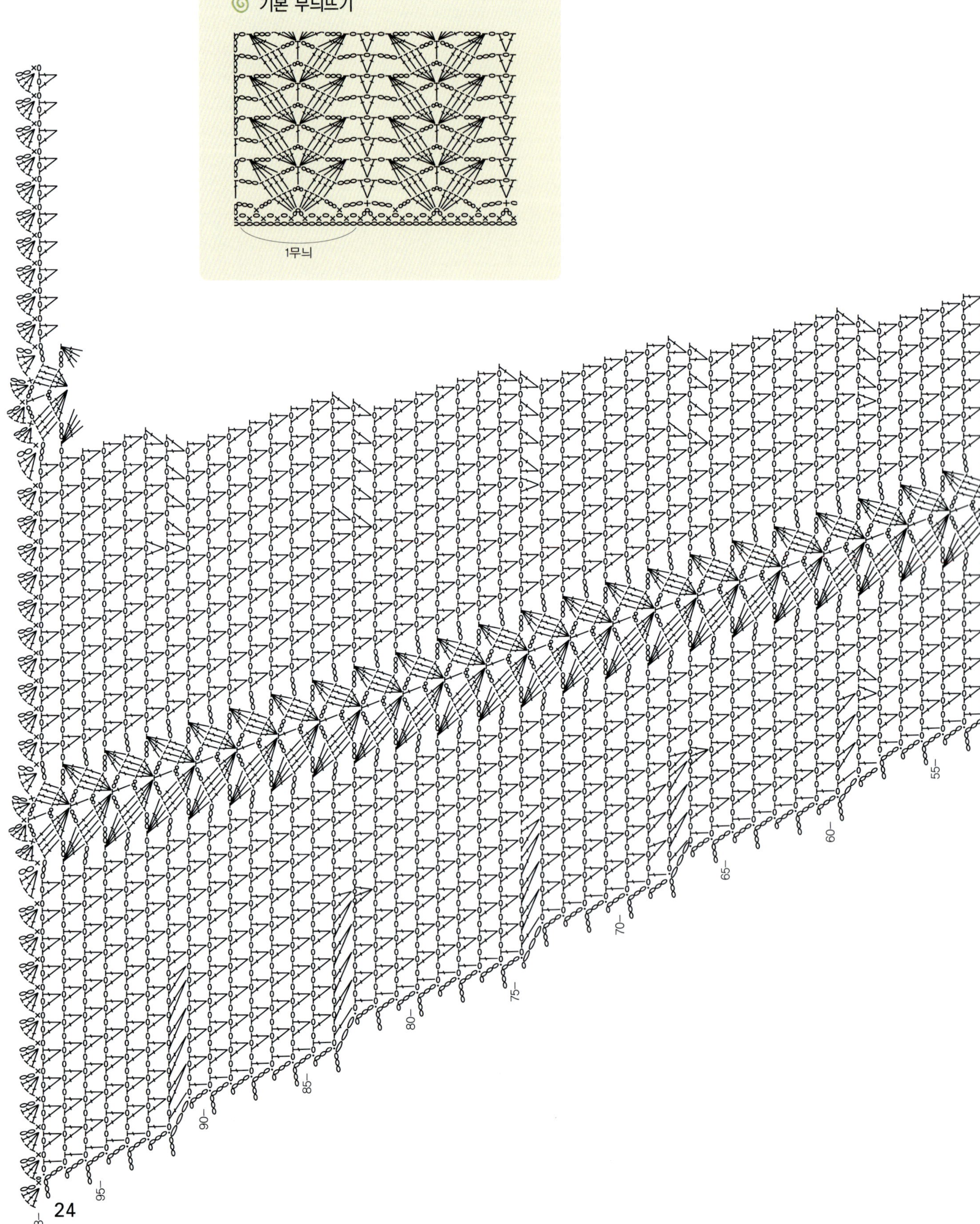

24

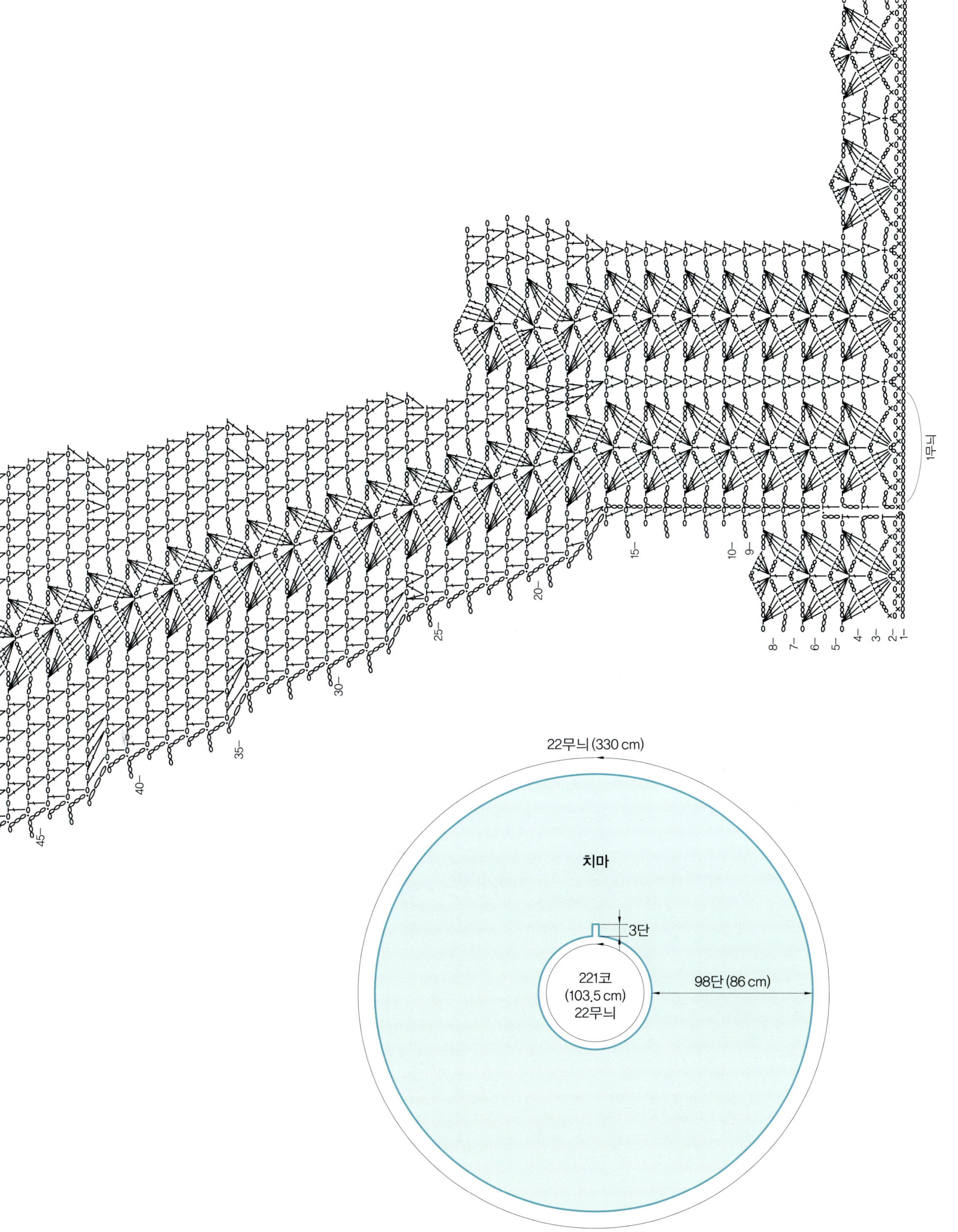

1무늬
치마
22무늬 (330 cm)
3단
221코
(103.5 cm)
22무늬
98단 (86 cm)

체리핑크 투피스

Hot-pink
two-piece

1. 뒤판 뒤목둘레와 뒷지퍼 달기
2. 치마 허리 고무벨트 단 만들기
3. 치마 밑단 뜨기

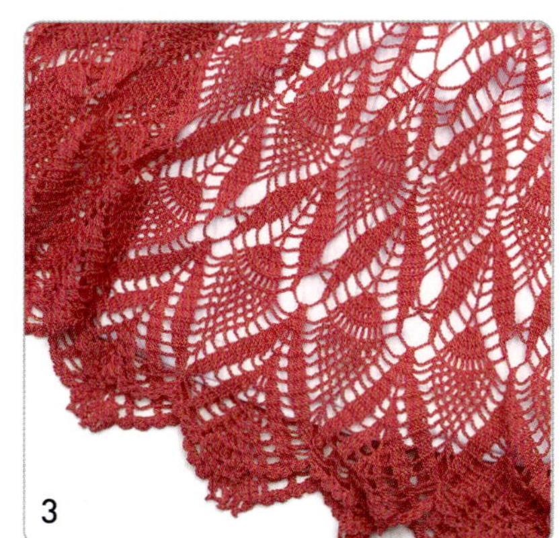

04 체리핑크 투피스

【민소매】

01 사슬 385코를 만들어 무늬뜨기 A 32무늬+1코로 시작해서 52단까지 뜨고 도안 1을 참고하여 앞, 뒤 나눈 후 진동둘레를 만든다.

02 앞판은 61단까지 뜬 다음 앞목둘레를 뜨는데 앞목둘레는 도안 1을 참고하여 만든다. 뒤판은 69단까지 뜬 다음 뒤목둘레를 만드는데 뒤목둘레는 도안 1을 참고하여 만든다.

03 02까지 끝나면 앞, 뒤 어깨코를 마주대어 붙이고, 뒤판 오픈 목둘레에 사슬 5코를 떠서 붙이고 목단 무늬뜨기 52무늬를 원통뜨기로 떠서 마무리한다.

04 진동둘레는 소매단 무늬뜨기 31무늬를 원통뜨기로 떠서 마무리한다.

05 뒤판 중심 오픈된 곳에는 짧은뜨기로 5단 뜨고 피코뜨기로 1단 떠준 다음 지퍼를 달아 완성한다.

06 허리 밑단은 무늬뜨기 C로 26무늬를 뜨고, 몸판과 허리 밑단 사이에는 무늬뜨기 E로 32무늬+1코를 뜬다. 그리고 허리 밑단에 뜬 무늬뜨기 C의 가장자리에도 무늬뜨기 E로 55무늬+1코를 떠서 장식한다.

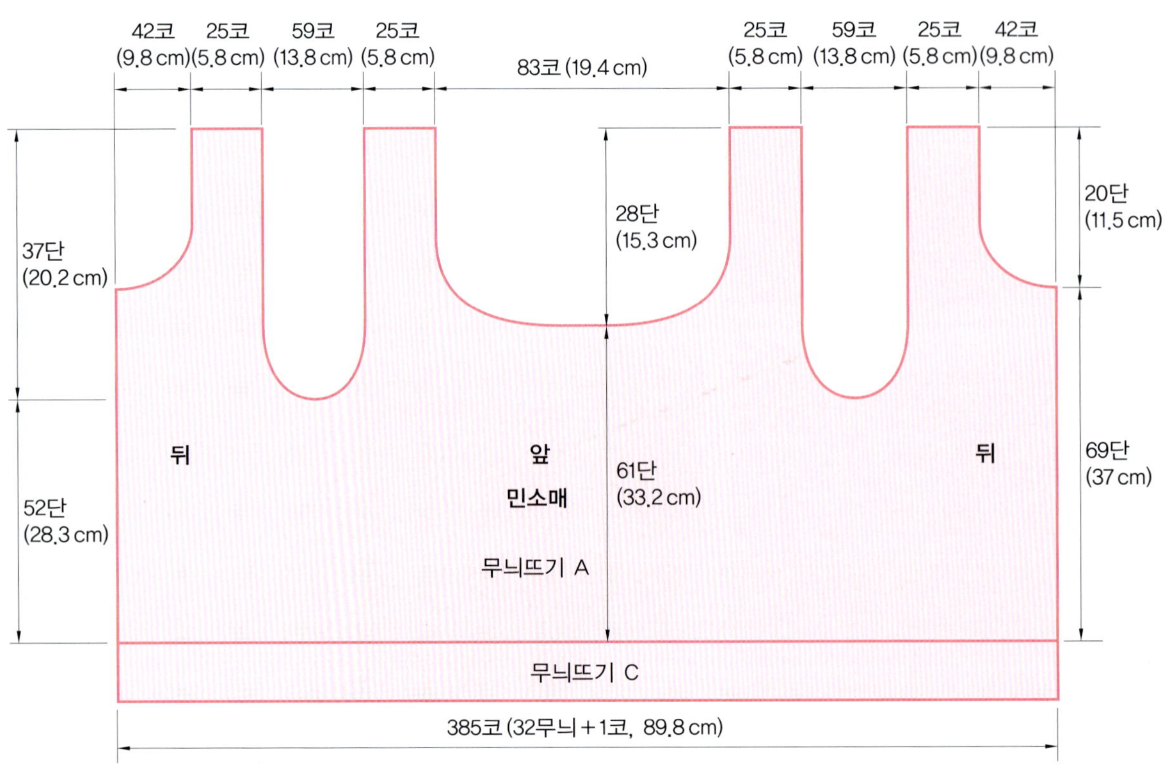

목단 무늬뜨기 (6코 5단 1무늬)

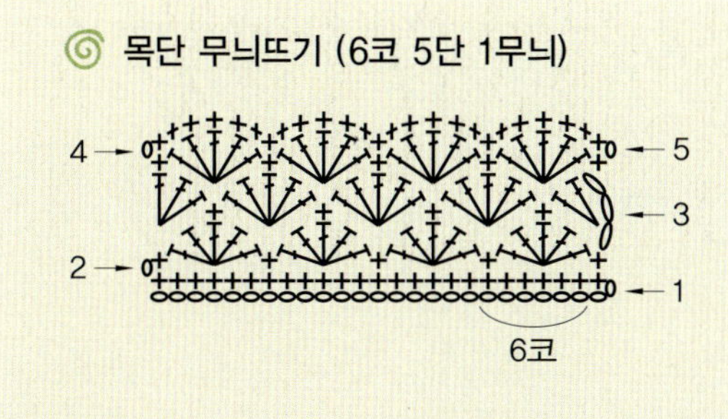

6코

소매단 무늬뜨기 (6코 4단 1무늬)

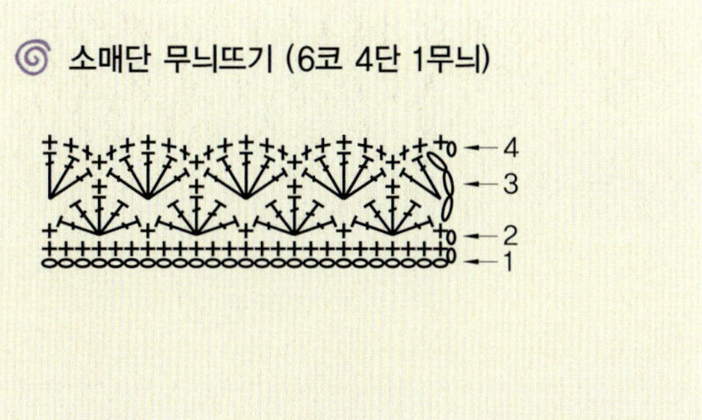

무늬뜨기 A (10코 8단 1무늬)

10코

무늬뜨기 B (16코 8단 1무늬)

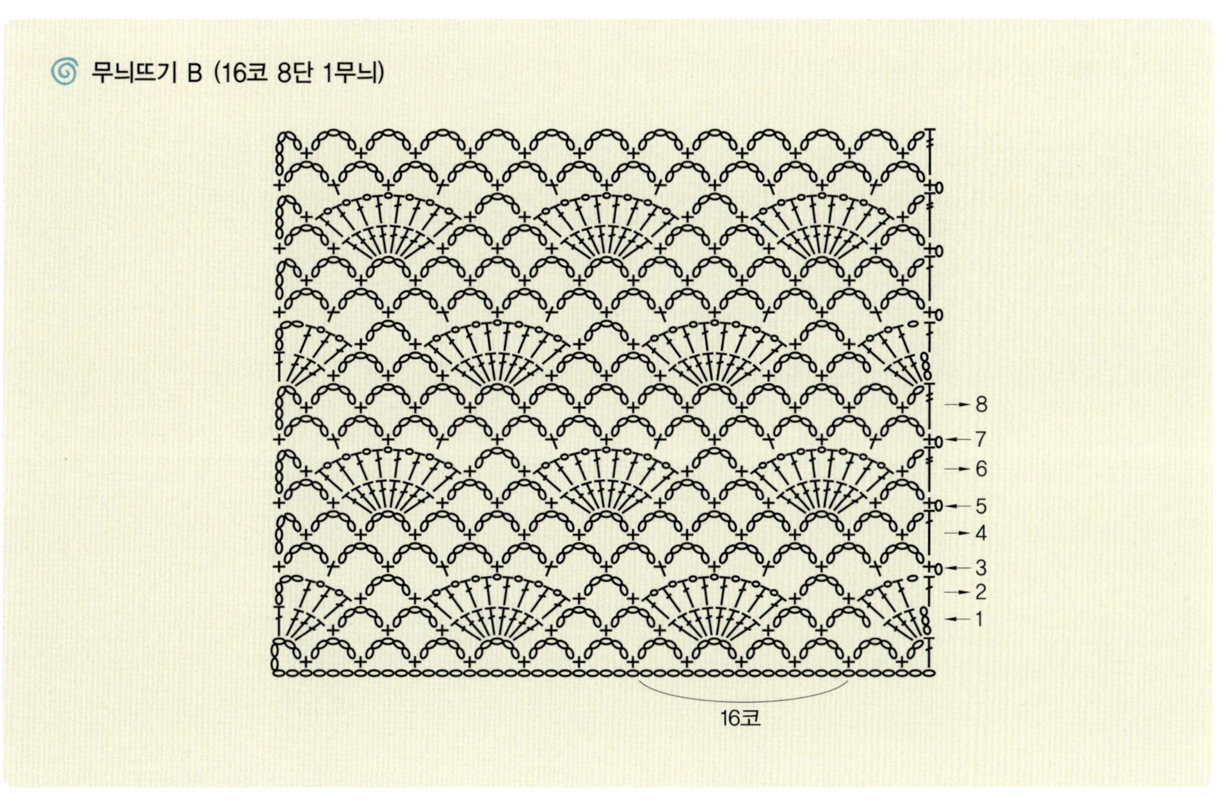

16코

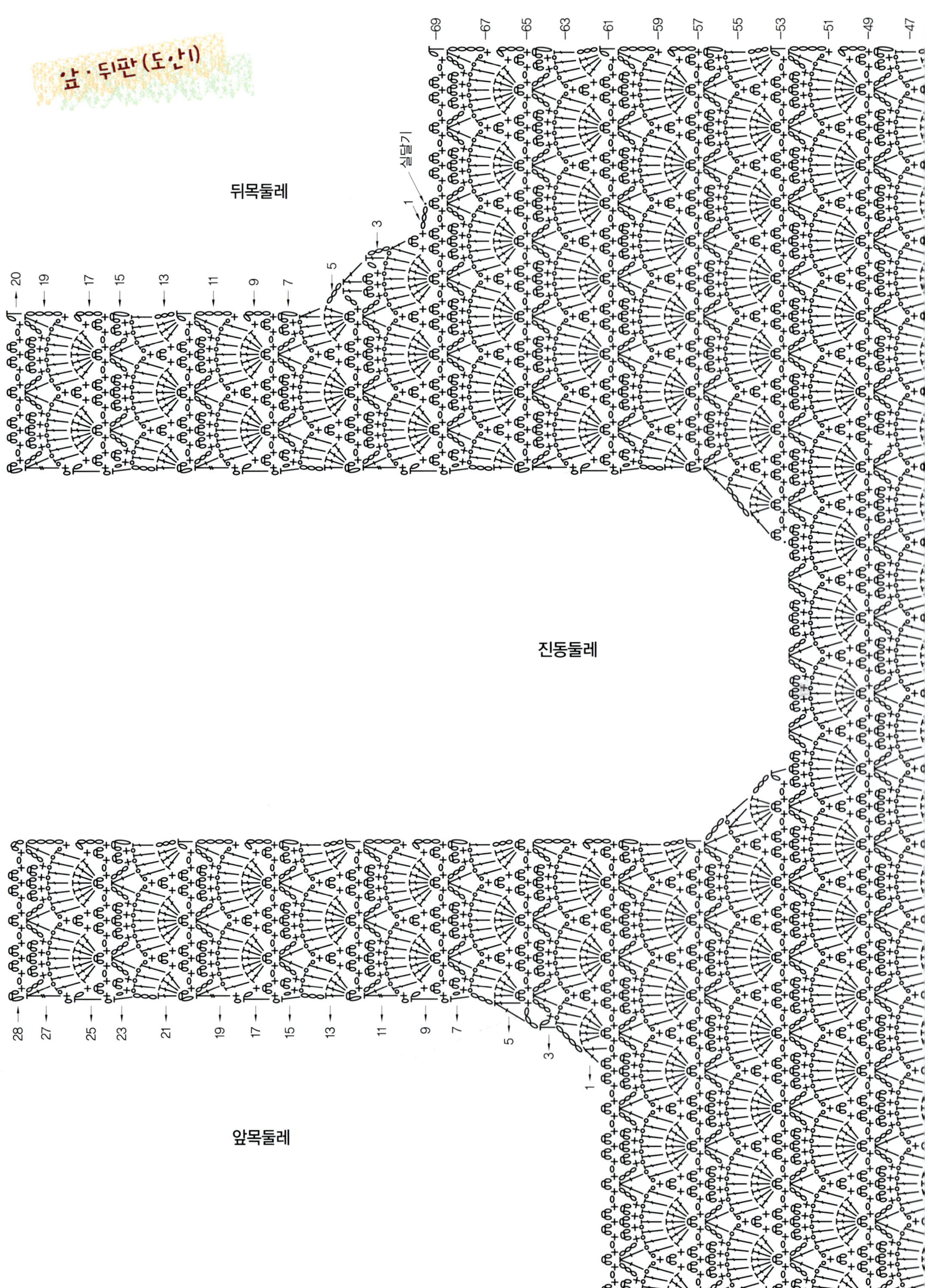

앞·뒤판(도안1)
뒤목둘레
진동둘레
앞목둘레
실감기

효판(도안1)

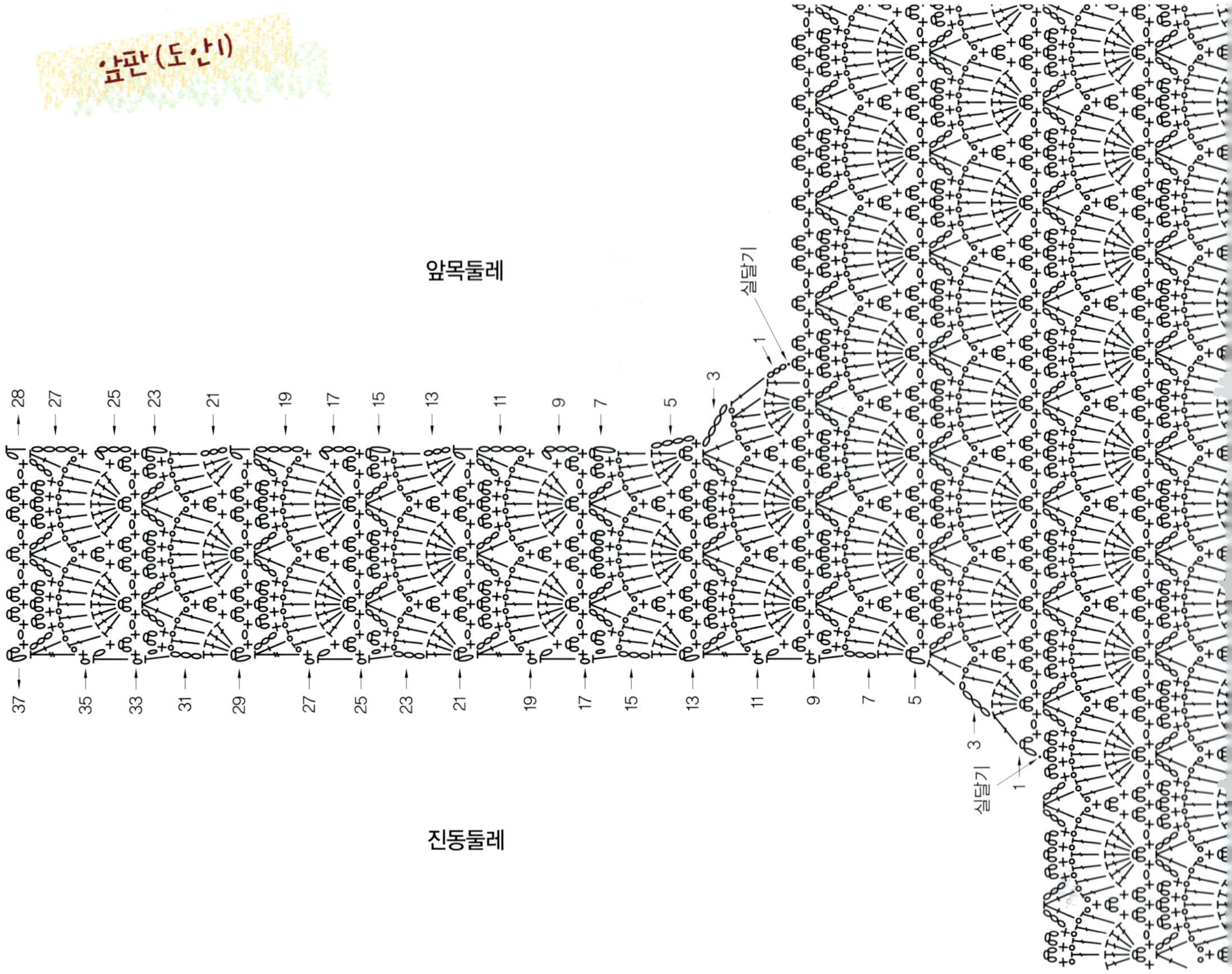

앞목둘레

진동둘레

실달기

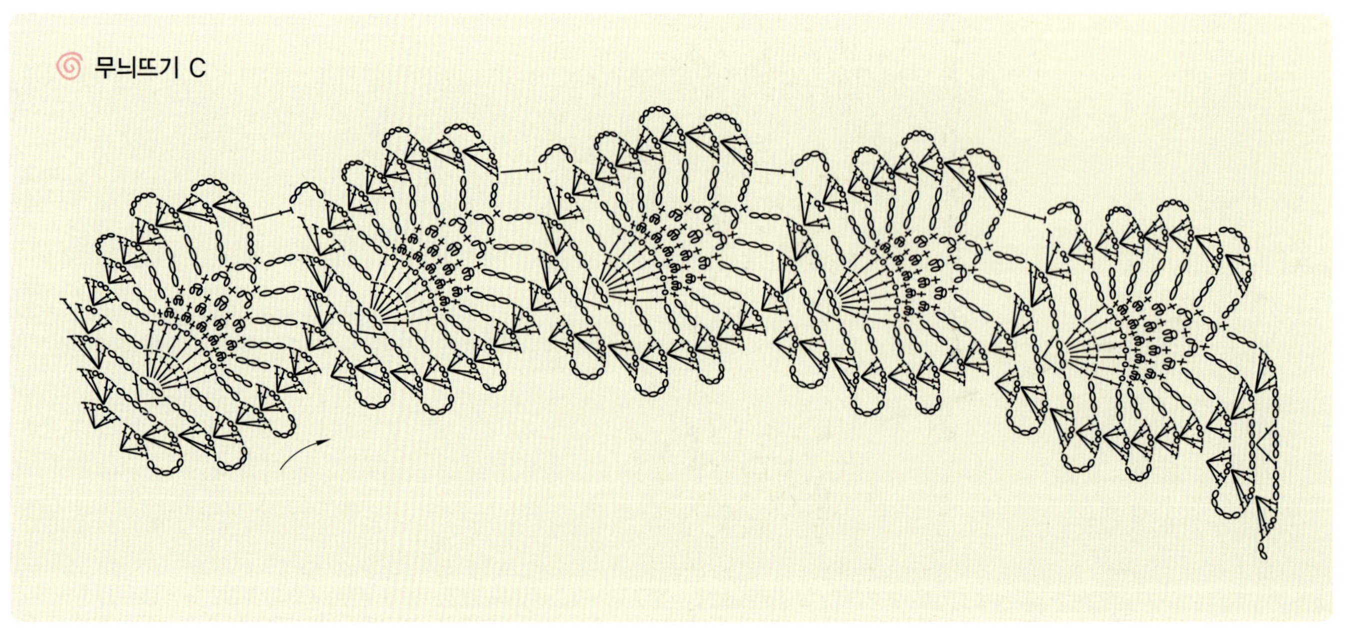

무늬뜨기 C

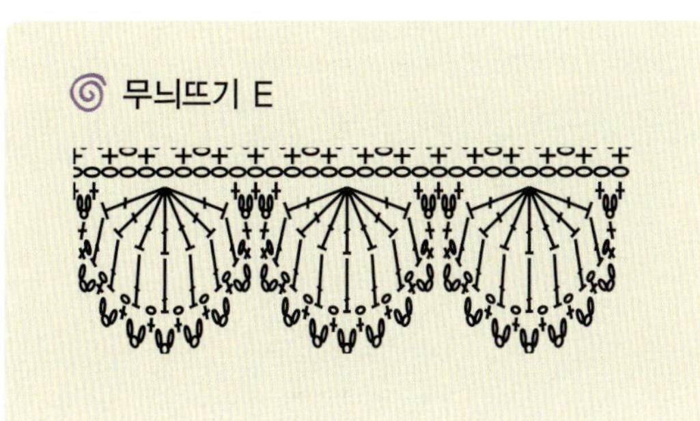

무늬뜨기 E

치마(도안2)

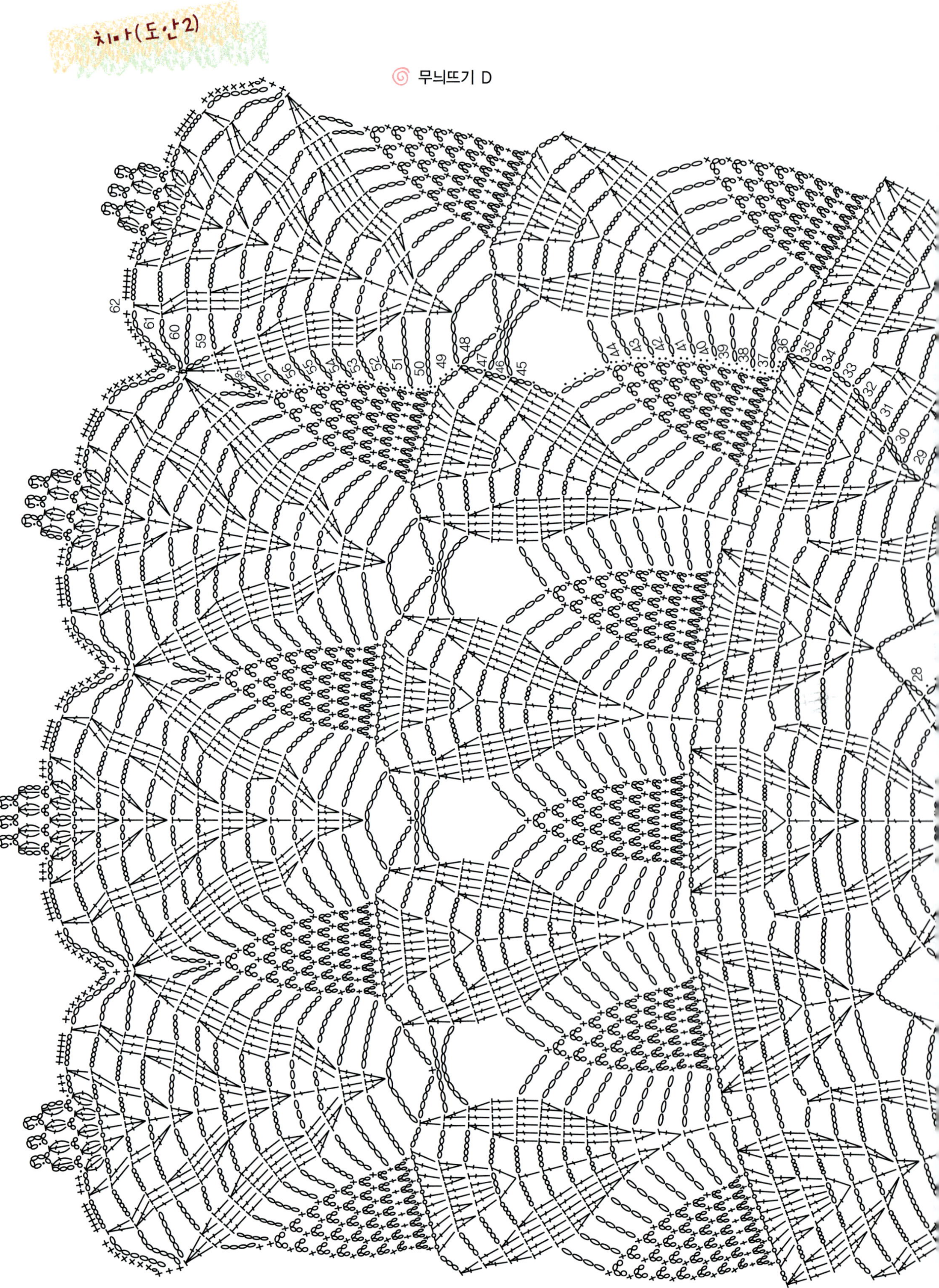
무늬뜨기 D

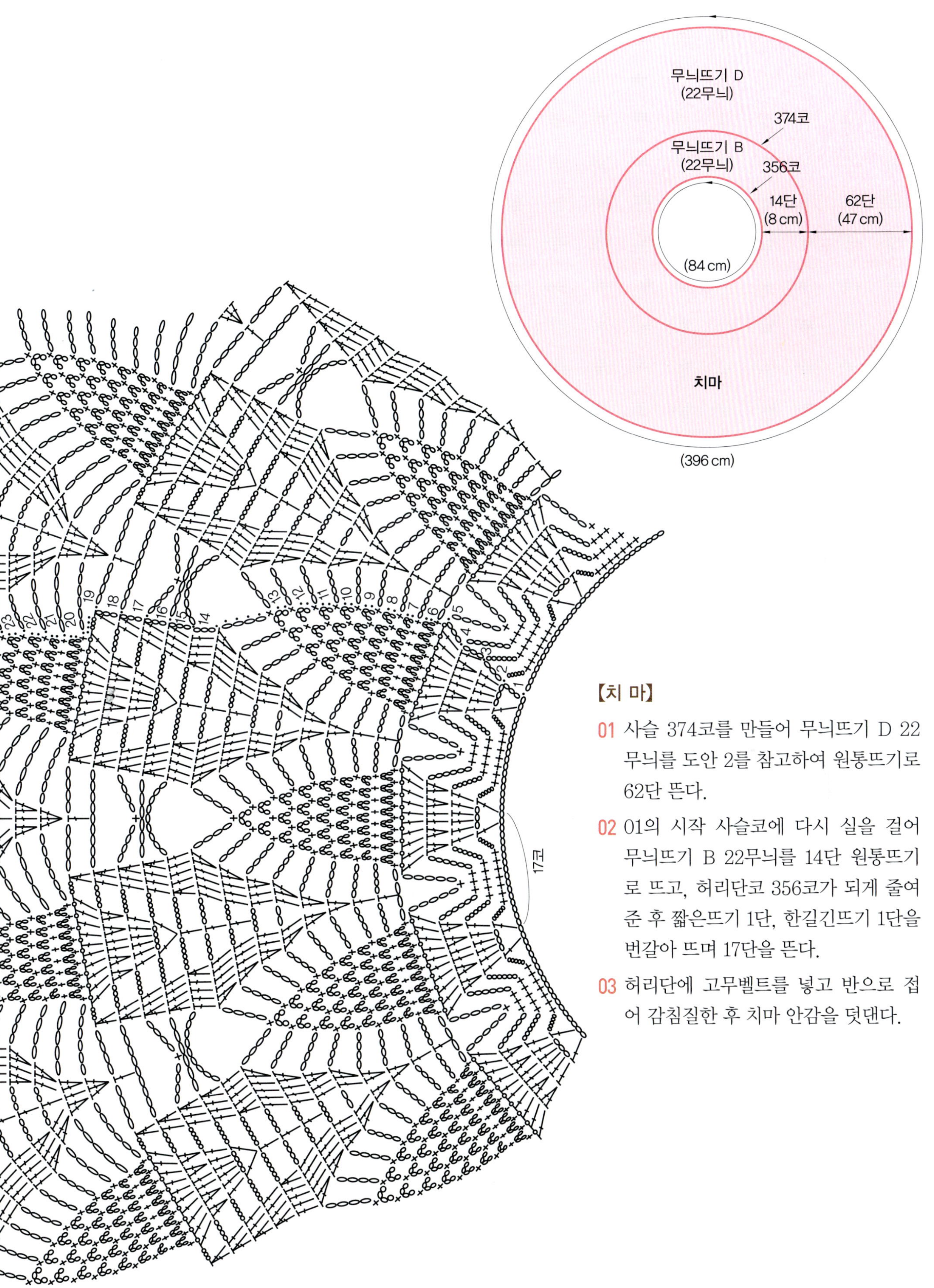

【치 마】

01 사슬 374코를 만들어 무늬뜨기 D 22
무늬를 도안 2를 참고하여 원통뜨기로
62단 뜬다.

02 01의 시작 사슬코에 다시 실을 걸어
무늬뜨기 B 22무늬를 14단 원통뜨기
로 뜨고, 허리단코 356코가 되게 줄여
준 후 짧은뜨기 1단, 한길긴뜨기 1단을
번갈아 뜨며 17단을 뜬다.

03 허리단에 고무벨트를 넣고 반으로 접
어 감침질한 후 치마 안감을 덧댄다.

프리티 칼라 원피스

A pretty collar
one-piece

1. 라운드 넥 칼라 달기
2. 윗몸판과 치마 연결해서 뜨기
3. 치마 밑단 뜨기 및 무늬뜨기

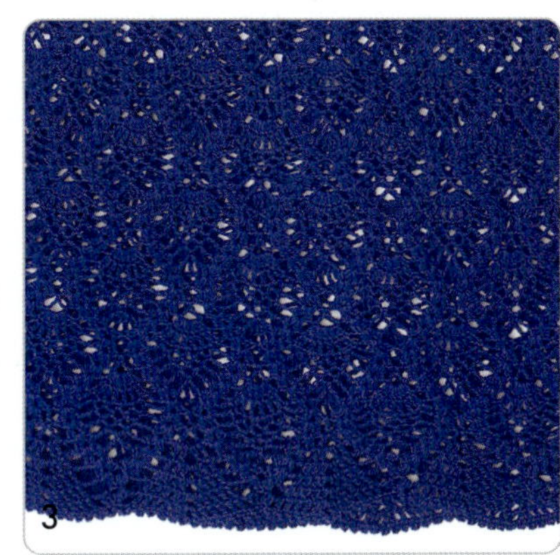

프리티 칼라 원피스

완성 치수

55 size

재료와 도구

실　실크 레이온(파란색)
바늘　코바늘 2호
부속품　지퍼 1개

뜨 는 방 법

01 실크 레이온 1올과 코바늘 2호로 사슬 580코를 만들어 무늬뜨기 20 무늬로 시작해서 80단까지 뜨고 81단부터 88단까지는 도안 1을 참고하여 밑 장식단을 뜬다.

02 01의 시작 사슬코 부분에서 320코만 주워 짧은뜨기 1단을 뜨고 무늬뜨기 11무늬＋1코로 시작해서 24단까지 평뜨기한다. 25단부터는 도안 2를 참고하여 앞, 뒤판을 나누어 진동둘레를 만들고 앞, 뒤 목 둘레를 만든다.

03 앞, 뒤판 어깨를 이어 붙이고, 진동둘레는 소매단 무늬뜨기로 56무 늬를 원통뜨기한다.

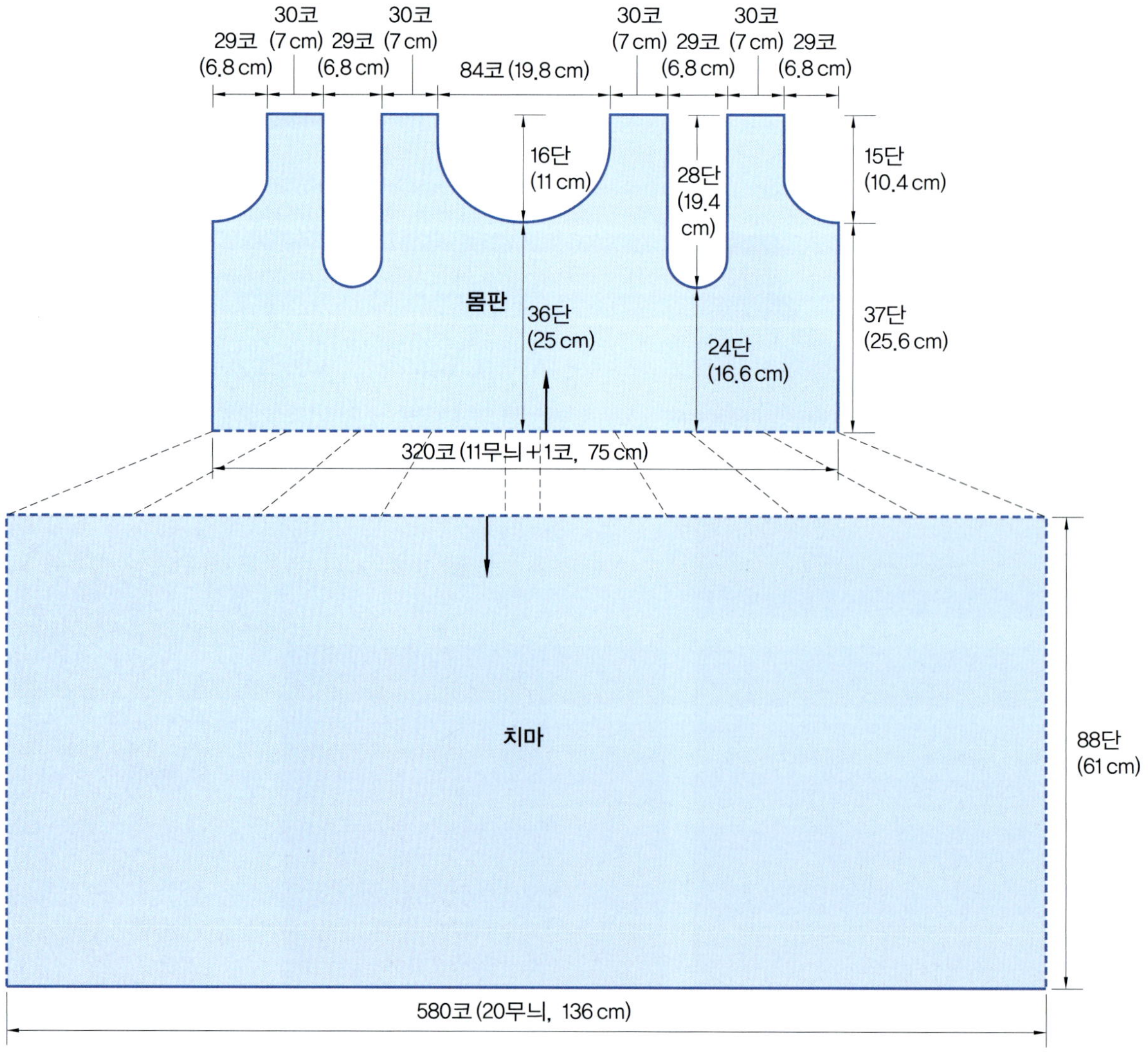

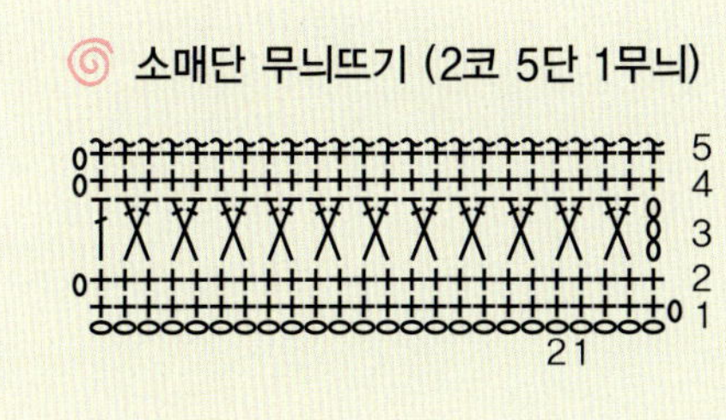

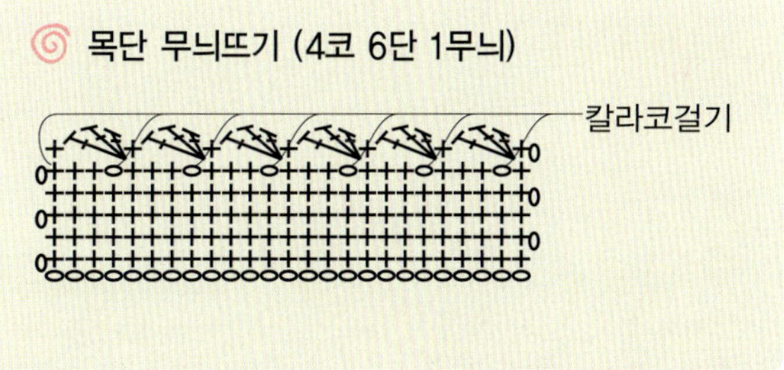

04 목둘레와 뒤쪽 지퍼 달 곳까지 연결해 짧은뜨기 3단을 뜨고 4단째는 지퍼 달 곳만 되돌아짧은뜨기 1단을 떠서 마치고, 목둘레는 목단 무늬뜨기를 한 뒤 도안 3을 참고하여 칼라 20단을 떠서 마무리한다.

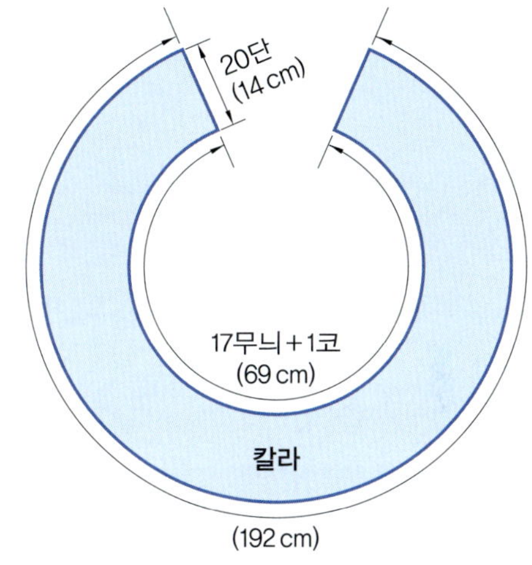

칼라 (도안 3)

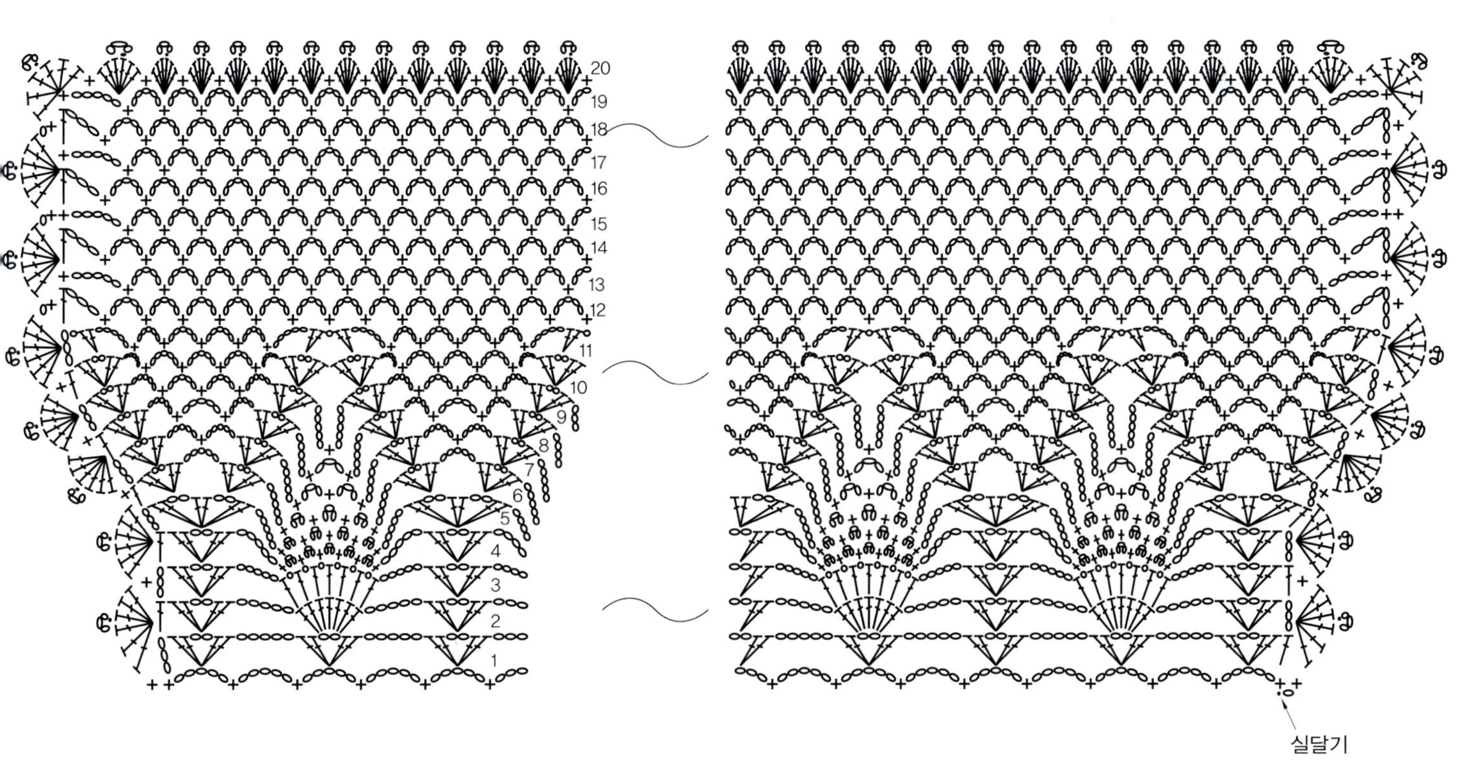

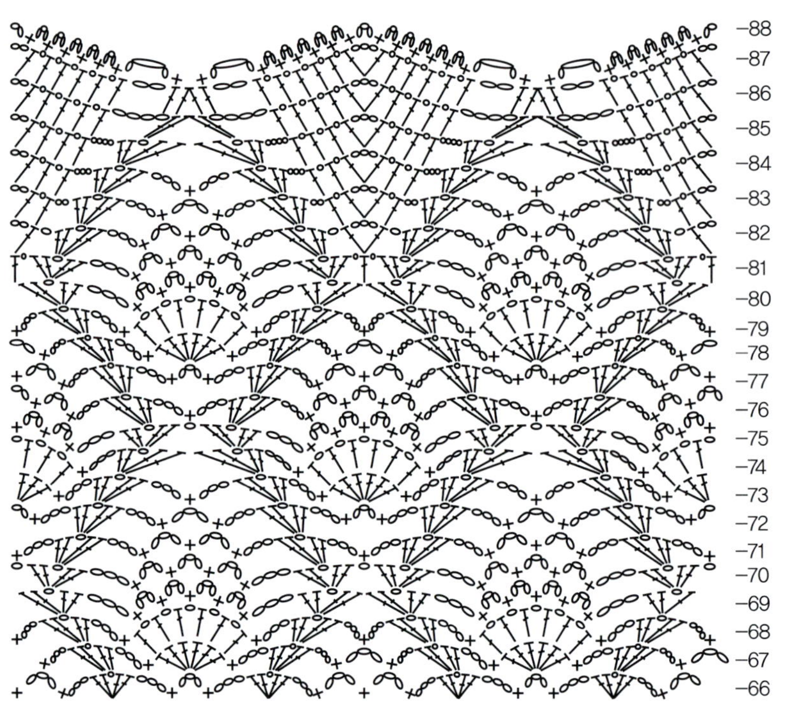

🌀 무늬뜨기 (29코 22단 1무늬)

29코 1무늬

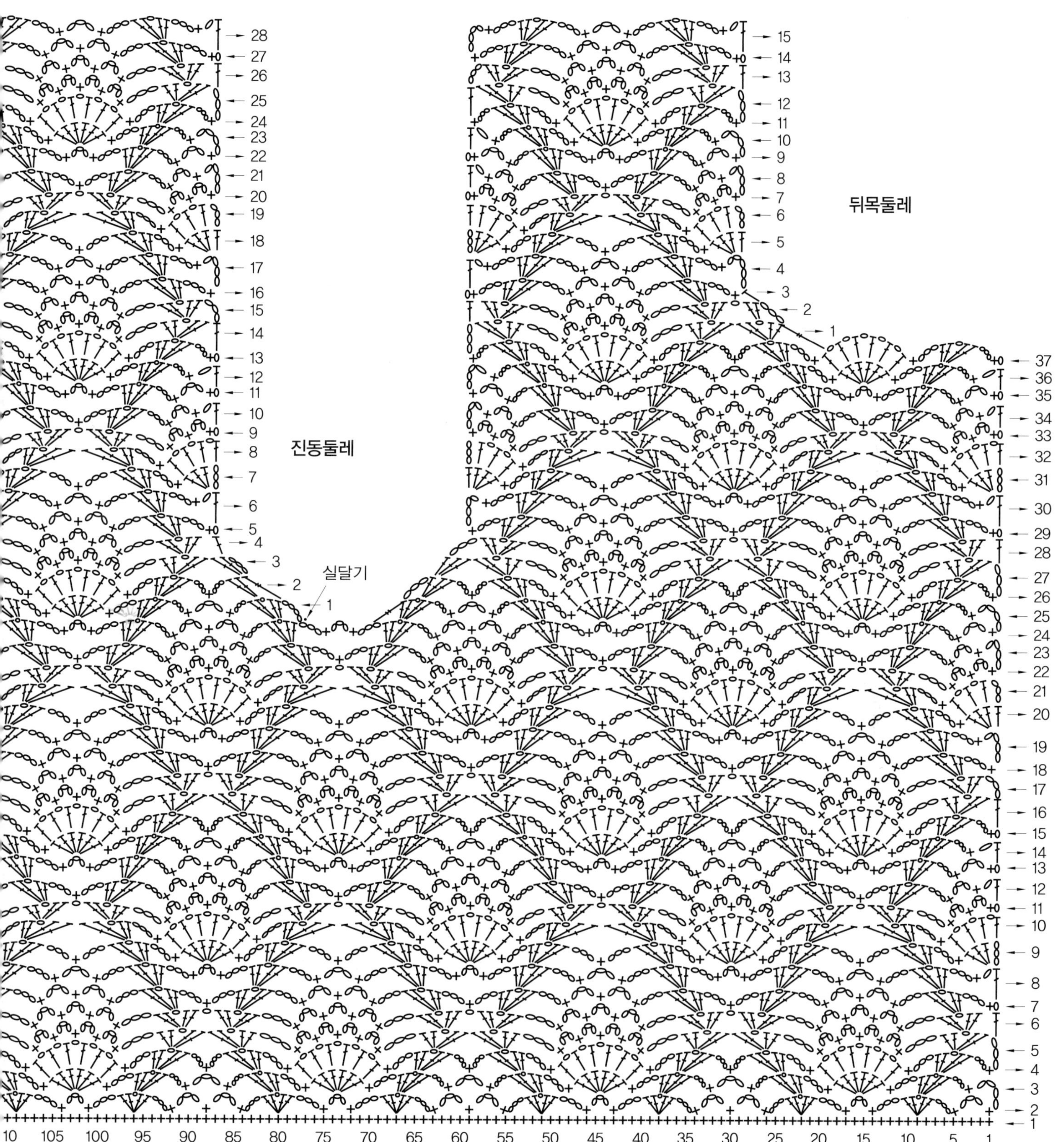

뒤목둘레
진동둘레
실달기

회색 스리피스

A gray color
three-piece

1. 민소매 티셔츠 앞목둘레와 진동, 어깨 뜨기
2. 치마 밑단 뜨기
3. 볼레로 칼라 레이스 뜨기

뜨는 방법

【민소매】

01 사슬 181코를 만들어 무늬뜨기 A 18무늬＋1코로 시작해서 무늬뜨기 37단을 뜨고 도안 1을 참고해서 진동둘레를 만든다.

02 뒤목둘레는 무늬뜨기 A 전체 단수 57단을 뜨고 양 어깨코를 각각 26코를 12단씩 뜨고 마무리한다.

03 앞목둘레는 무늬뜨기 A 전체 단수 45단을 뜨고 도안 1을 참고하여 만들고, 완성된 앞판 양 어깨코는 뒤판 어깨코에 마주 붙이고 옆솔기도 붙여준다.

04 목단은 목단 무늬뜨기로 17무늬, 4단을 뜨고 마무리한다.

05 소매단은 소매단 무늬뜨기로 41무늬, 2단을 뜨고 마무리한다.

06 밑단은 도안 1을 참고하여 끝단 무늬 앞, 뒤 각 6무늬 총 12무늬를 원통뜨기로 20단 뜨고, 몸판 시작 사슬단에 허리단을 20무늬 만들어 원통뜨기로 떠서 마무리한다.

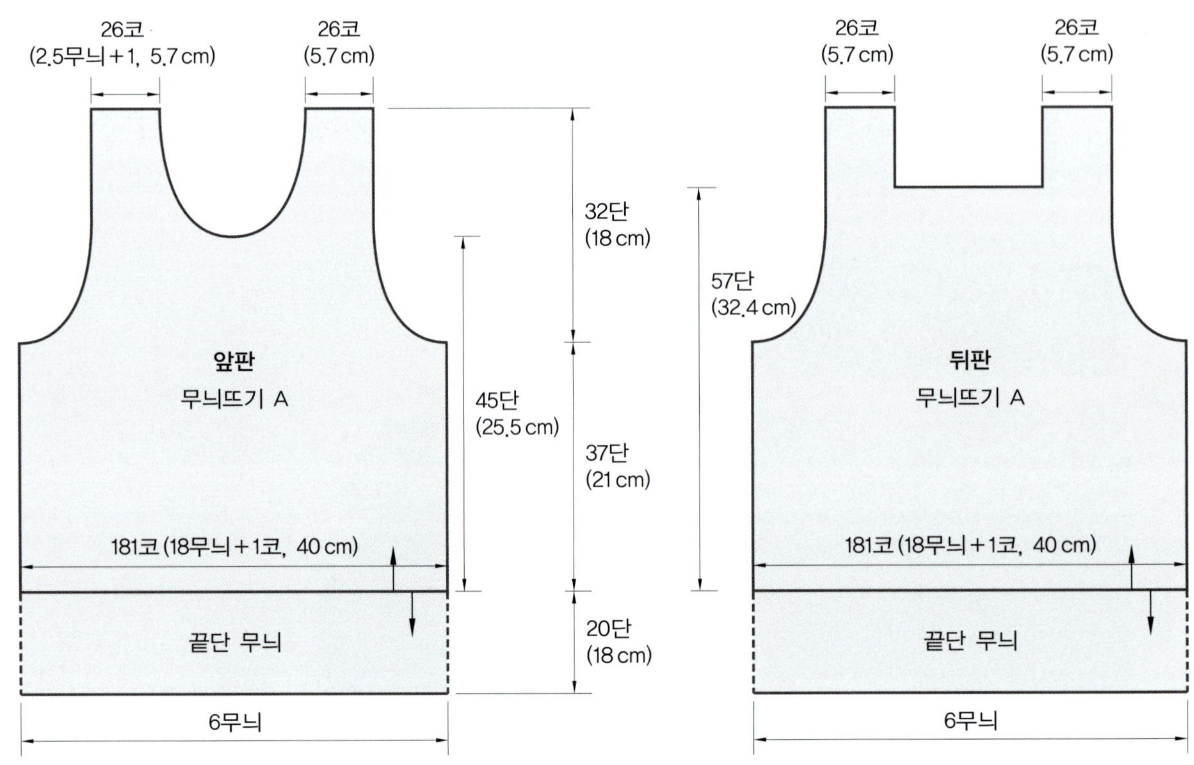

앞목둘레

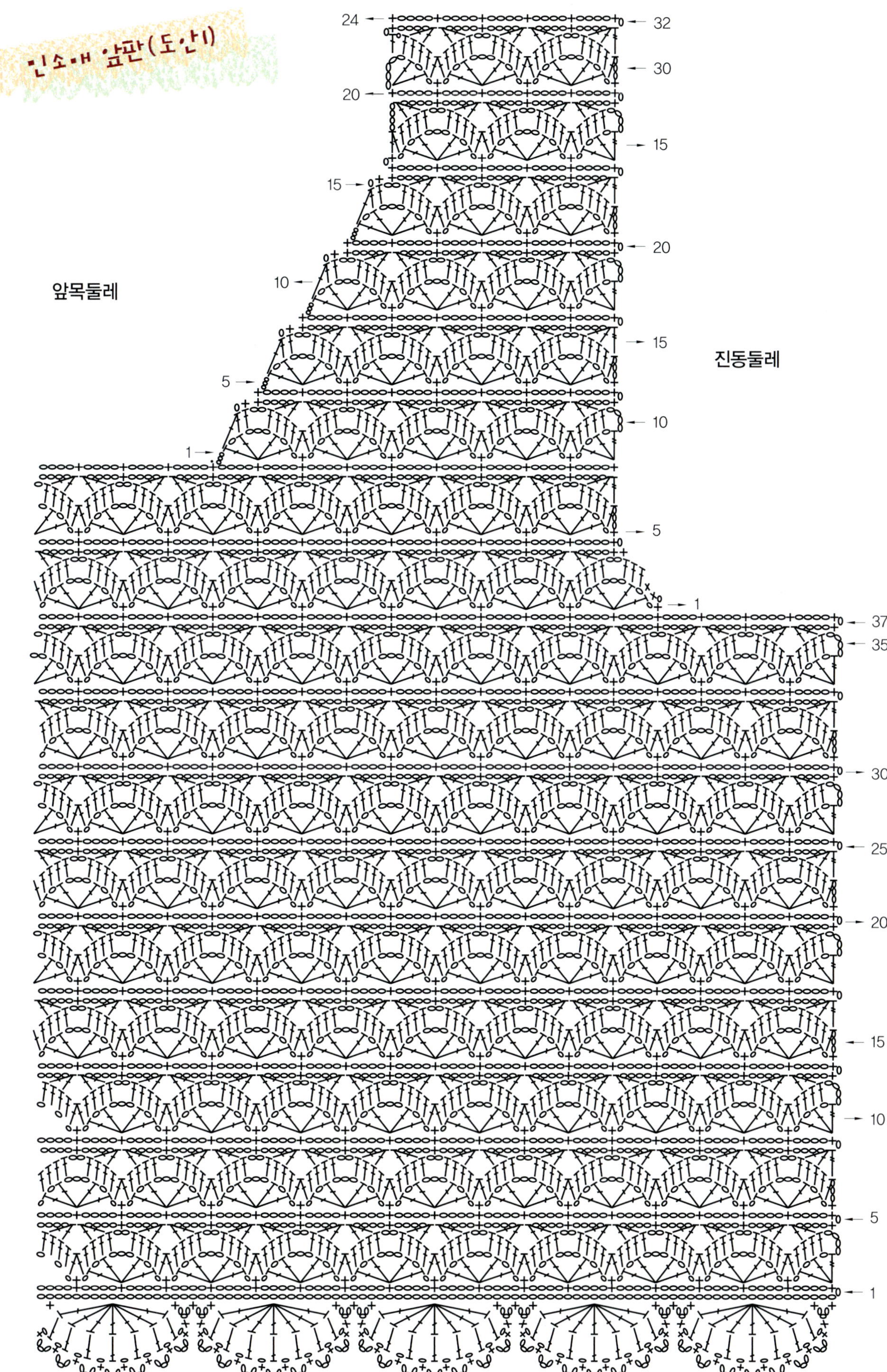
진동둘레

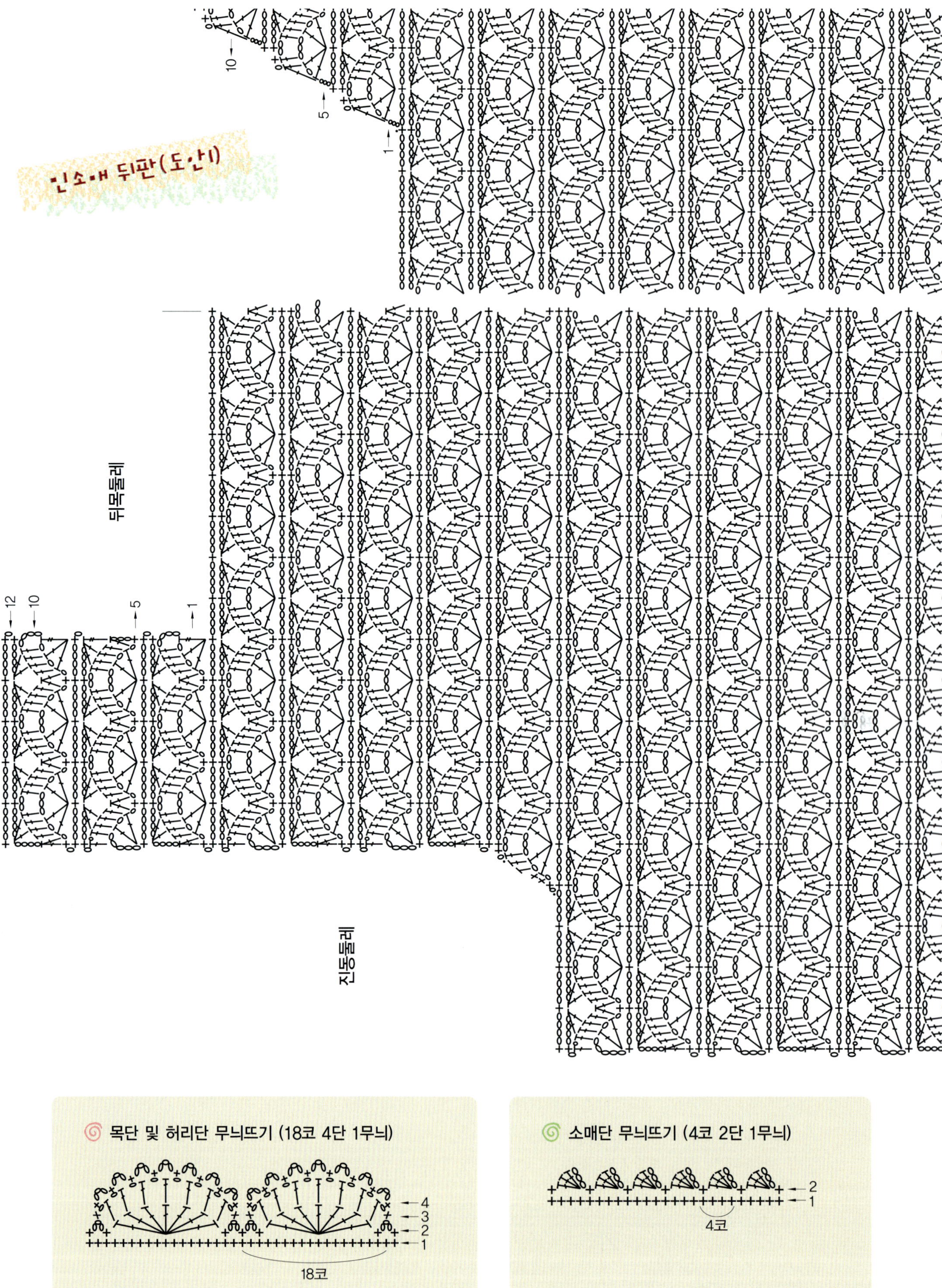

긴소매 뒤판(도·안)
뒤목둘레
진동둘레
12
10
5
1
10
5
1
목단 및 허리단 무늬뜨기 (18코 4단 1무늬)
4
3
2
1
18코
소매단 무늬뜨기 (4코 2단 1무늬)
2
1
4코

민소매 끝단 무늬뜨기

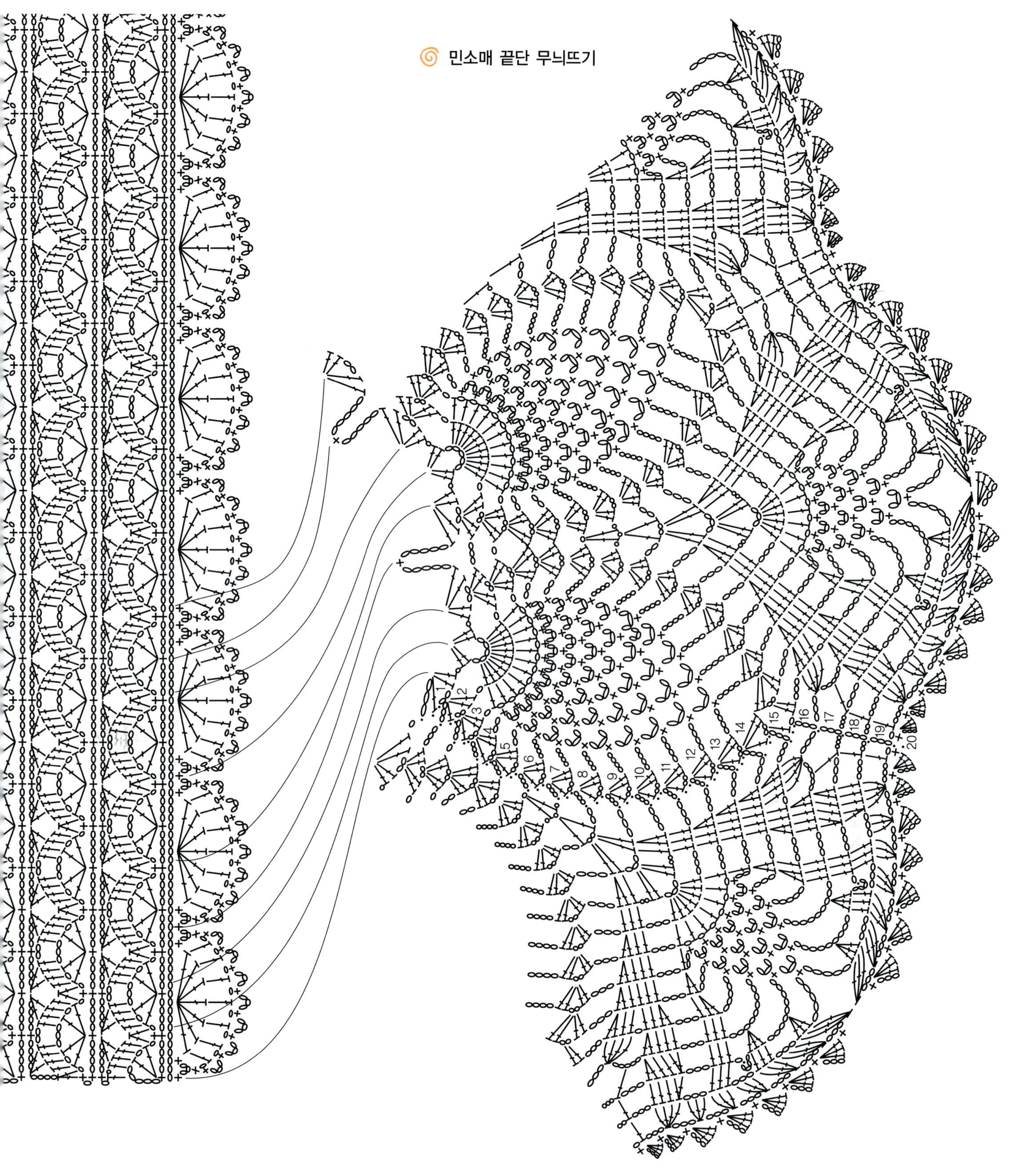

【볼레로】

01 사슬 255코를 만들어 무늬뜨기 B 18무늬＋3코로 시작해서 도안 2
를 참고하여 양옆 가장자리를 11단까지 코 늘림한 후 평 18단을 뜨
고, 양옆을 앞판으로 하고 각각 무늬뜨기 B 4.5무늬＋1코씩, 뒤판
무늬뜨기 B 10무늬＋1코를 앞, 뒤 경계에 각각 13코씩 남겨 소매
달 곳으로 나눈다.

02 뒤판은 01에서 나눈 무늬뜨기 B 10무늬＋1코를 평 29단 뜨고 양
어깨코 각 29코만은 3단씩 더 뜨고 마무리한다.

03 앞판은 01에서 나눈 각각의 무늬뜨기 B 4.5무늬＋1코를 평 16단
뜨고 도안 2를 참고하여 목둘레를 만든 후 남은 어깨코를 뒤판 어
깨에 마주 붙인다.

04 밑단과 앞단, 목둘레단까지 연결해서 원통으로 단뜨기를 하는데
짧은뜨기 1단을 전체적으로 떠주고 민소매 끝단 무늬뜨기 43무늬
로 시작해서 20단 뜨고 마무리한다.

05 목둘레 늘어짐을 막기도 하고 장식으로 쓰이는 사슬 끈을 떠서 목
둘레에 끼워 리본 끈으로 사용하고, 단추 2개를 앞목둘레 시작점
양 앞판에 각각 달아준 후 고리를 떠서 끼워 준다.

06 소매는 도안 3을 참고하여 2장을 뜬다. 단, 소매통은 평뜨기로 옆
솔기 코를 늘림하여 뜬 뒤 이어 붙인다. 소매단 무늬는 원통으로
떠준다.

07 몸판에 소매를 달아 완성한다.

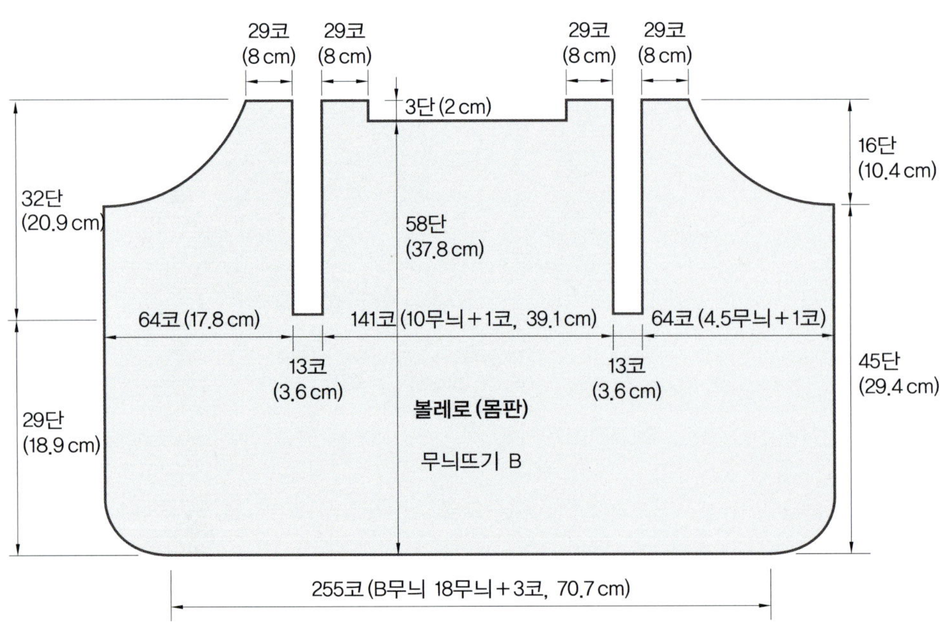

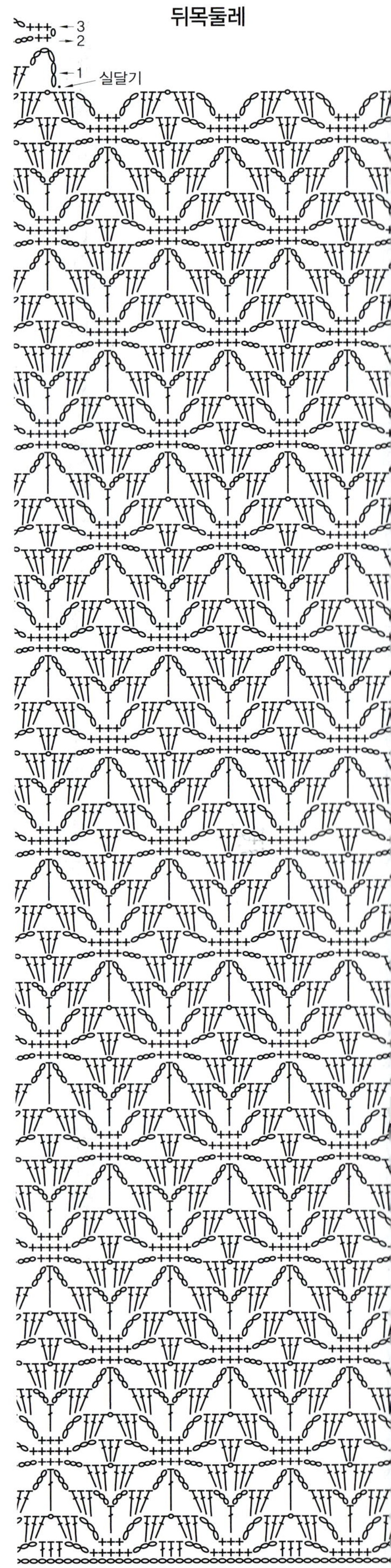

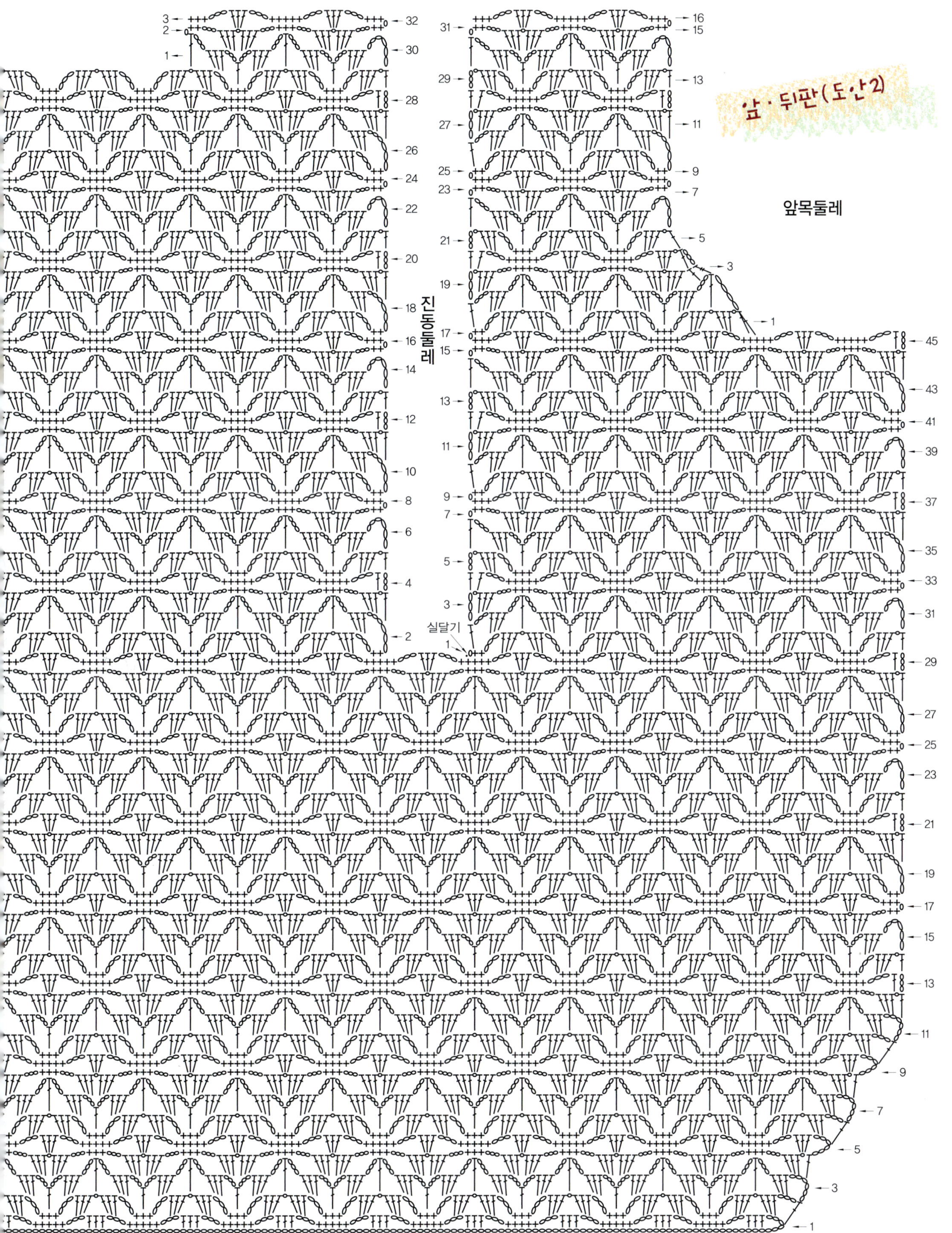
앞·뒤판(도·안2)
앞목둘레
진동둘레
실달기

소매 (도안3)
실달기
15
13
11
9
7
5
3
1
32
31
29
27
25
23
21
19
17
15
13
11
9
7
5
3
1
소매
무늬뜨기 B
99코
(9무늬＋1코
27.5 cm)
소매단무늬
15단
(9.8 cm)
34단
(22.2 cm)
20단 (15 cm)
7무늬 (50 cm)

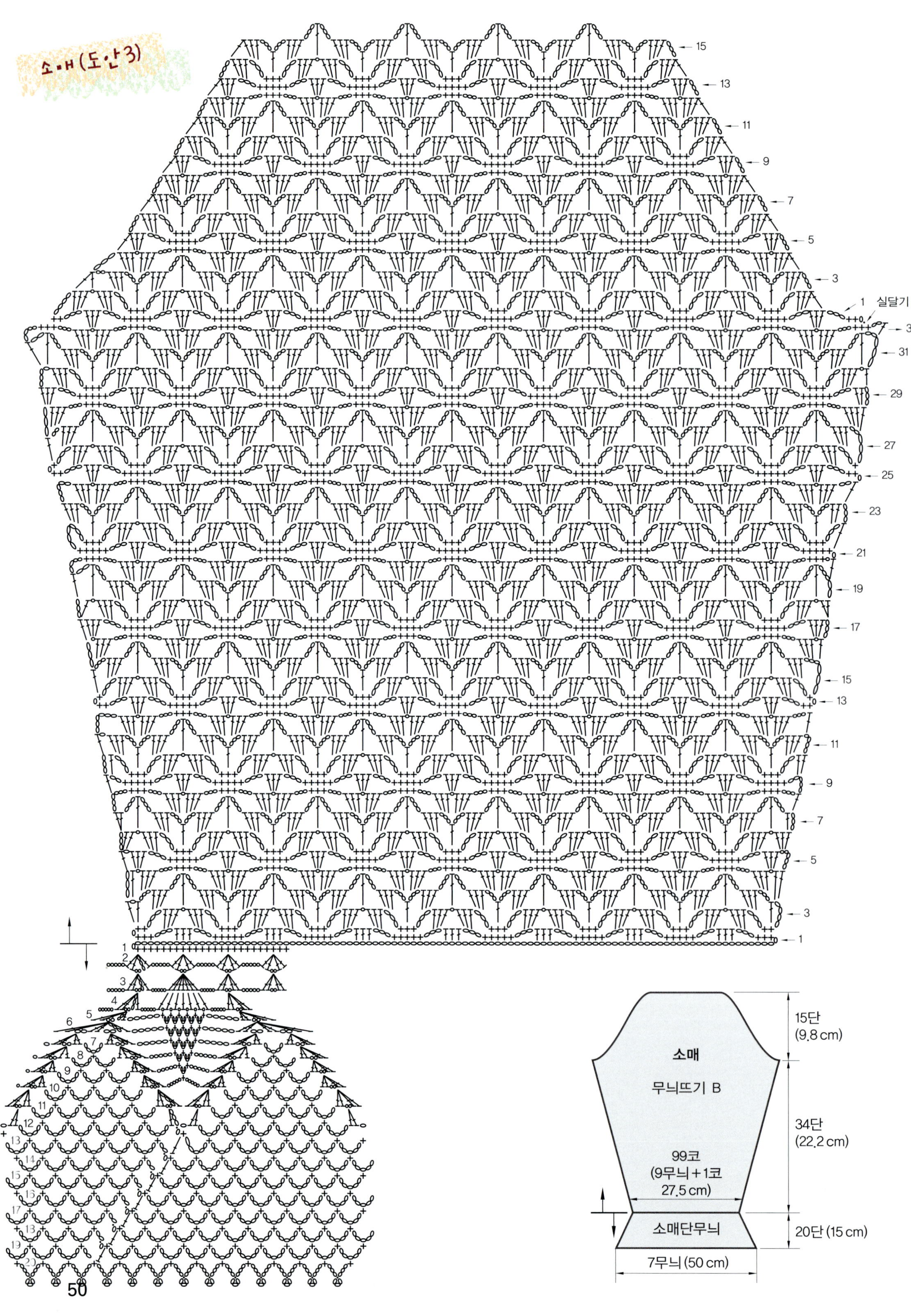

50

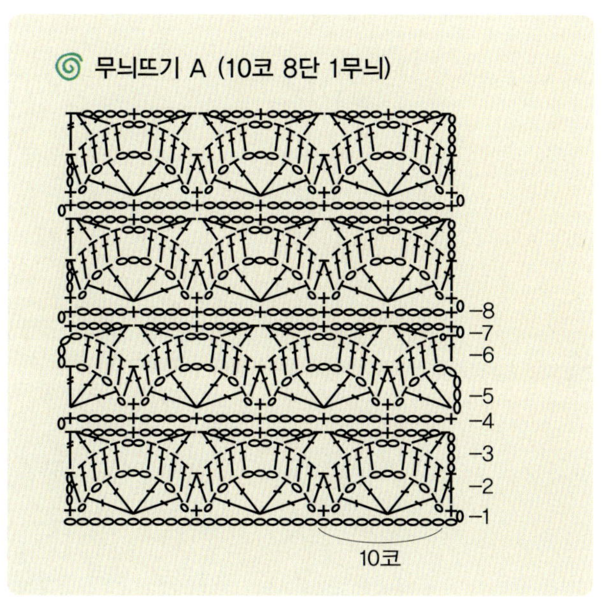

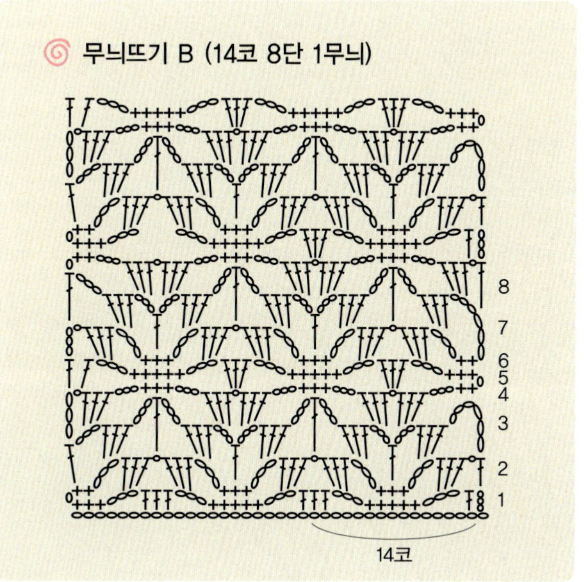

【치 마】

01 사슬 155코를 만들어 무늬뜨기 B 11무늬＋1코로 시작해서 도안 4를 참고하여 옆솔기 늘림하여 치마 몸판 앞, 뒤판 2장을 만든다.

02 앞, 뒤 옆솔기를 이어준 뒤 허리단은 원통으로 300코 주워 짧은뜨기, 한길긴뜨기를 번갈아서 17단을 뜬다.

03 치마 밑단은 끝단 무늬뜨기 22무늬를 앞, 뒤 원통으로 21단을 뜨고 마무리한다.(도안 4 참고)

04 허리단에 고무벨트를 넣고 반으로 접어 감침질한 후 끝선에 치마 안감을 박아주어 완성한다.

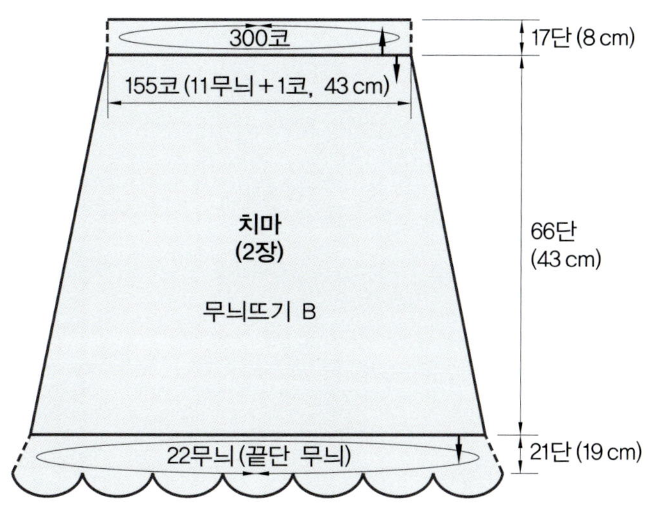

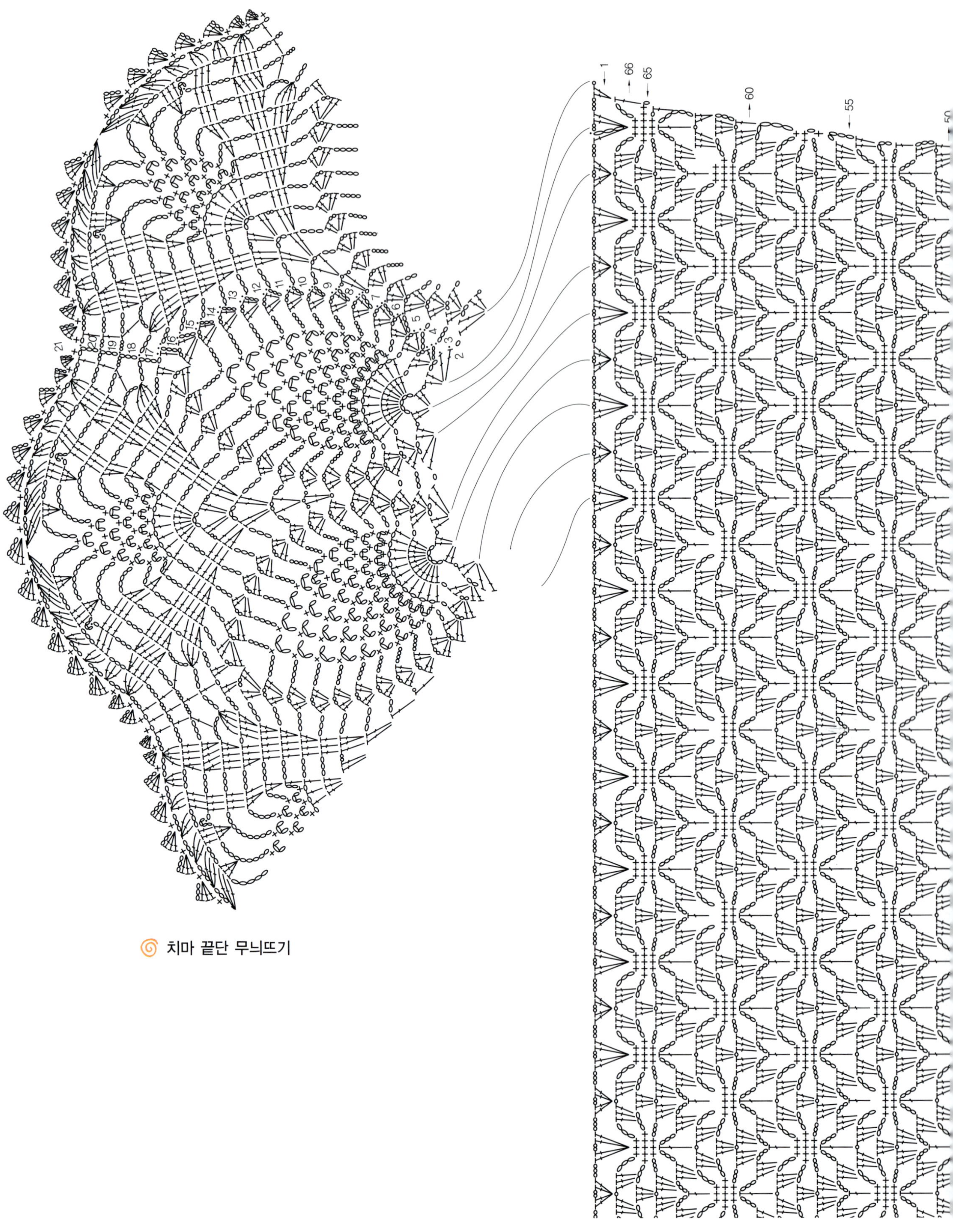
치마 끝단 무늬뜨기

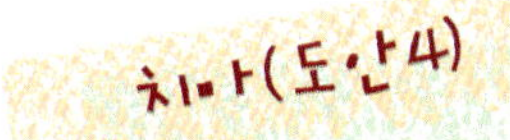

치마(도안4)

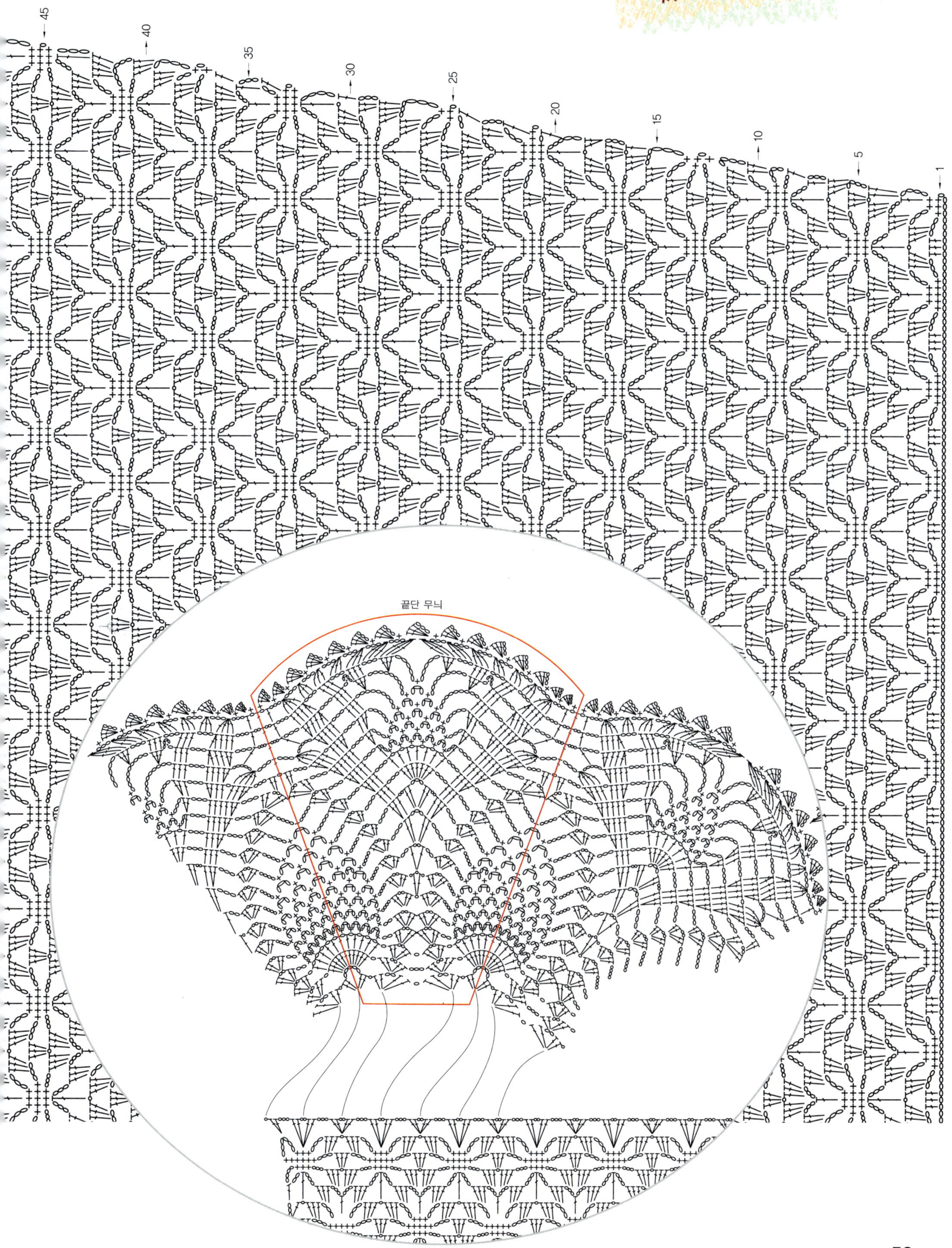

45
40
35
30
25
20
15
10
5
1
끝단 무늬

파란색 나염 투피스

파란색 나염 투피스

A blue mixing two-piece

1. 브이넥과 앞중심단 뜨기
2. 몸판에 소매달기
3. 치마 밑단 장식 레이스 뜨기

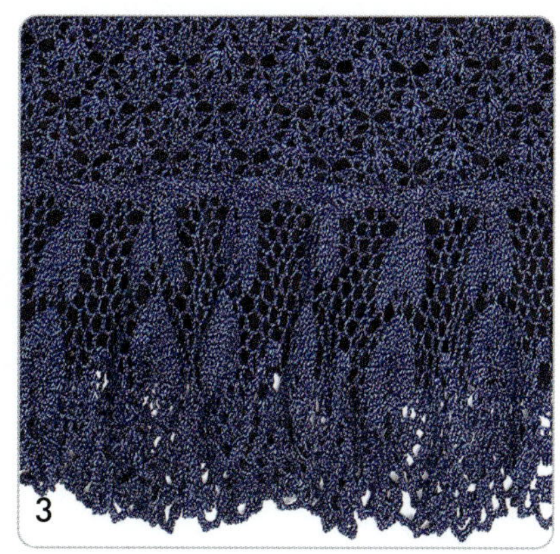

07 파란색 나염 투피스

【재 킷】

01 사슬 379코를 만들어 무늬뜨기 27무늬＋1코로 시작해서 39단을 뜨고 왼쪽 앞판, 뒤판, 오른쪽 앞판으로 나누고 도안 1을 참고하여 진동둘레를 만든다.

02 앞판 각각은 56단째 앞목둘레를 만드는데 도안 1을 참고한다.

03 뒤판은 68단을 뜬 다음 양 어깨코만 각각 3단 더 뜨고 앞판 어깨코와 마주 붙인다.

04 03까지 끝나면 허리단을 뜨는데 처음 시작했던 사슬코 부분에서 짧은뜨기로 시작하는데 85코 부분과 99코 부분을 겹치게 하고 99코 부분과 113코가 겹치게 하여 맞주름을 잡아준다. 주름은 진동둘레 부분 2곳에 만들어 준다.

05 04로 인해 허리단코가 372코로 줄었으며 짧은뜨기, 긴뜨기를 번갈아가며 14단을 뜨고 15단째 짧은뜨기는 앞중심단과 목둘레까지 연결해서 원통뜨기로 1단 떠준다.

06 05가 끝나면 앞중심단과 목단까지 연결해서 단뜨기 무늬로 5단 뜨고 6단째는 밑단까지 연결해 끝단 무늬 1단을 떠서 마무리한다. 단 오른쪽 앞단은 단추구멍을 5개 만든다.

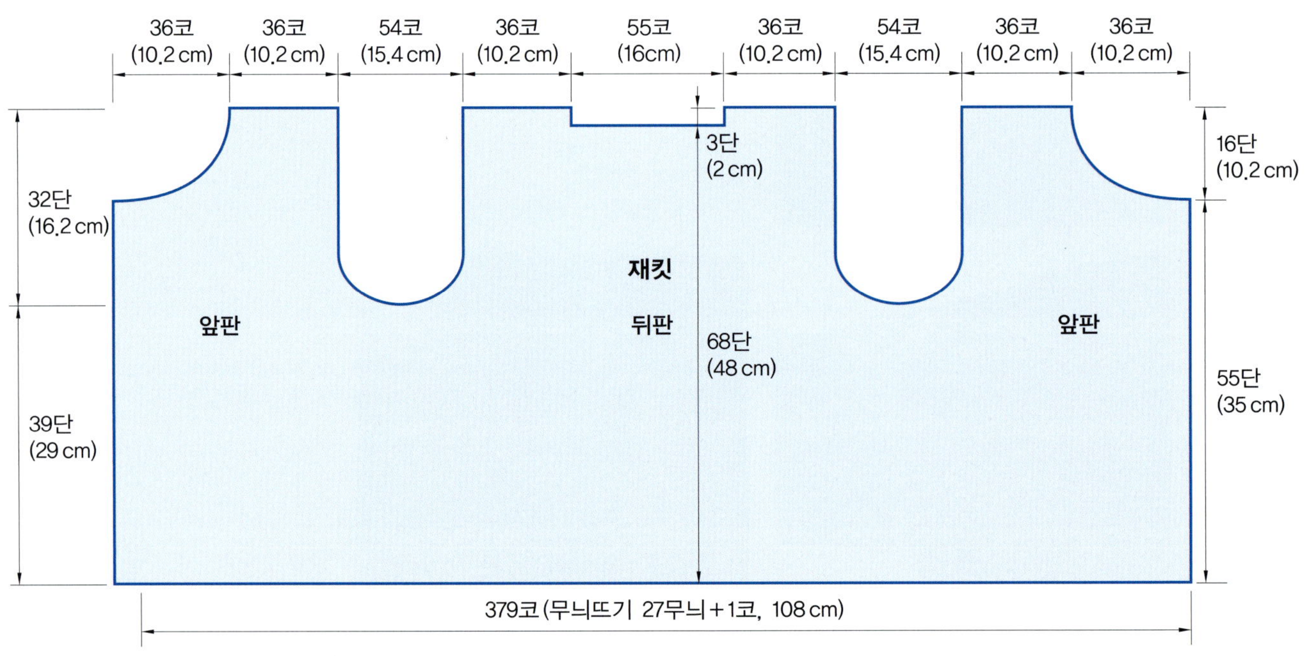

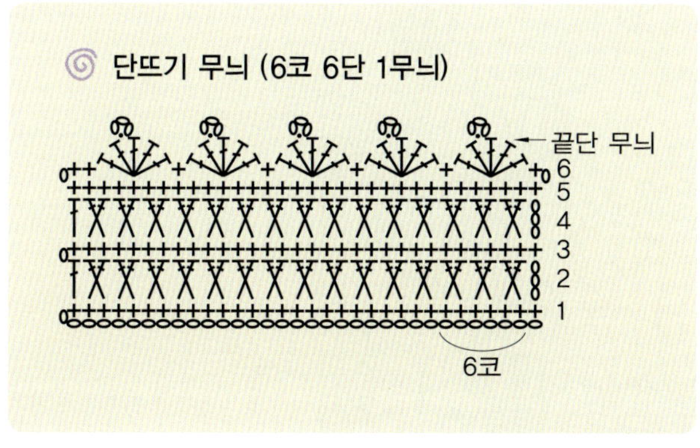

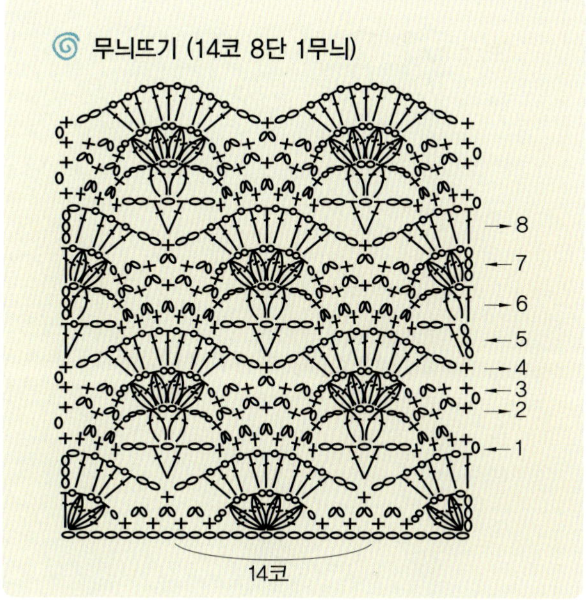

【소 매】

01 소매는 사슬 127코를 만들어 무늬뜨기 9무
늬＋1코로 시작해서 43단을 뜨는데 도안 2를
참고하여 양옆 가장자리를 코 늘림하고, 도안
2를 참고하여 코 줄임하여 소매산을 만든다.

02 소매 옆솔기를 붙인 다음 소매 끝단을 뜨는데
단뜨기 무늬 6단을 원통뜨기한다. 소매를 한쪽
더 떠서 몸판에 달아 완성한다.

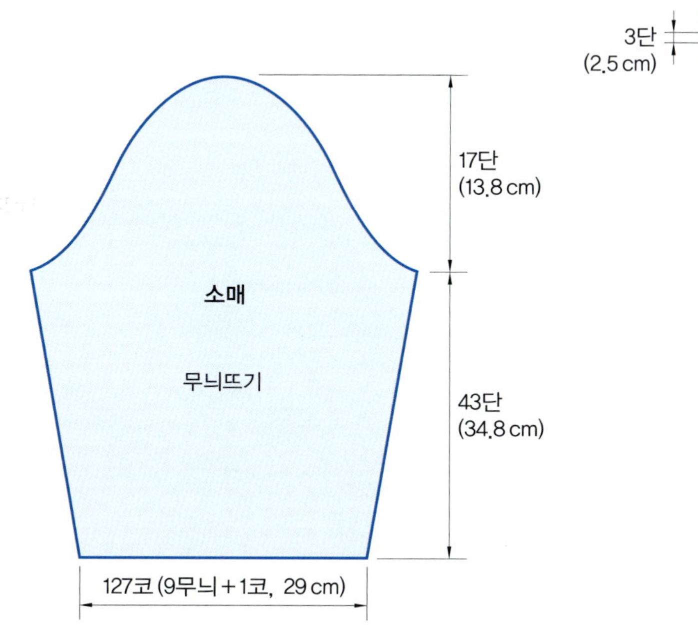

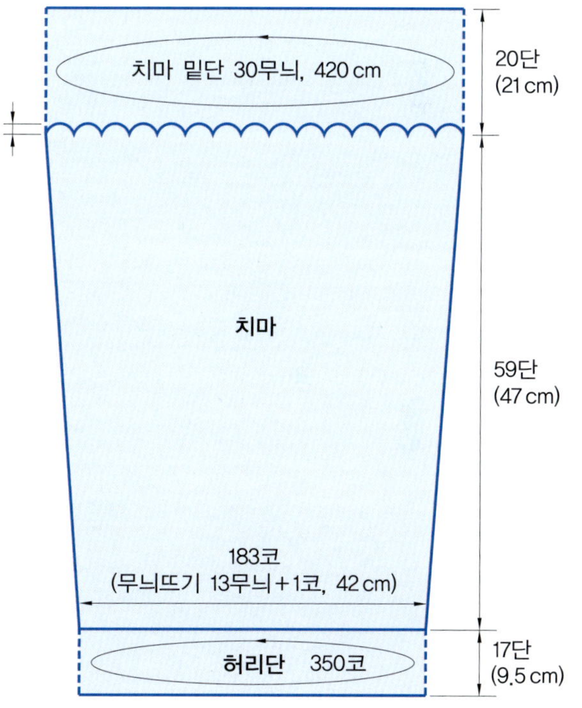

【치 마】

01 사슬 183코를 만들어 무늬뜨기 13무늬＋1코로 시작해서 59단을 뜨는데 도안 3을 참고하여 양옆을 코
늘림한다. 똑같이 1장 더 떠서 옆솔기를 붙여주고, 60~62단까지 조개 무늬뜨기를 원통으로 떠준다.

02 01이 끝나면 도안 3을 참고하여 치마 밑단 무늬 20단을 원통뜨기로 떠서 마무리한다.

03 치마 허리단은 처음 시작 사슬코 부분에 앞, 뒤코 350코를 주워 원통뜨기로 짧은뜨기, 긴뜨기를 번갈
아 가며 17단을 뜬다.

04 허리단에 고무벨트를 넣고 반으로 접어 감침질한 후 끝부분에 치마 안감을 덧대어 완성한다.

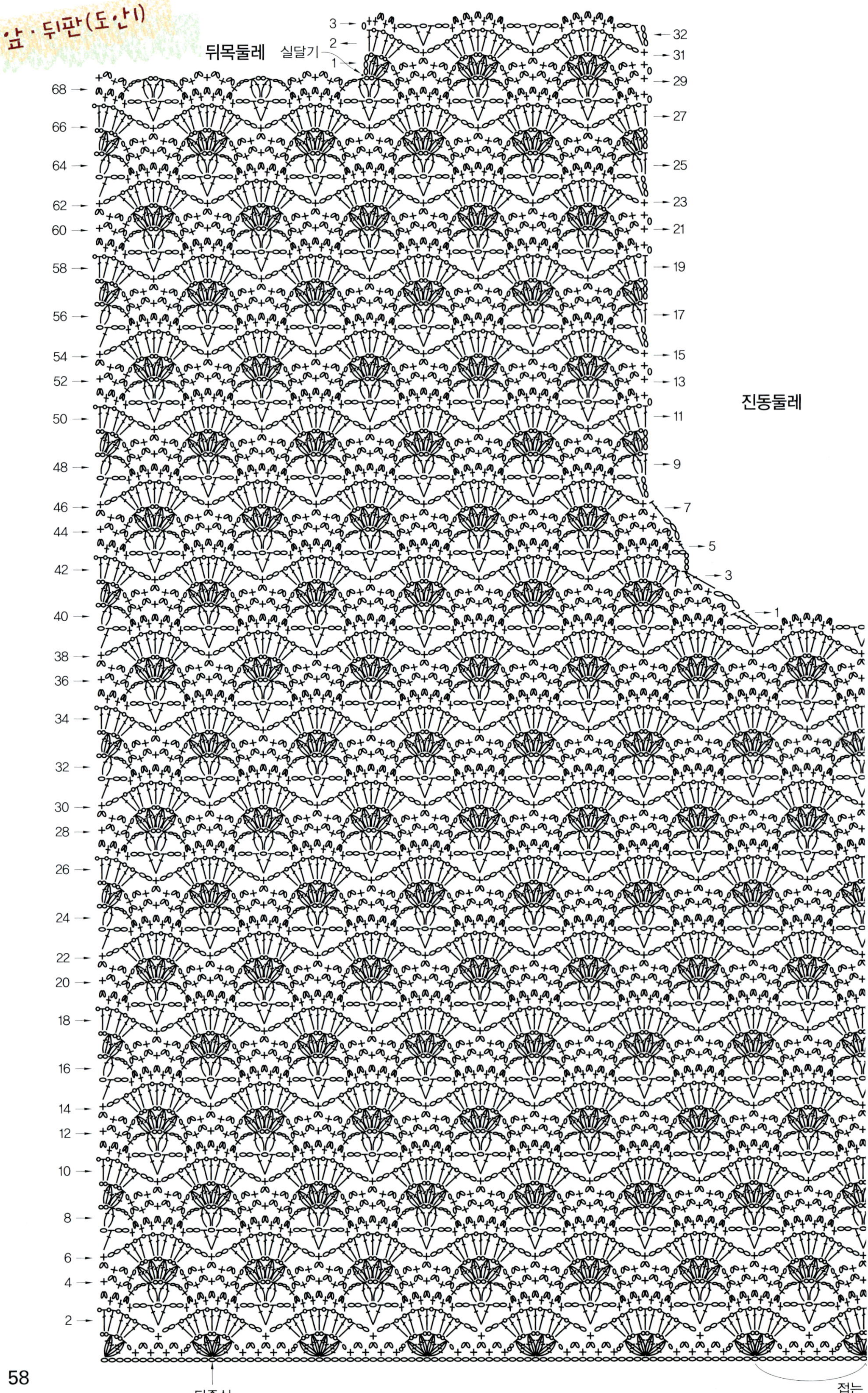
앞·뒤판(도·안1)
뒤목둘레
실달기
진동둘레
뒤중심
접는

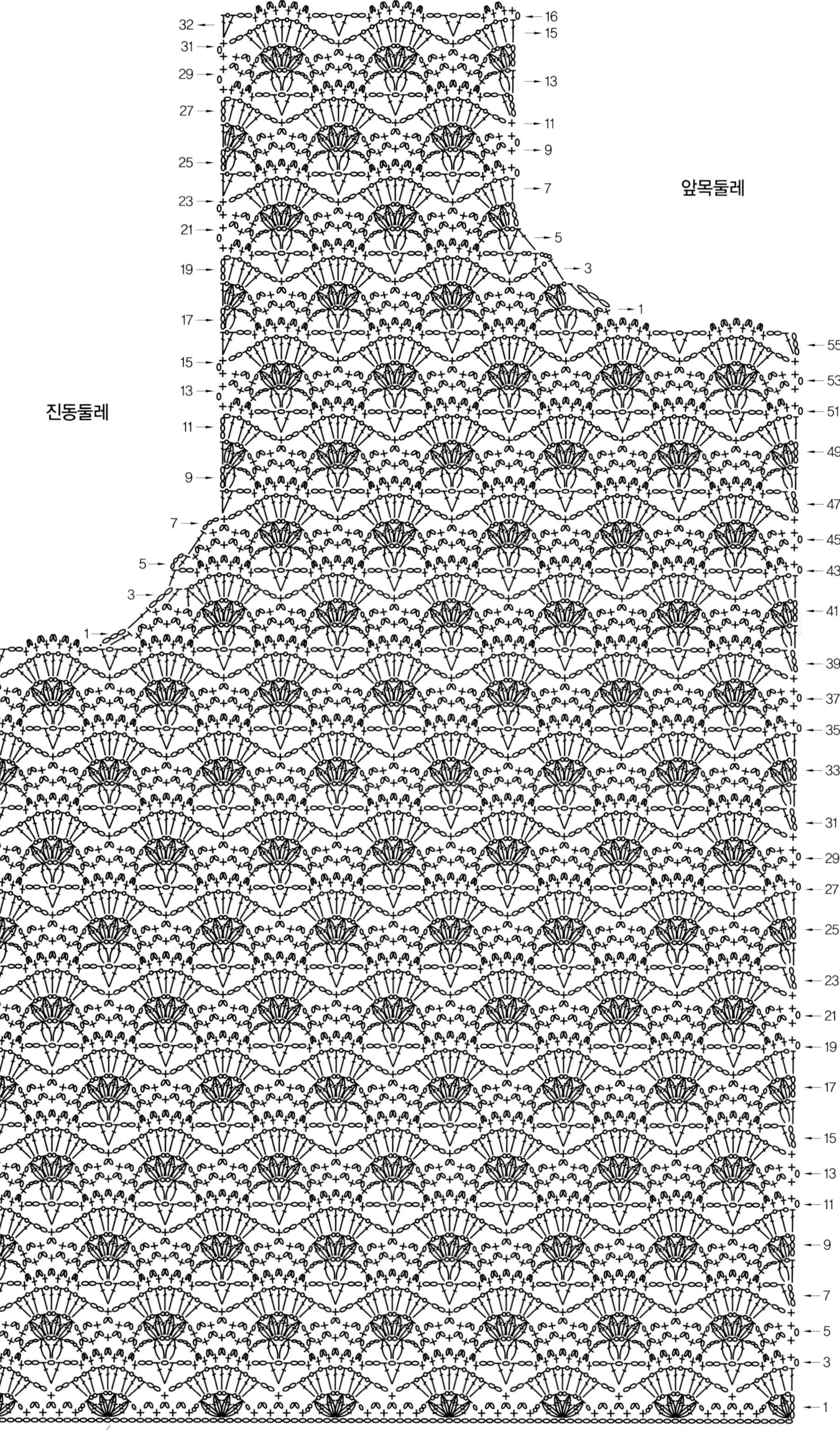

59

소녀(도안2)

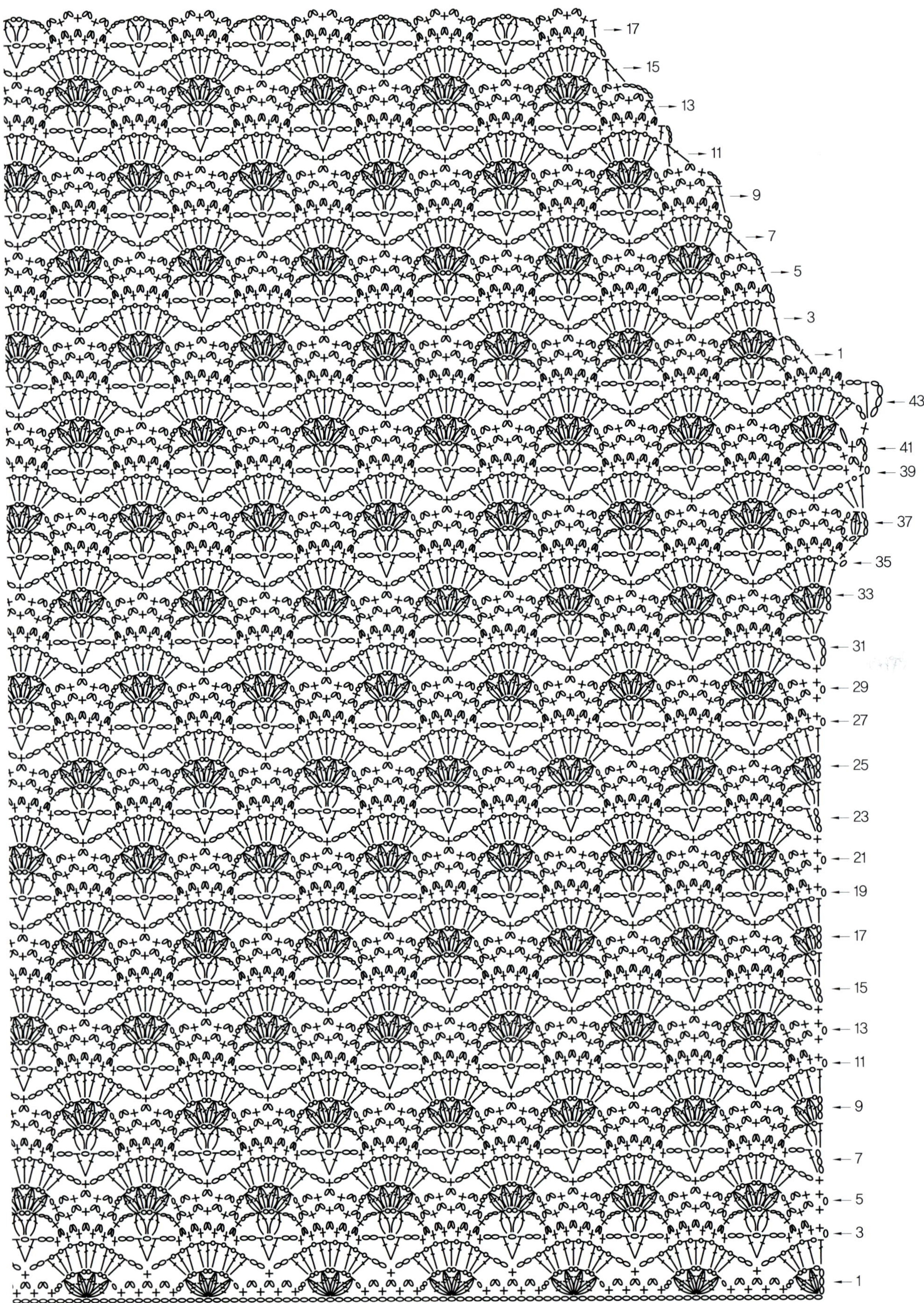
17
15
13
11
9
7
5
3
1
43
41
39
37
35
33
31
29
27
25
23
21
19
17
15
13
11
9
7
5
3
1

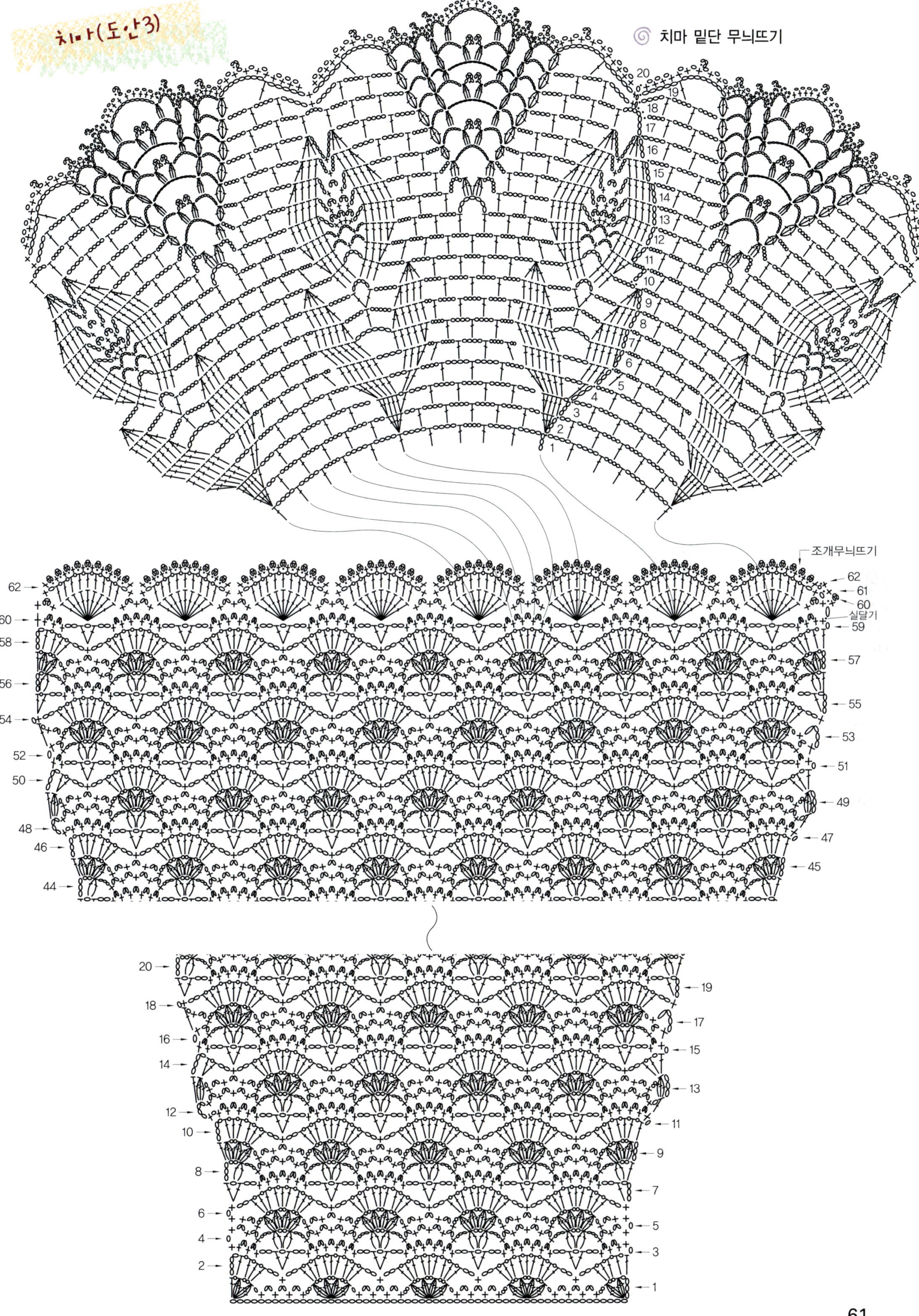

치마(도안3)
치마 밑단 무늬뜨기
조개무늬뜨기
실달기

플라워 탑 원피스

Flower top
one-piece

1. 탑 둘레 단뜨기와 어깨끈 뜨기
2. 치마 밑단 뜨기 및 무늬뜨기
3. 몸판 무늬뜨기

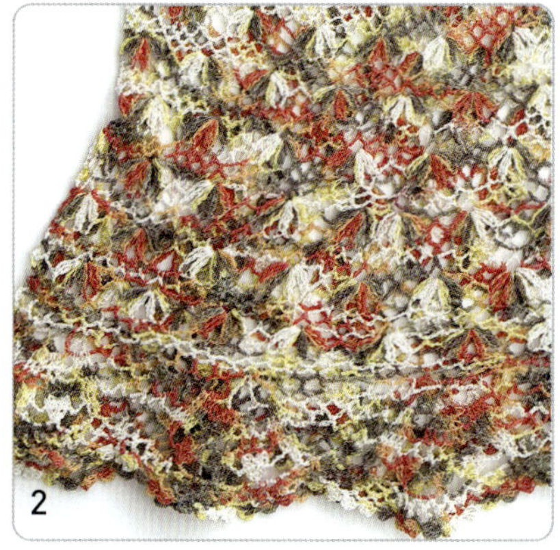

플라워 탑 원피스

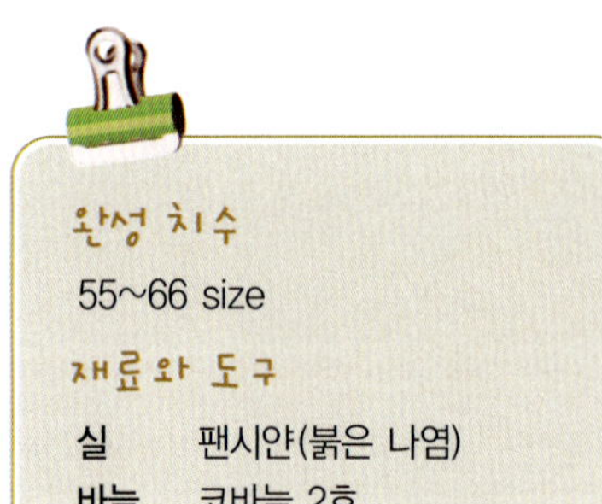

뜨 는 방 법

01 사슬 264코를 만들어 무늬뜨기 A 22무늬로 시작해서 원통뜨기로 19단을 뜬다.

02 01이 끝나면 가슴 부분 124코만 무늬뜨기를 하는데 도안 1을 참고하여 가슴 탑을 만든다.

03 탑 부분의 단은 짧은뜨기 2단을 뜬 후 되돌아 짧은뜨기로 마무리한다. 사슬뜨기로 끈 2개를 떠서 탑의 제일 높은 곳과 등 부분에 걸어 어깨끈으로 한다.

04 치마 부분은 01의 시작 사슬코에서 무늬뜨기 A 26무늬로 시작해서 원통뜨기하며 무늬 늘리기를 해서 47단 뜨는 동안 34무늬가 되게 한다. 도안 2를 참고하여 무늬 늘림을 한다.

05 04까지 되면 단 무늬뜨기 15무늬를 원통뜨기로 11단을 떠서 마무리한다.

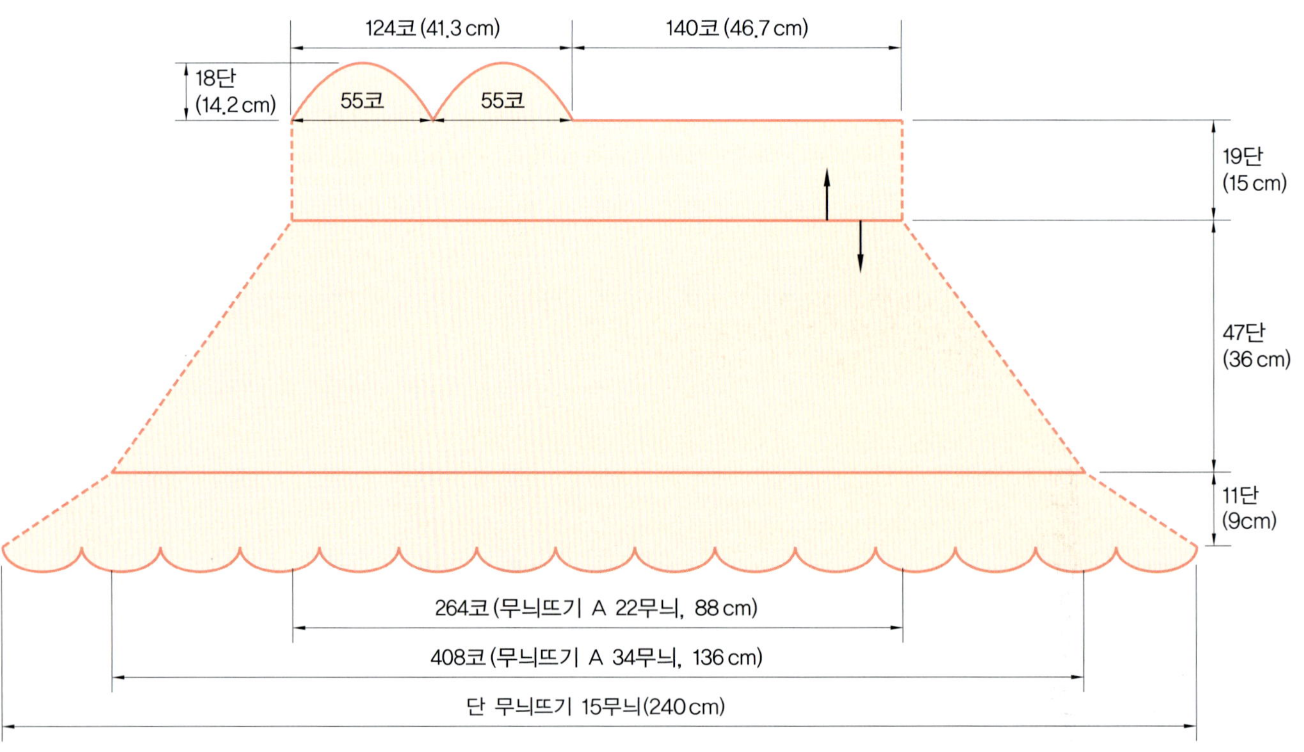

무늬뜨기 A (12코 8단 1무늬)
-8
-7
-6
-5
-4
-3
-2
-1
12코
효판(도·안1)
18 17 16 15 14 13 12 11 10 9 8 7 6 5 4 3 2 1
13 12 11 10 9 8 7 6 5 4 3 2 1
식담기

치마(도안 2)
상의
치마

-11
-10
-9
-8
-7
-6
-5
-4
-3
-2
-1
-1
-2
-3
-4
-5
-6
-7
-8
-9
-10
-11
-12
-13
-14
-15
-16
-17
-18
-19
-20
-21
-22
-23
-24
-25
-26
-27
-28
-29
-30
-31
-32
-33
-34
-35
-36
-37
-38
-39
-40
-41
-42
-43
-44
-45
-46
-47

치마 밑단 (도안2)

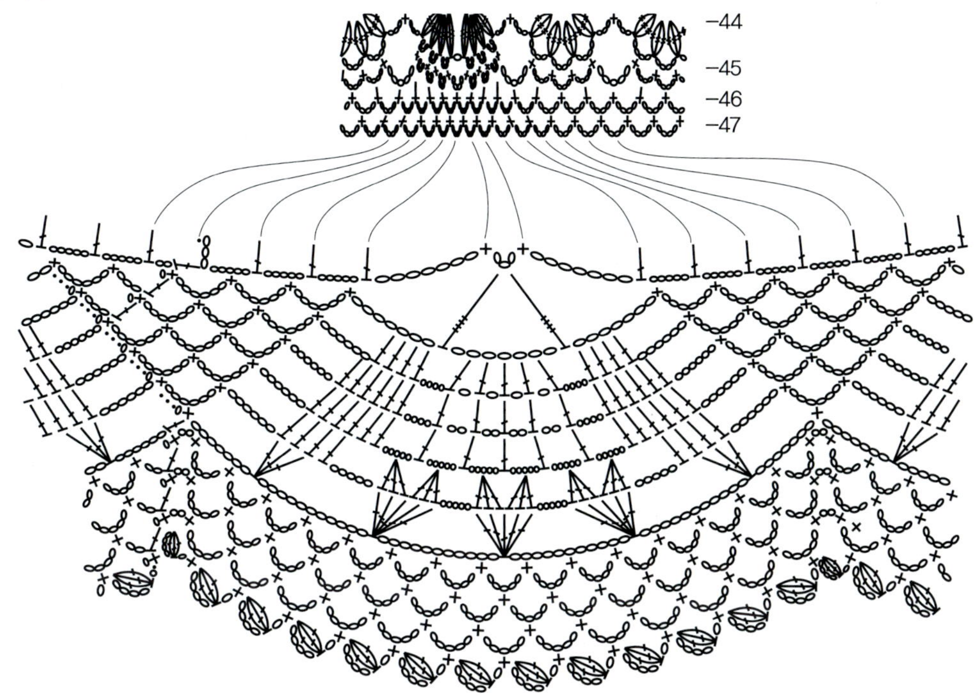
-44
-45
-46
-47

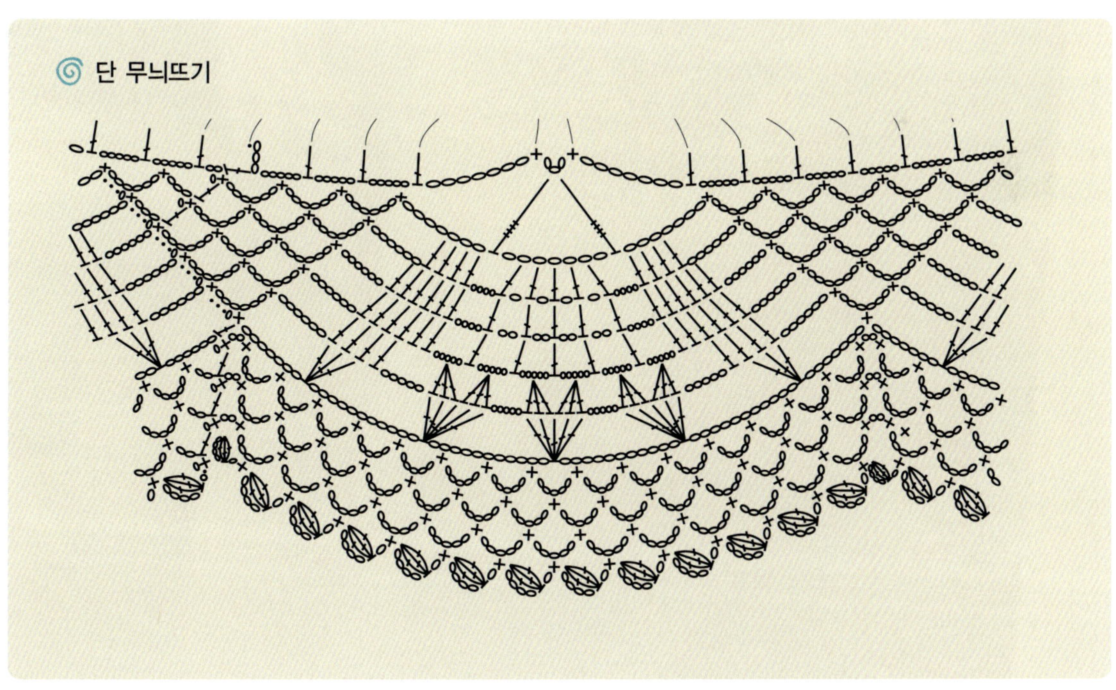
단 무늬뜨기

진분홍 한복

A pink
korean-dress

1. 저고리 목둘레와 앞중심선 단뜨기
2. 치마 가슴단과 어깨끈 뜨기
3. 치마 무늬뜨기

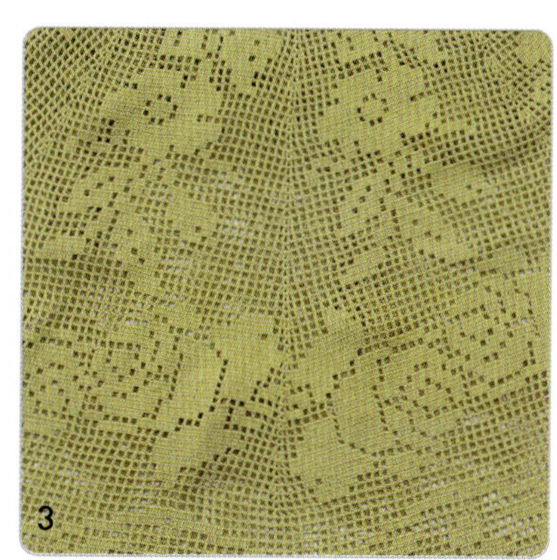

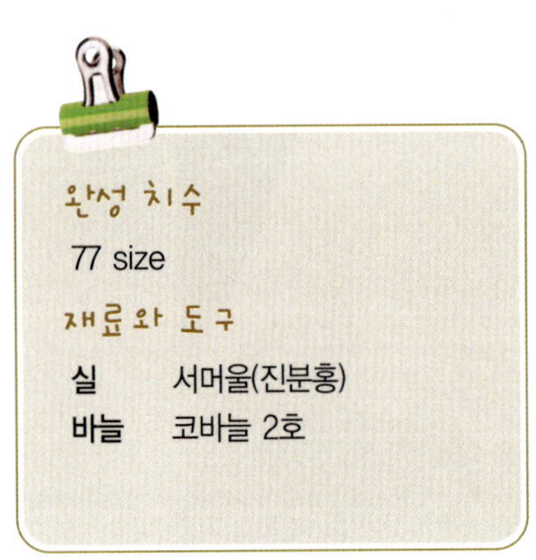

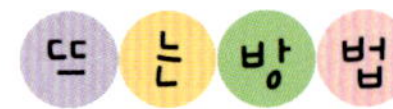

01 사슬 172코를 만들어 도안 1을 참고하여 뒤판을 뜬다.

02 뒤판이 끝나면 처음 시작했던 사슬 부분 양옆에 각각 52코를 앞판 시작코로 하여 도안 1과 도안 2를 참고하여 무늬뜨기한다.

03 01, 02가 끝나면 a~a′, b~b′에 각각 172코를 만들어 짧은뜨기 1단을 뜬 뒤 도안 3을 참고하여 소매를 뜬다.

04 03까지 끝나면 옆솔기를 붙여주고 앞중심과 목둘레, 밑단 부분 전체에 짧은뜨기 1단을 뜬 뒤 무늬뜨기 B 82무늬+1코를 앞중심과 목둘레에 4단을 뜬다. 5단째부터는 밑단까지 연결해서 3단을 더 뜨고 마무리한다.

05 소매 끝단에 88코를 주어 소매 끝단 무늬를 원통뜨기로 떠서 마무리한다.

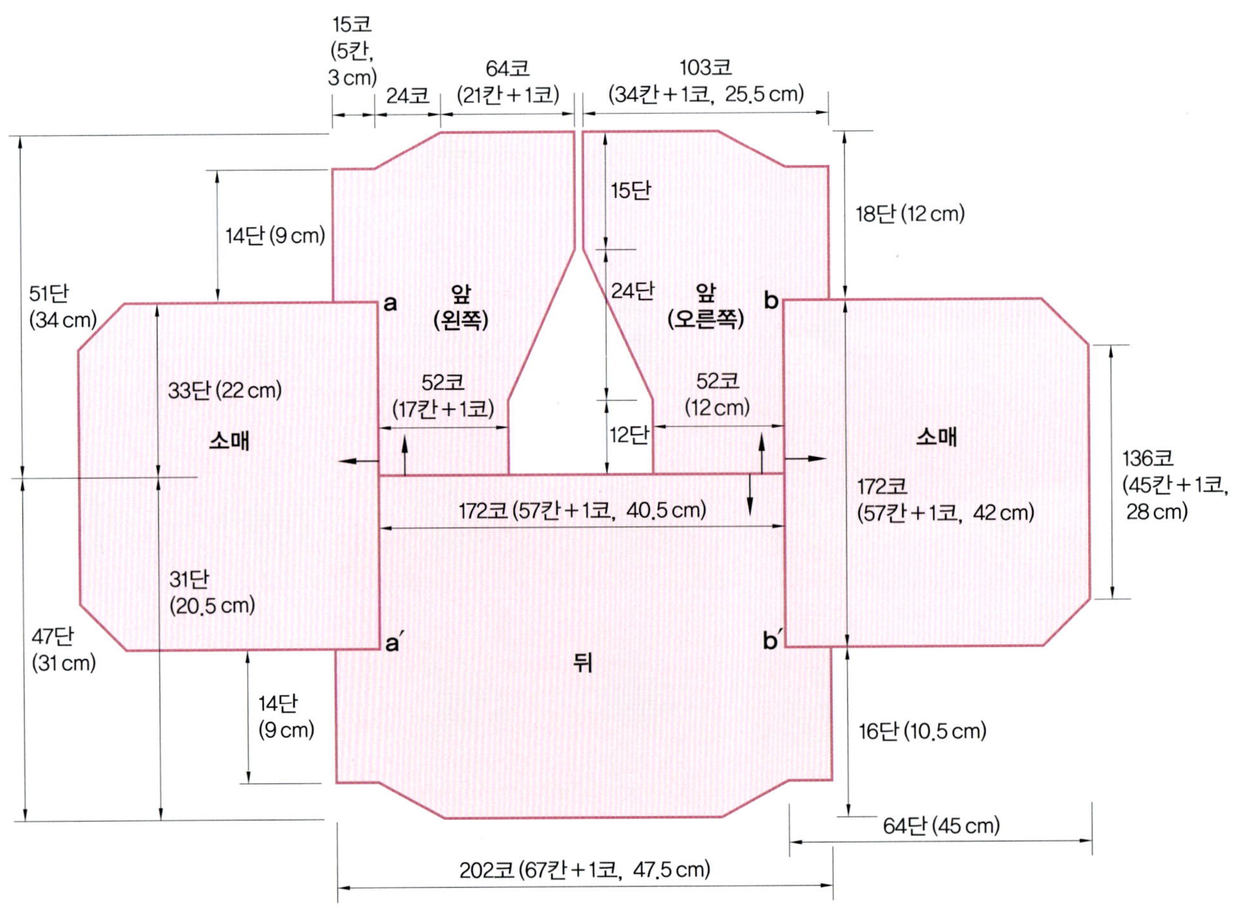

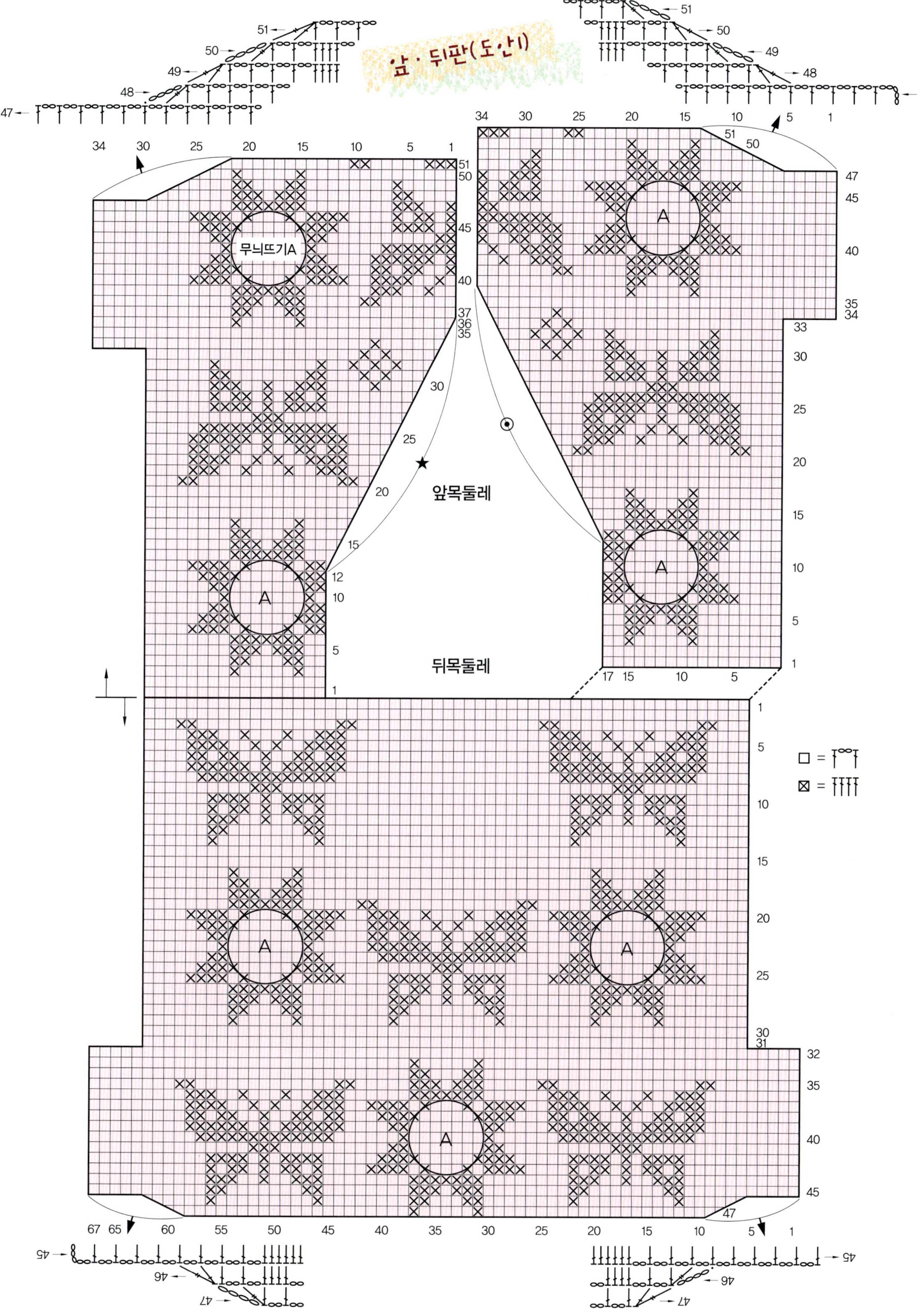

앞·뒤판(도안I)
무늬뜨기A
앞목둘레
뒤목둘레
A

앞목 둘레(도안2)

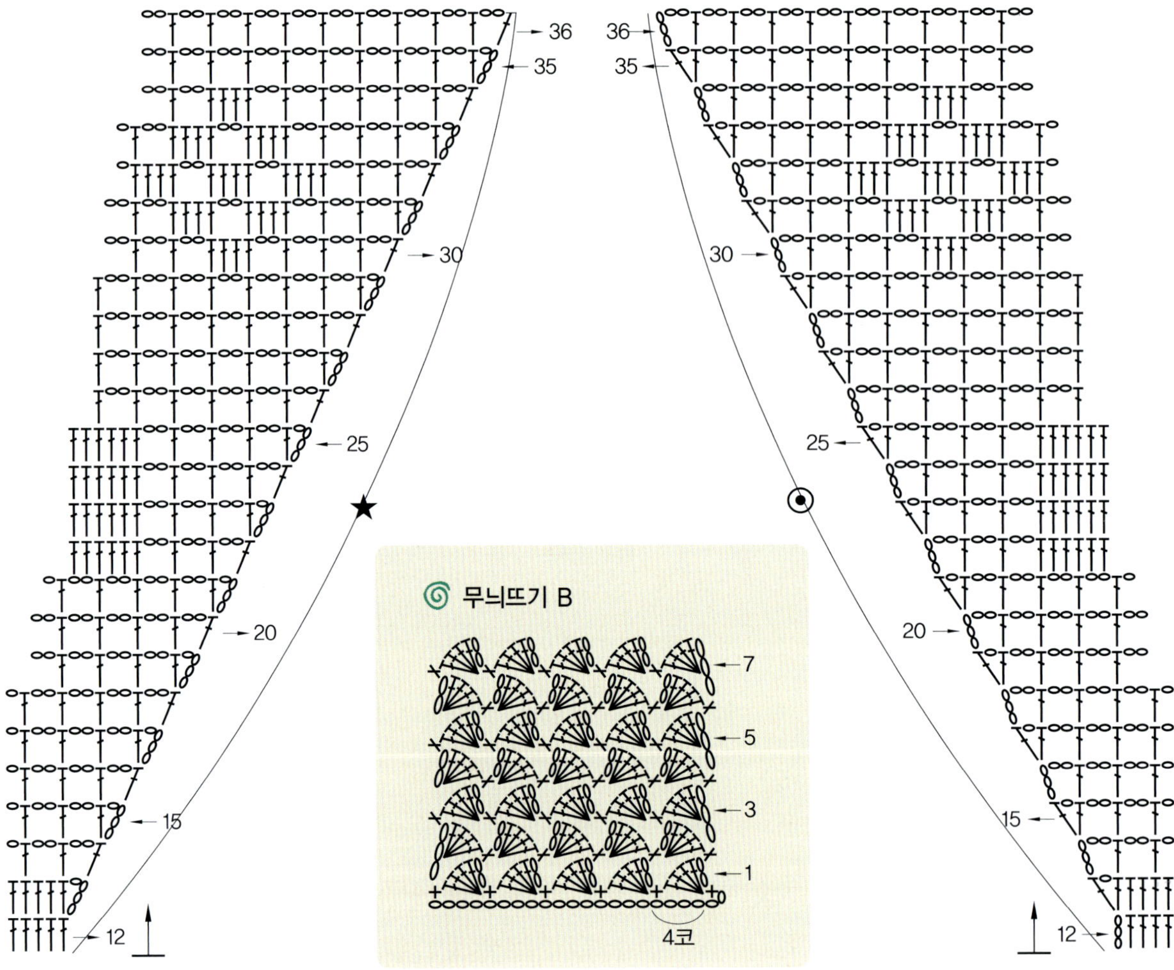

36
35
30
25
20
15
12
36
35
30
25
20
15
12
무늬뜨기 B
7
5
3
1
4코

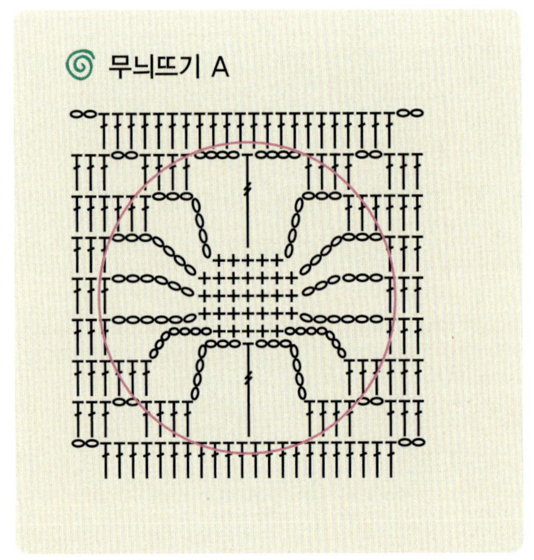

무늬뜨기 A

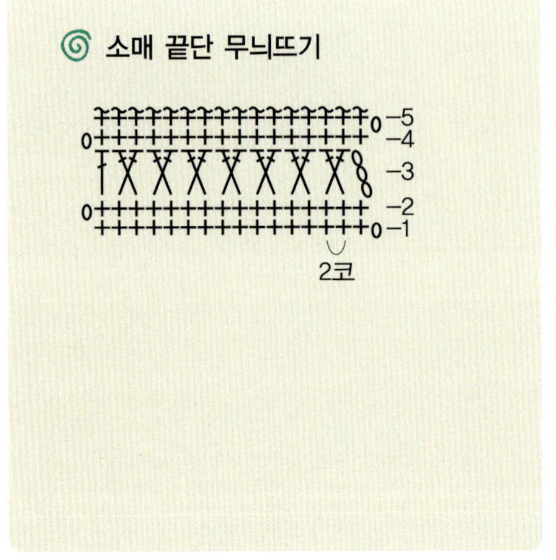

소매 끝단 무늬뜨기
5
4
3
2
1
2코

소매(도·안3)

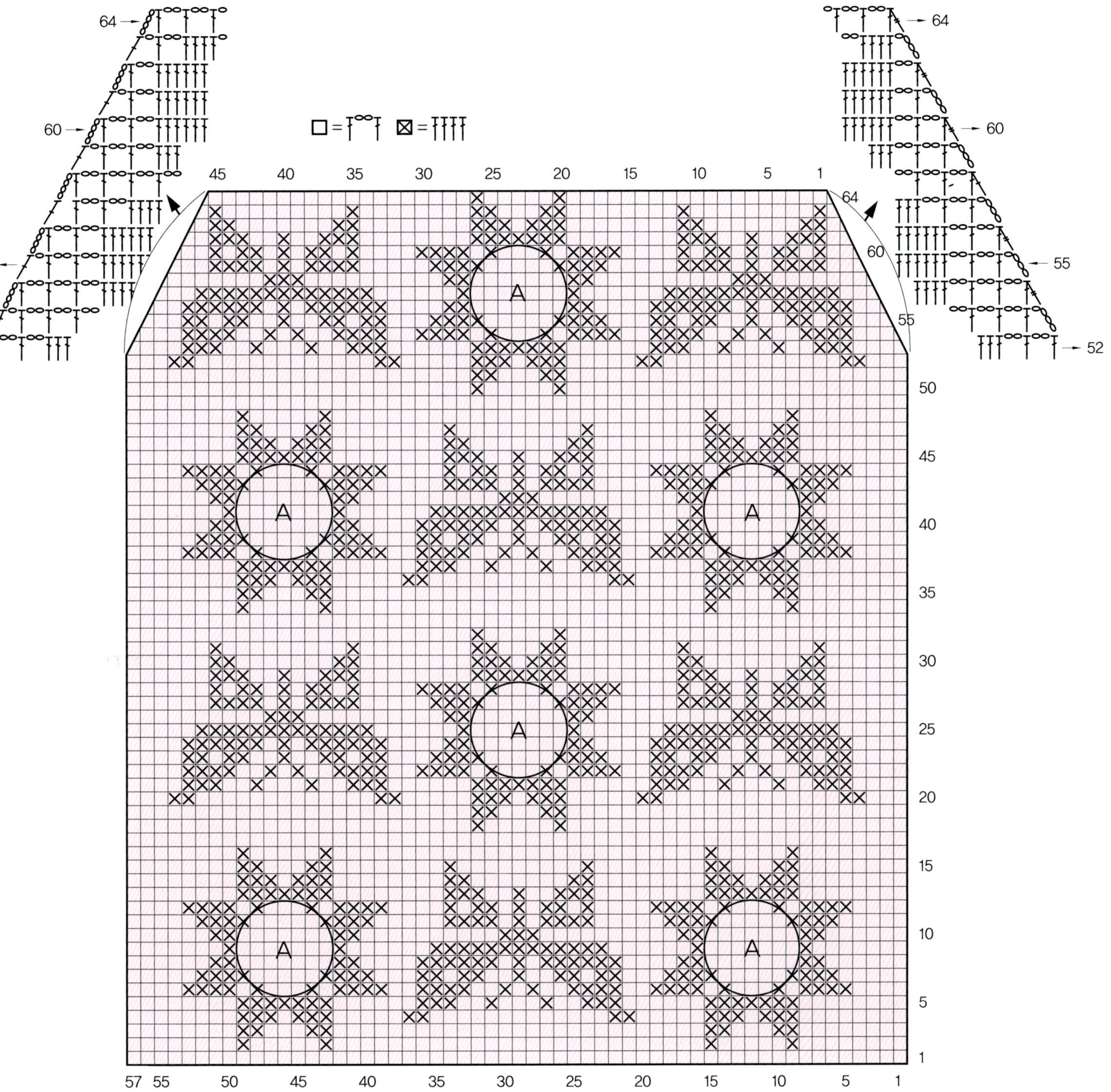

□ =   ⊠ =
64
60
55
5
45 40 35 30 25 20 15 10 5 1
64
60
55
52
50
45
40
35
30
25
20
15
10
5
1
57 55 50 45 40 35 30 25 20 15 10 5 1
A
A A
A
A A A

09 겨자색 한복 치마

완성 치수

77 size

재료와 도구

실	서머울(겨자색)
바늘	코바늘 2호, 돗바늘
부속품	지퍼 1개

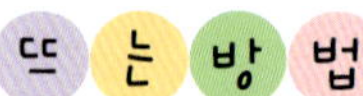

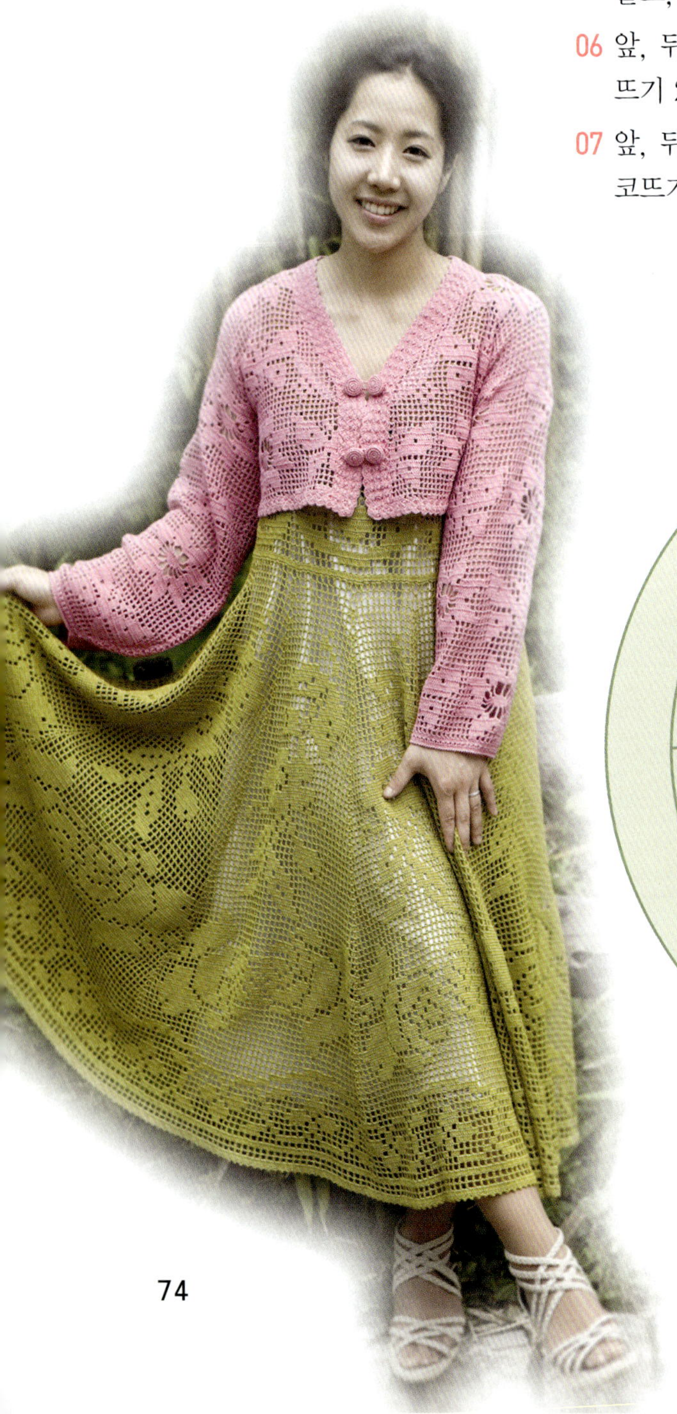

뜨는 방법

01 겨자색 실로 사슬 331코를 만들어 도안 2에 무늬를 11무늬 배치하여 5단 오픈시켜 뜨다가 6단부터는 원통뜨기로 75단까지 뜬다.

02 무늬와 무늬 사이 코늘림은 도안 1을 참고한다.

03 76단부터 95단까지는 무늬뜨기 D를 도안 2를 참고하여 배치하여 뜬다.

04 03이 끝나면 밑단은 피코뜨기로 떠서 장식 마무리한다.

05 가슴단은 337코를 치마 시작 사슬코 부분에 짧은뜨기 1단을 떠서 만들고, 도안 3을 참고하여 어깨끈 뜨기까지 완성한다.

06 앞, 뒤 어깨끈은 돗바늘로 감침질하여 붙여 주고, 진동둘레는 짧은뜨기 2단을 뜨고 피코뜨기로 마무리한다.

07 앞, 뒤 중심단은 지퍼 달 곳까지 연결해서 짧은뜨기 2단을 뜨고 피코뜨기로 마무리한 뒤 오픈시킨 부분에 지퍼를 달아 완성한다.

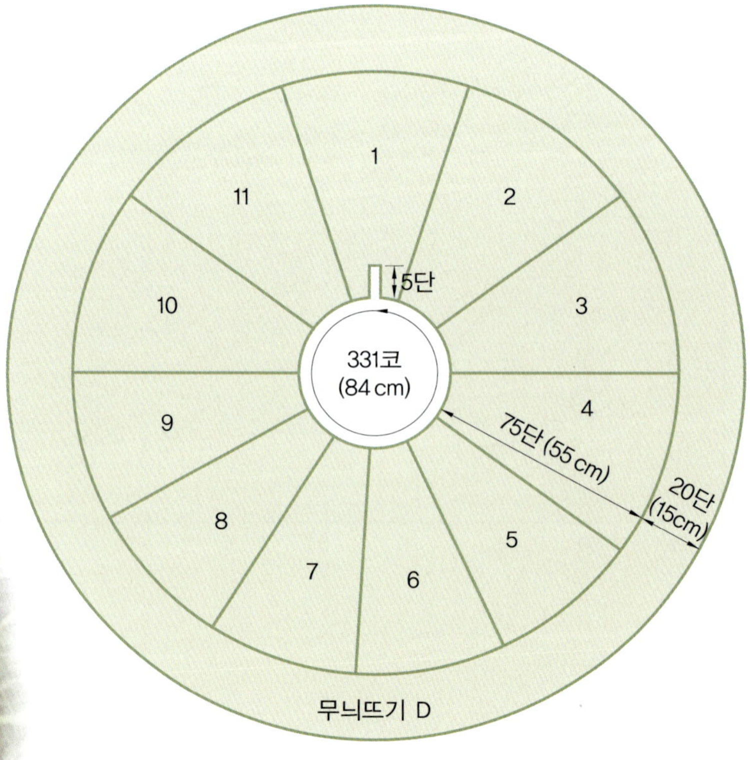

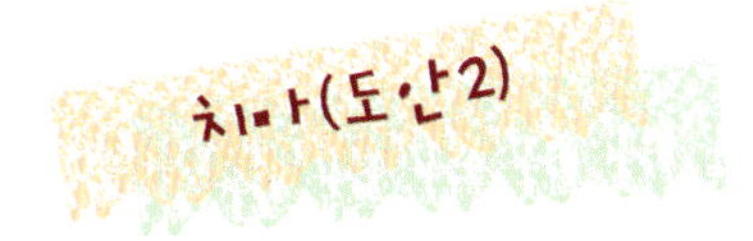

무늬뜨기 D

$\square = $ $\boxtimes = $

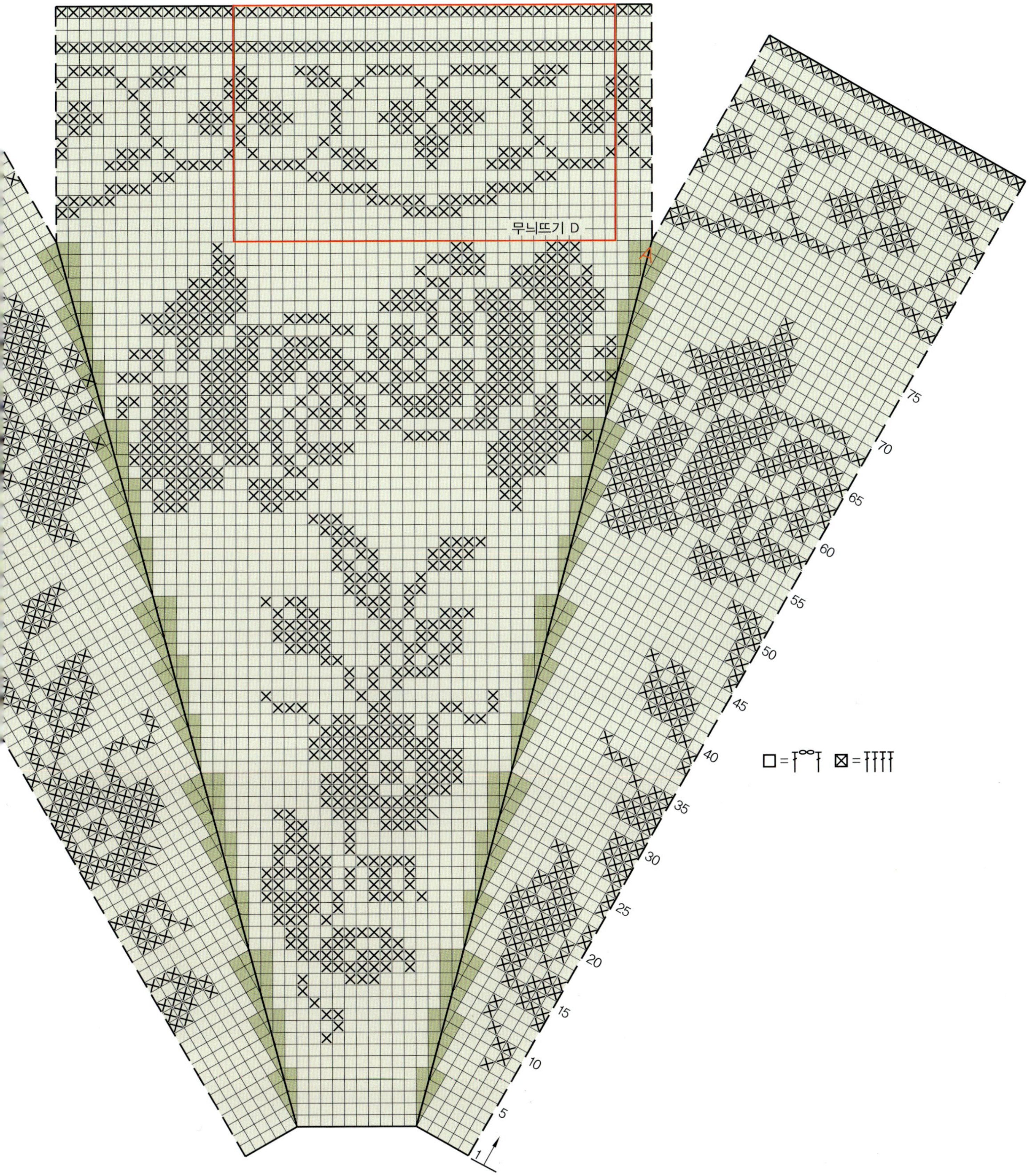

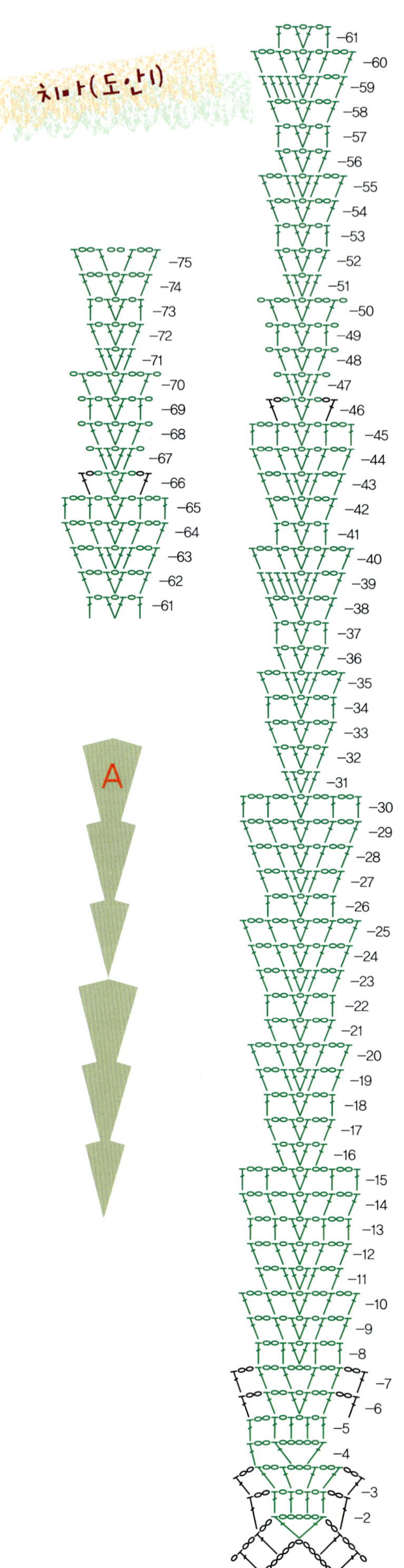

치마(도안1)
A

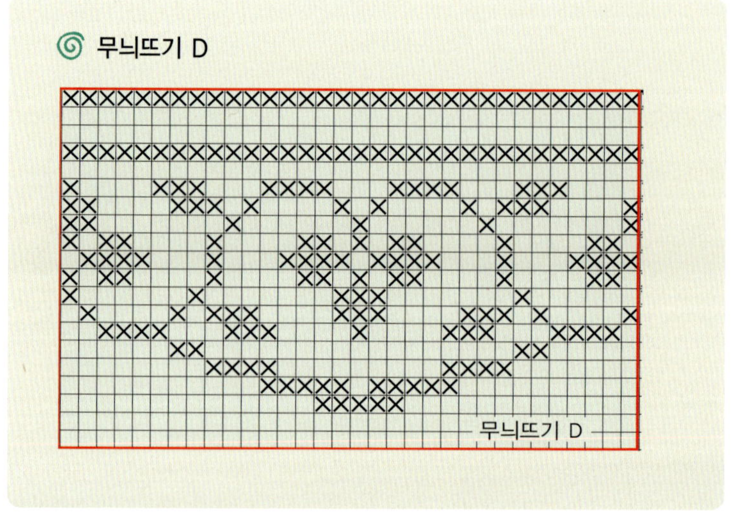

무늬뜨기 D
무늬뜨기 D

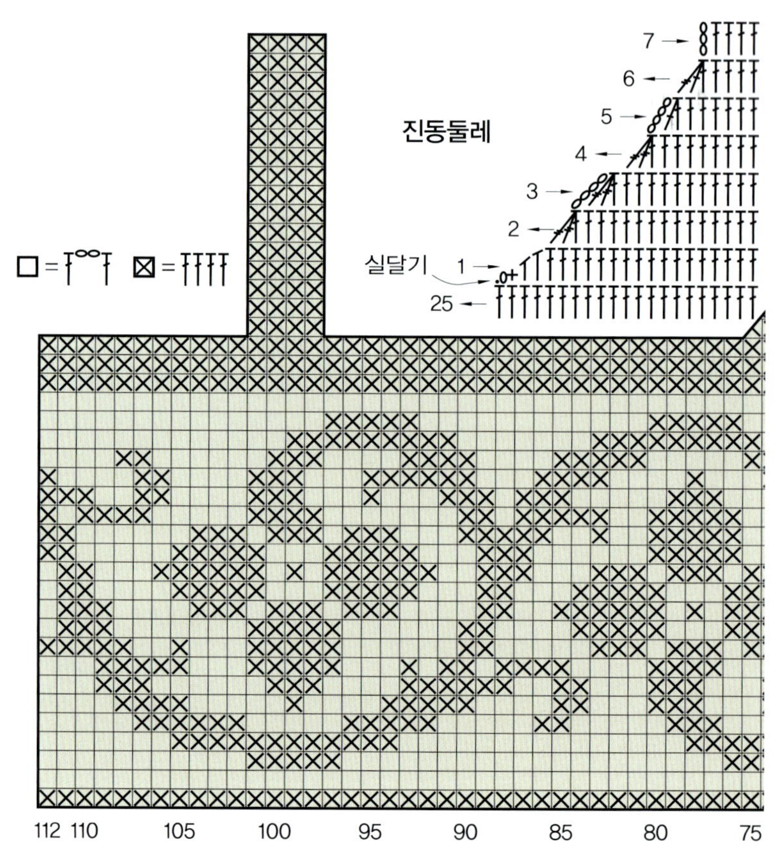

치마 상단(도안3)
진동둘레
실달기
7
6
5
4
3
2
1
0
25
112 110   105   100   95   90   85   80   75

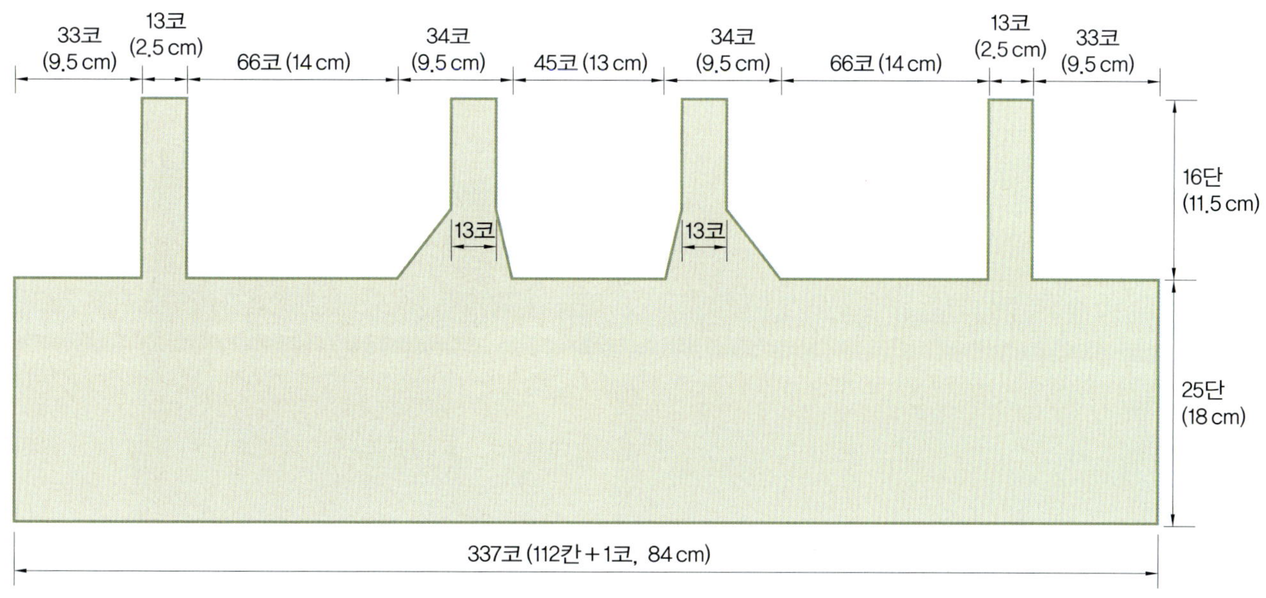

33코 (9.5 cm)
13코 (2.5 cm)
66코 (14 cm)
34코 (9.5 cm)
45코 (13 cm)
34코 (9.5 cm)
66코 (14 cm)
13코 (2.5 cm)
33코 (9.5 cm)
16단 (11.5 cm)
25단 (18 cm)
13코
13코
337코 (112칸+1코, 84 cm)

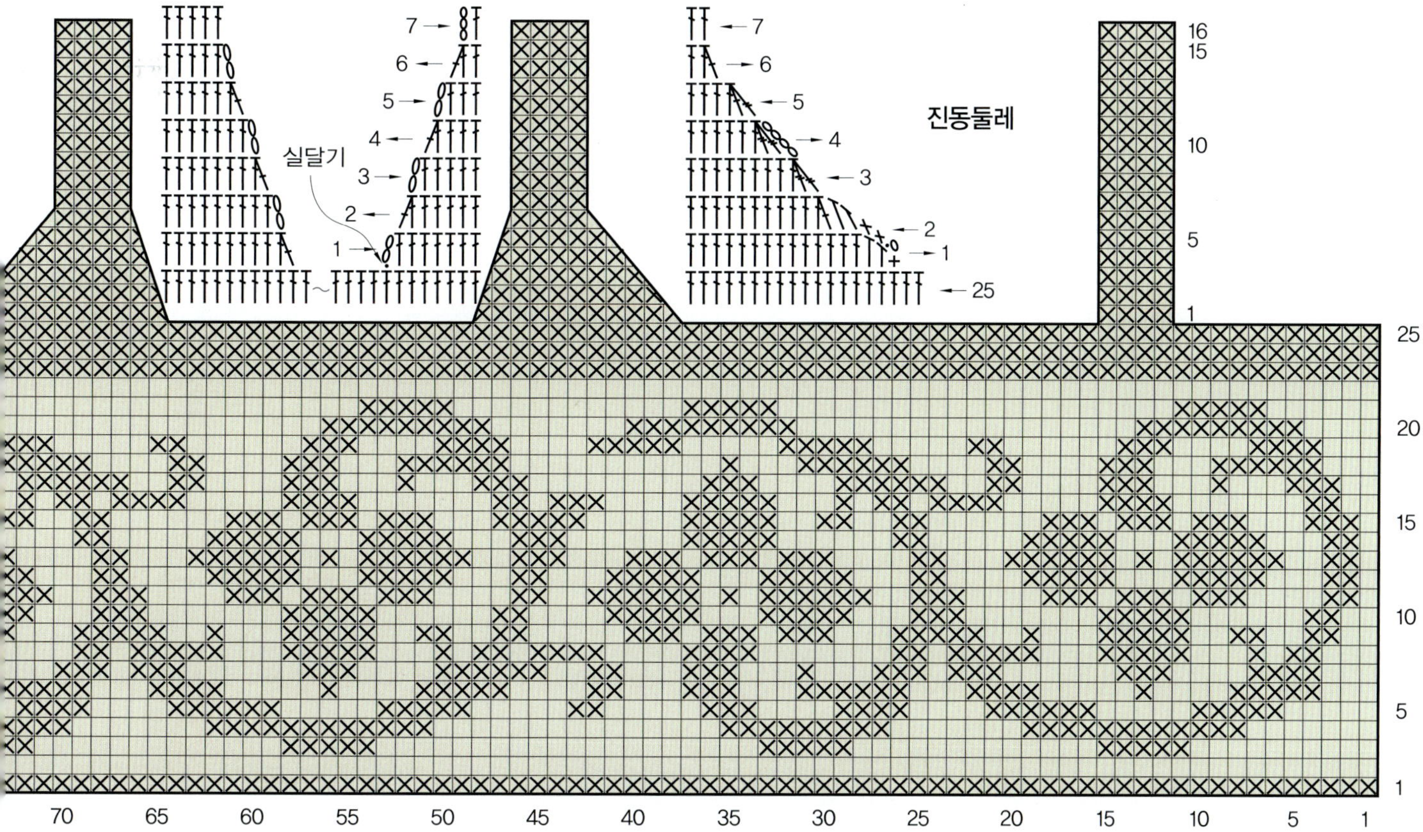

실달기
진동둘레
7
6
5
4
3
2
1
25
70 65 60 55 50 45 40 35 30 25 20 15 10 5 1
16
15
10
5
1
25
20
15
10
5
1

오렌지색 한복

오렌지색 한복

Orange color
korean-dress

1

1. 저고리 목단과 앞중심선 단뜨기
2. 치마 가슴단과 어깨끈 뜨기
3. 치마 밑단 뜨기 및 무늬뜨기

2

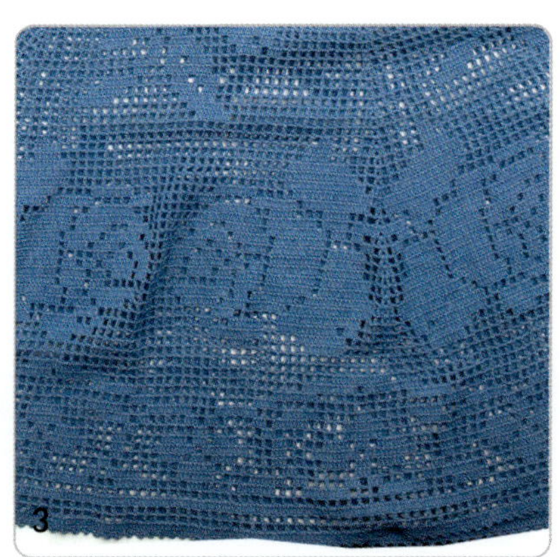

3

오렌지색 한복 저고리

01 사슬 151코(50칸+1코)를 만들어 도안 1을 참고하여 뒤판을 뜬다.

02 01이 끝나면 처음 사슬 시작 부분에 양쪽 어깨코 각각 46코(15칸+1코)를 시작코로 해서 도안 1을 참고하여 앞판을 완성한다.

03 도안 1에 표시된 소매 부분에 시작코 172코(57칸+1코)를 만들어 짧은뜨기 1단을 뜬 뒤 도안 2를 참고하여 양 소매를 각각 완성한다.

04 03까지 완성되면 옆솔기를 붙여주고 목둘레, 앞중심, 밑단을 연결해 원통뜨기로 무늬뜨기 A 81무늬를 떠서 장식 마무리한다.

05 소매 끝단은 짧은뜨기로 2단을 뜬 뒤 되돌아짧은뜨기 1단을 떠서 마무리한다.

🌀 무늬뜨기 A

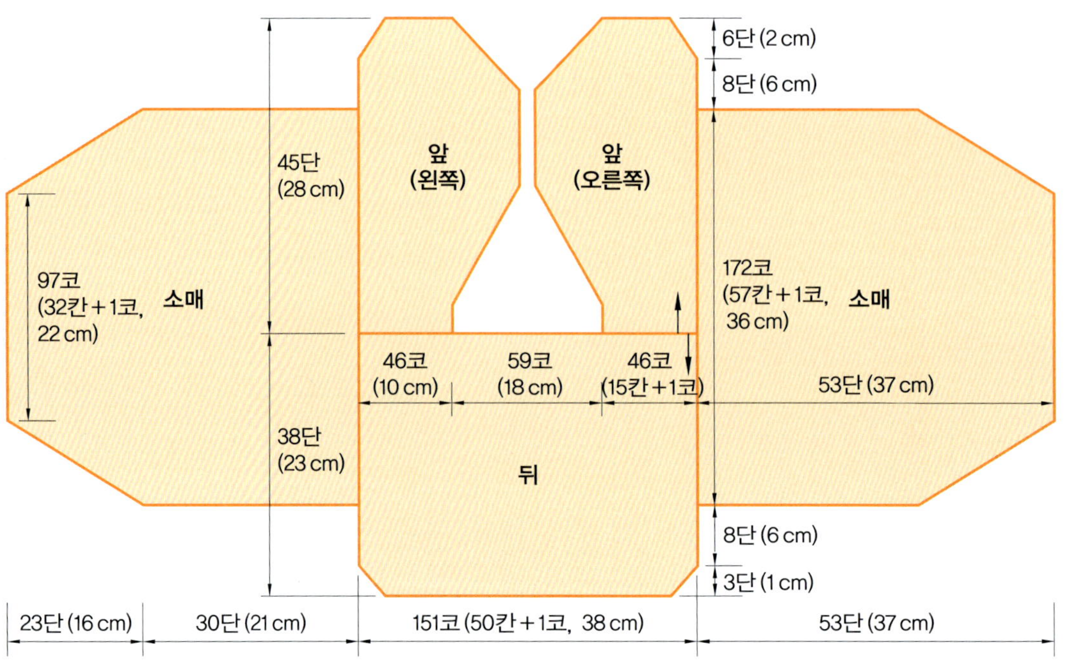

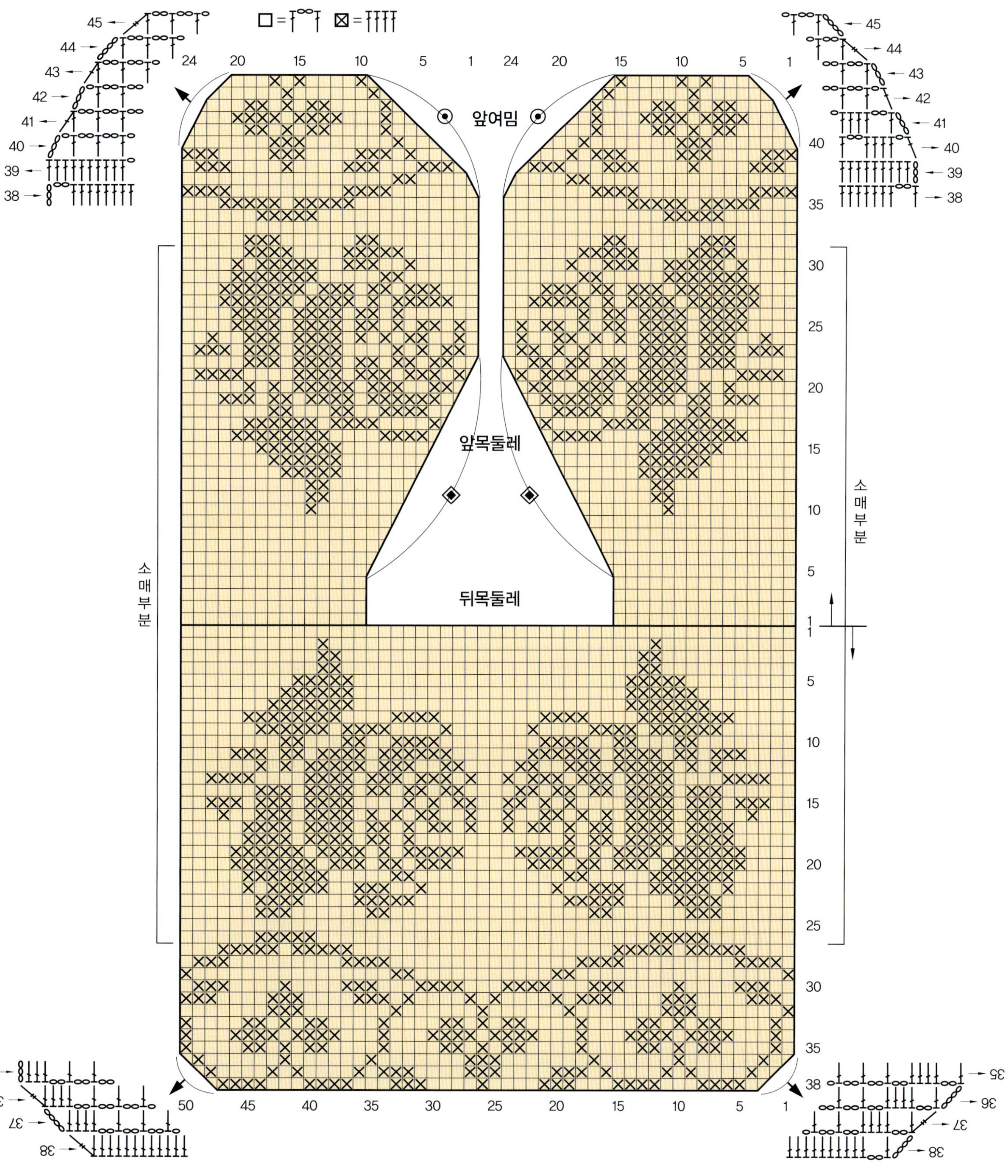

앞·뒤판(도안1)
앞여밈
앞목둘레
뒤목둘레
소매부분
소매부분
□ =
⊠ =

앞목둘레(도안)

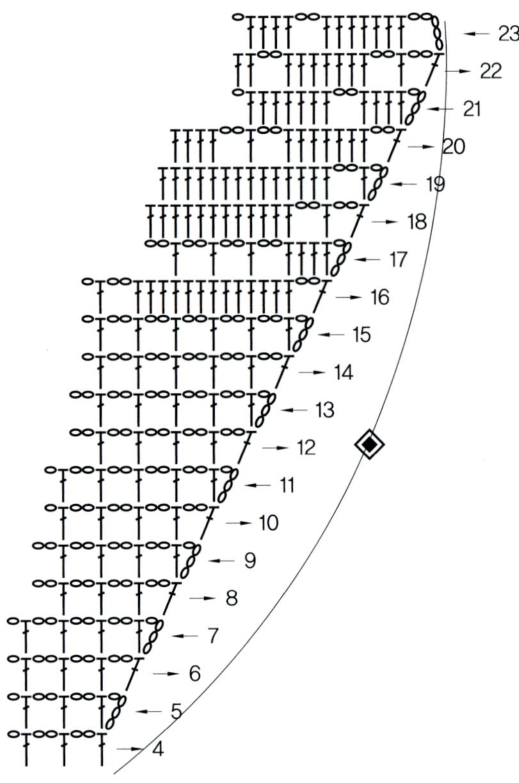 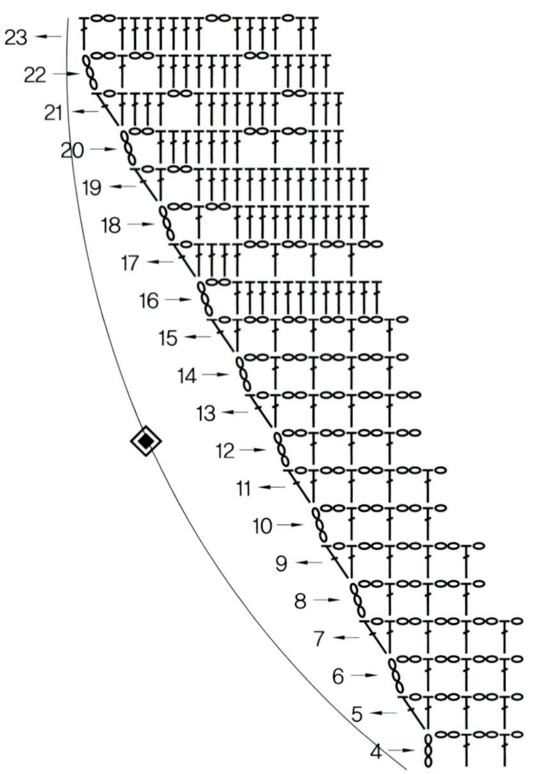

앞여밈(도안)

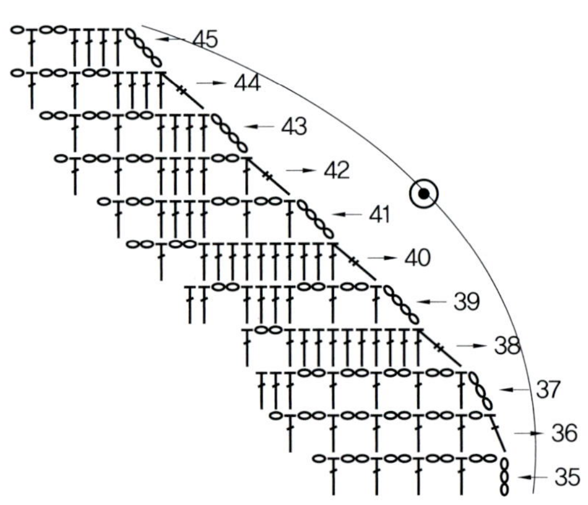 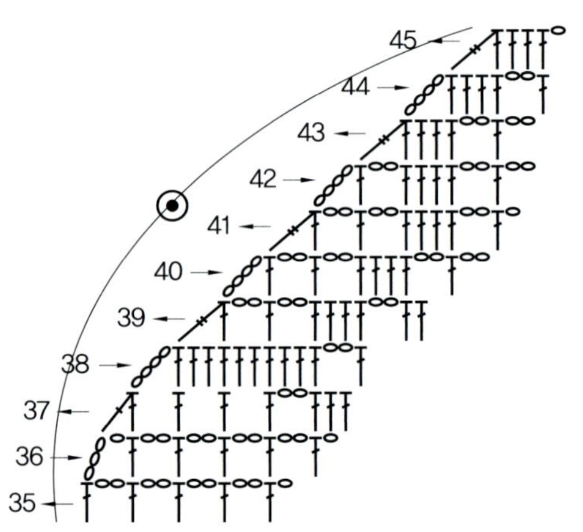

소매 (도안 2)

바다색 한복 치마

뜨는 방법

01 바다색 실로 사슬 345코를 만들어 도안 1을 참고하여 무늬를 8무늬 배치하여 12단을 오픈시켜 뜨다가 13단째부터는 원통뜨기로 71단까지 뜬다.

02 무늬와 무늬 사이 코 늘림은 도안 2를 참고한다.

03 72단부터 90단까지는 무늬뜨기 D를 도안 1을 참고하여 배치하면서 뜬다.

04 03까지 끝나면 밑단은 피코뜨기로 떠서 장식 마무리한다.

05 가슴단은 310코를 치마 시작 사슬코 부분에 짧은뜨기로 1단을 떠서 만들고 도안 3을 참고하여 어깨끈까지 완성한다.

06 어깨끈은 돗바늘로 감침질하여 붙여주고, 진동둘레는 짧은뜨기 2단을 뜬 후 피코뜨기 1단을 떠서 마무리한다.

07 앞 뒤 중심단은 지퍼 달 곳까지 연결해서 짧은뜨기 2단을 뜬 후 피코뜨기 1단을 떠서 마무리한 뒤 오픈시킨 부분에 지퍼를 달아 완성한다.

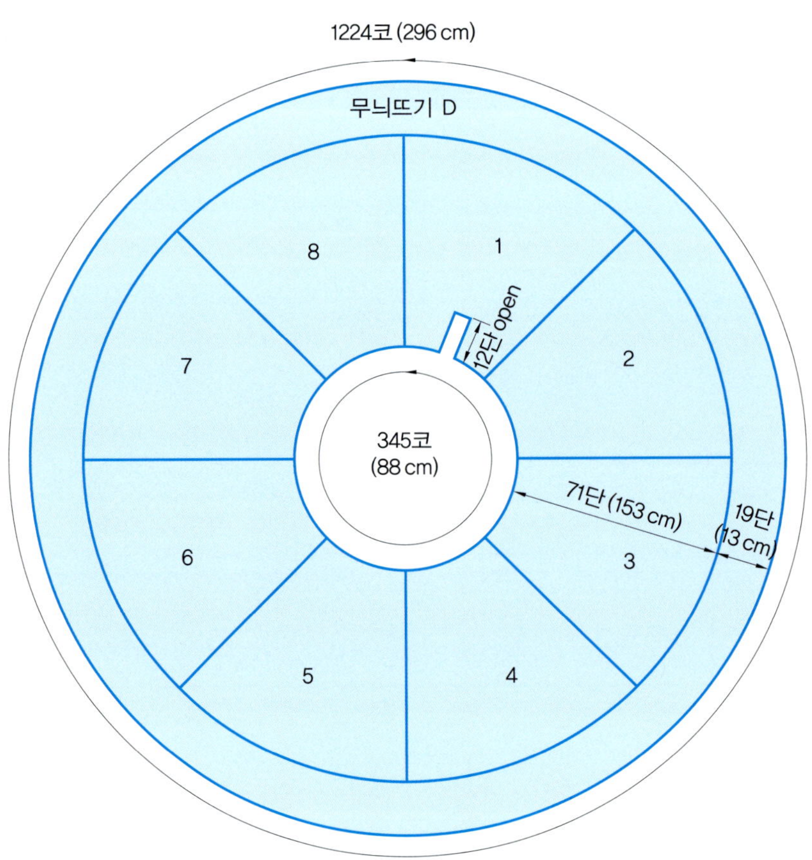

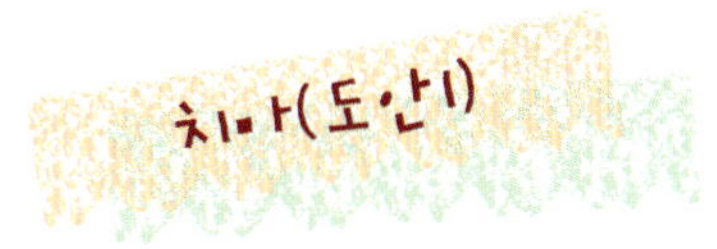

치마(도안)

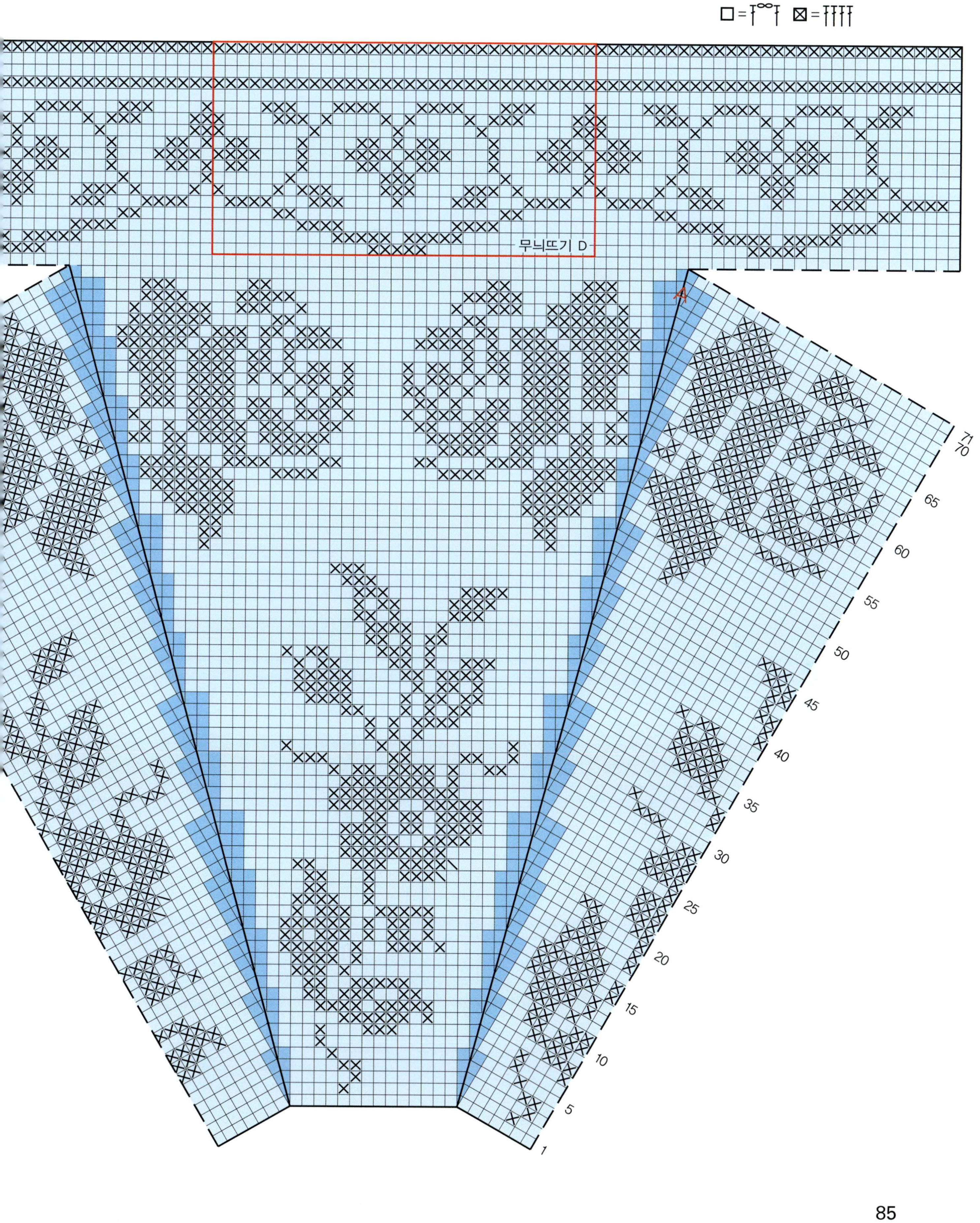

□ = ↑∞↑   ⊠ = ↑↑↑↑

무늬뜨기 D

71
70
65
60
55
50
45
40
35
30
25
20
15
10
5
1

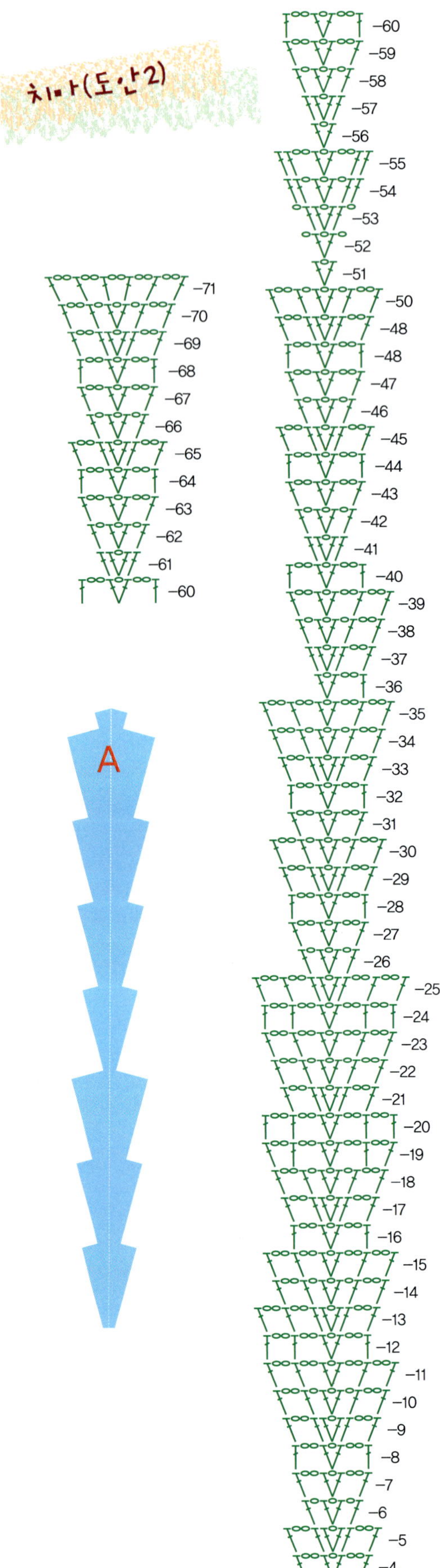

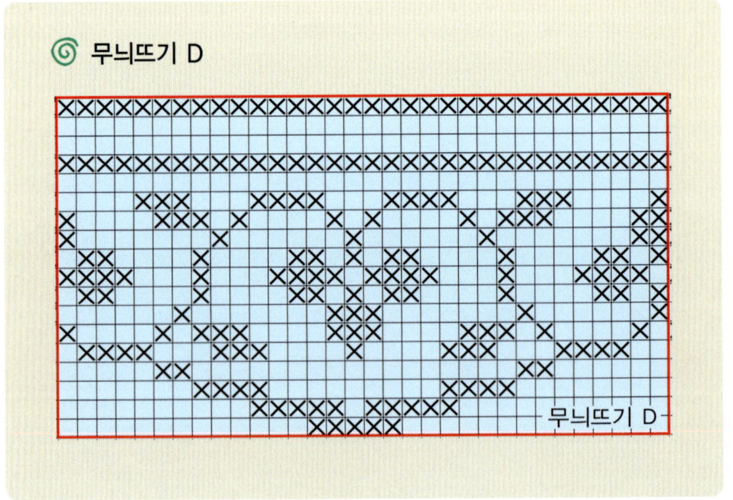

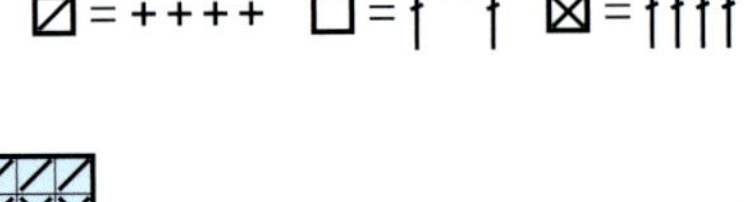

치마상단(도안3)

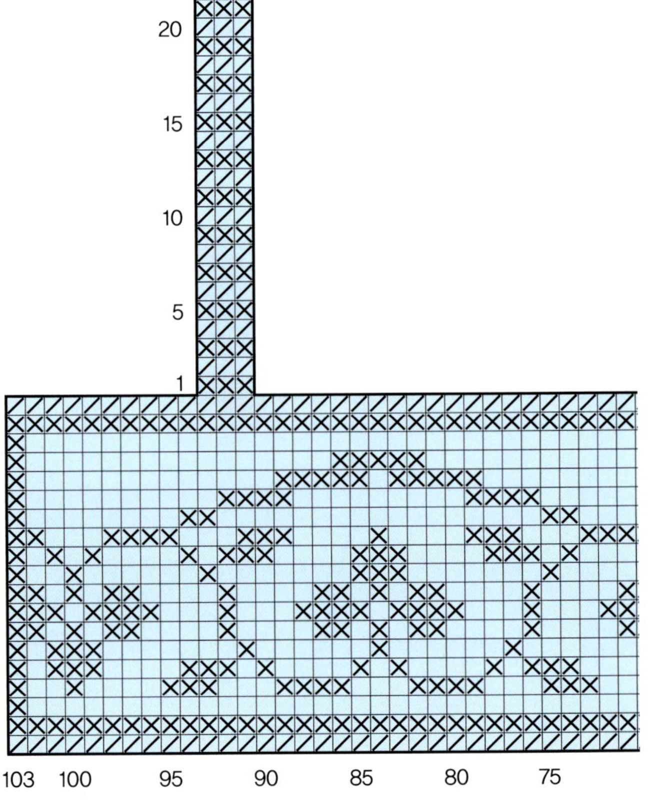

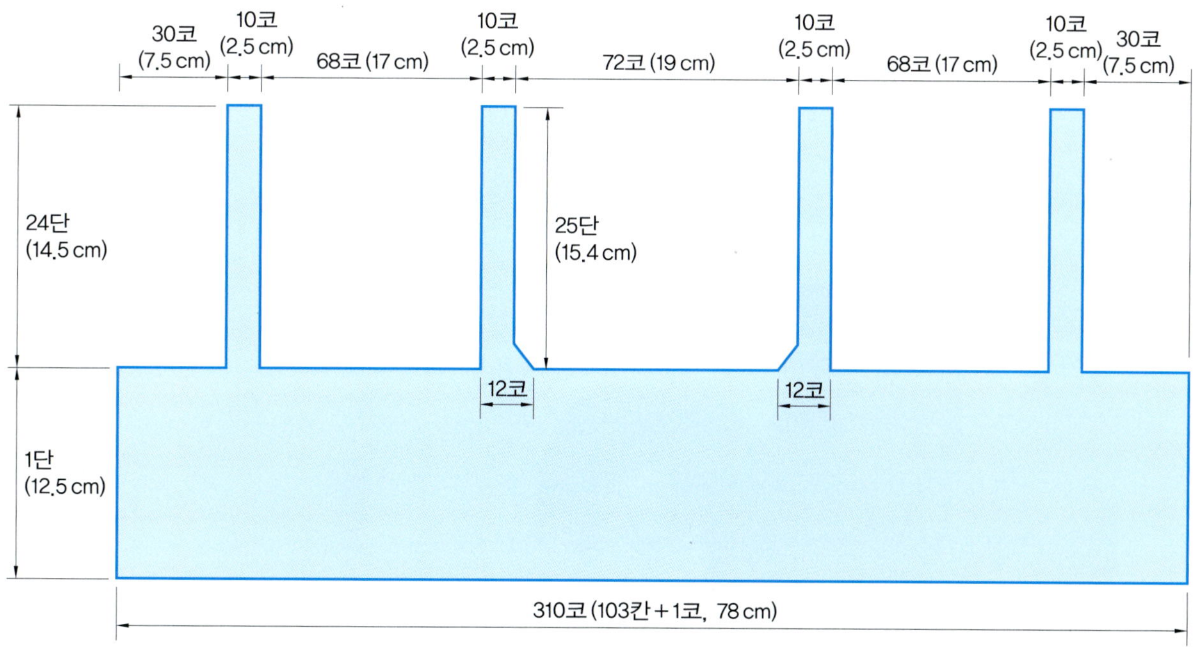

30코 (7.5cm)
10코 (2.5cm)
68코 (17cm)
10코 (2.5cm)
72코 (19cm)
10코 (2.5cm)
68코 (17cm)
10코 (2.5cm)
30코 (7.5cm)
24단 (14.5cm)
25단 (15.4cm)
1단 (12.5cm)
12코
12코
310코 (103칸+1코, 78cm)

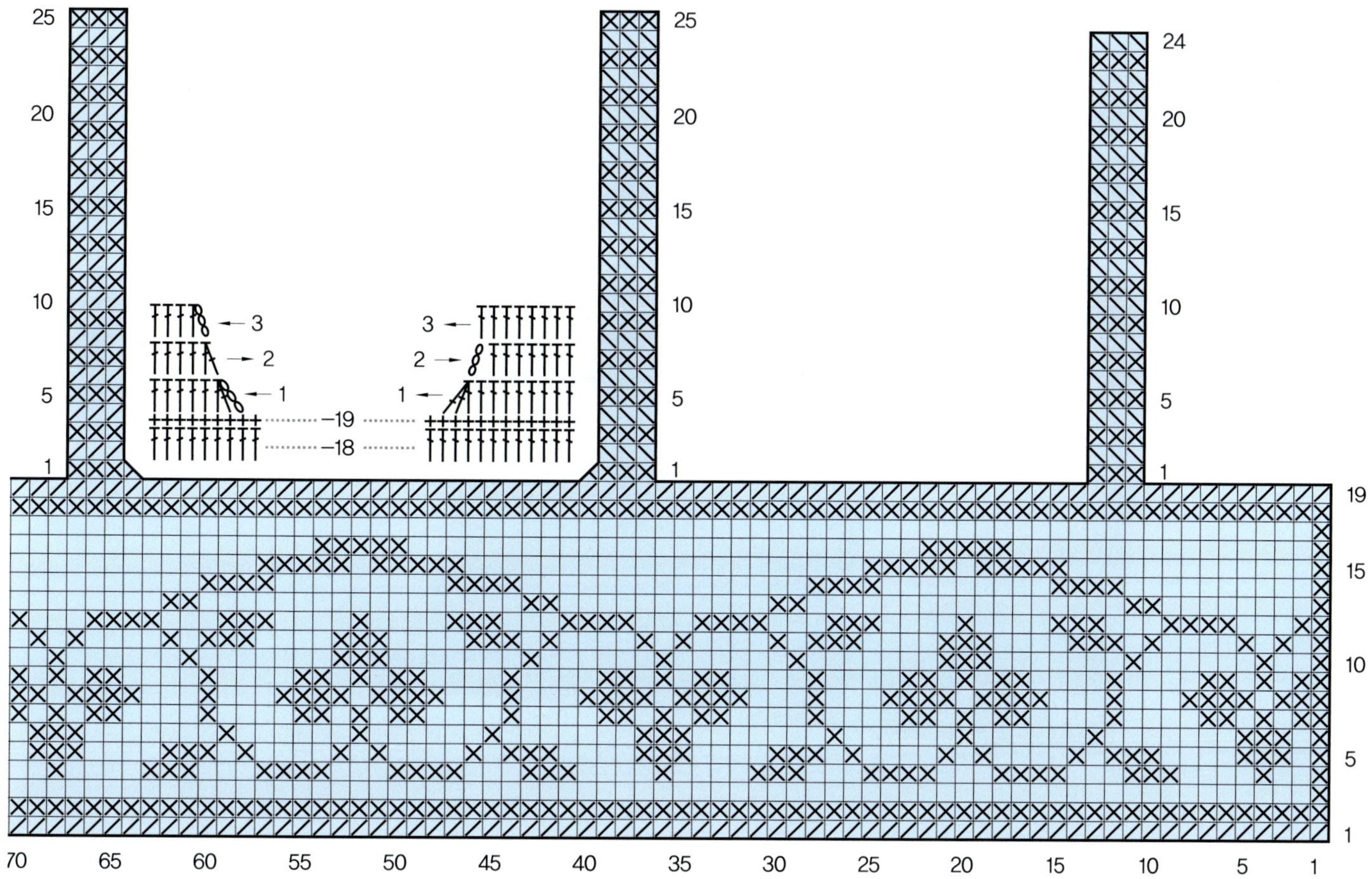

25
20
15
10
5
1
3
2
1
19
18
24
70 65 60 55 50 45 40 35 30 25 20 15 10 5 1

파란색 남성용 티셔츠

파란색 남성용 티셔츠

Blue men's
T-shirts

1. 라운드 목둘레 단뜨기
2. 몸판에 소매 달기
3. 티셔츠 밑단 뜨기

파란색 남성용 티셔츠

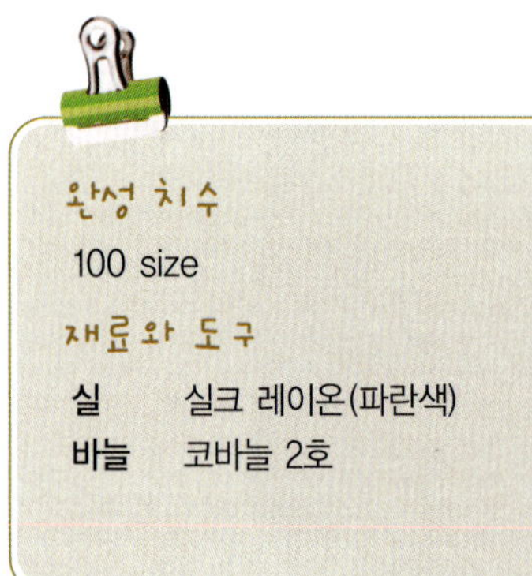

01 사슬 184코를 만들어 61칸+1코 무늬뜨기로 시작해서 도안 2를 참고하여 뒤판을 완성한다.

02 사슬 184코를 만들어 61칸+1코 무늬뜨기로 시작해서 도안 2를 참고하여 71단까지 뜨고는 72단부터는 도안 1을 참고하여 앞목둘레를 떠서 앞판을 완성한다.

03 앞, 뒤판 옆솔기는 양옆에 각 12단씩 띄워 오픈시켜 준 뒤 나머지는 사슬뜨기로 이어준다.

04 몸판 밑단은 앞, 뒤 각각 186코씩 만들어 밑단 무늬 46무늬+2코로 6단을 떠서 마무리하는데 마지막 3단은 오픈 옆솔기와 앞, 뒤 모두 연결해 원통뜨기해서 마무리한다.

05 목단은 짧은뜨기 2단을 뜨고 마지막 1단은 되돌아짧은뜨기를 떠서 마무리한다.

06 소매는 사슬 115코를 만들어 도안 3을 참고하여 2장 뜬다.

07 06이 끝나면 소매 옆솔기를 이어준 뒤 소매 밑단은 112코 만들어 밑단 무늬 28무늬를 원통뜨기하여 마무리하고, 몸판에 달아 완성한다.

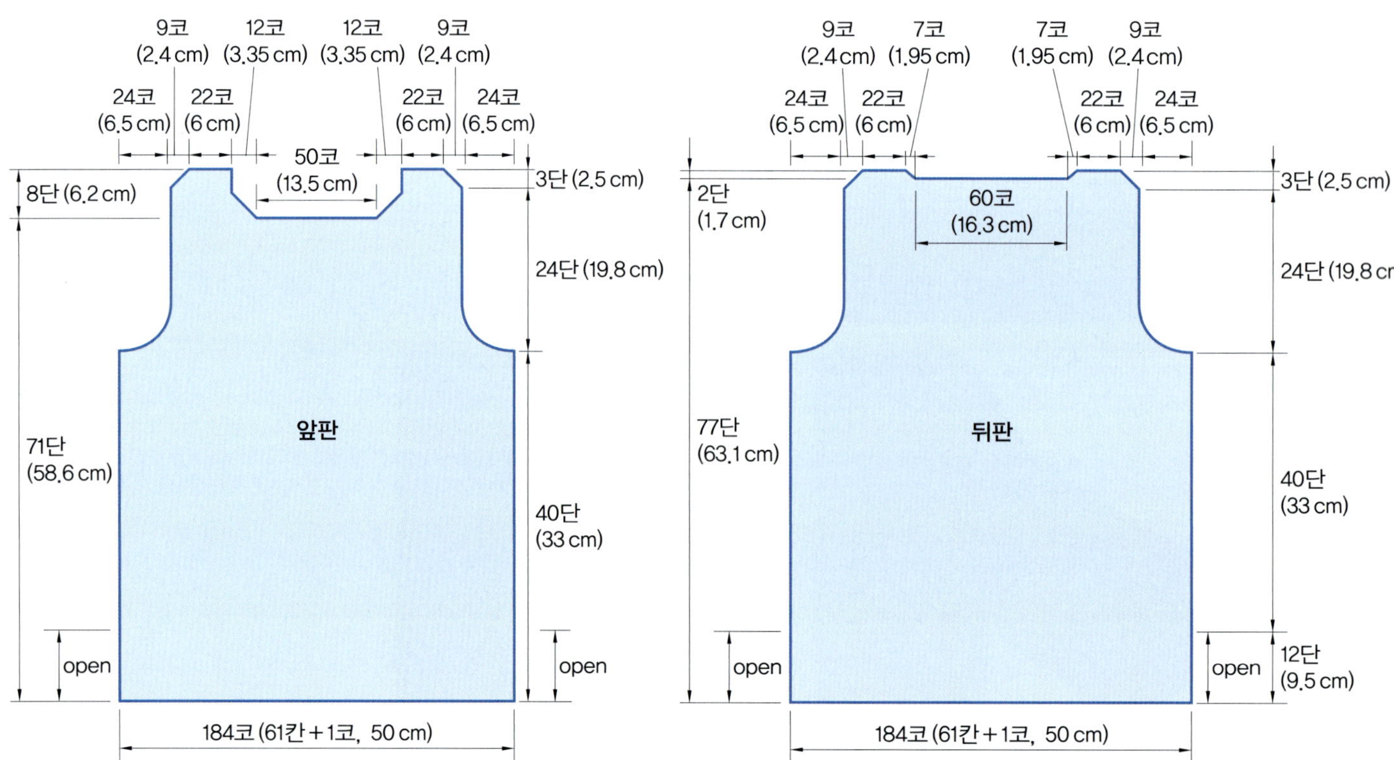

12코 (3.2 cm)
27코 (7.3 cm)
64코 (17.3 cm)
27코 (7.3 cm)
12코 (3.2 cm)
14단 (12.35 cm)
17단 (15 cm)
소매
115코 (31 cm)

밑단 무늬뜨기 (4코 6단 1무늬)
6
5
4
3
2
1
4321

앞판(도안)

앞목둘레
실달기
27
26
25
24
23
79
78
77
76
75
74
73
72
79
78
77
76
75
74
73
72
27
26
25
24
23
79
75
72
□ = ⊠ =

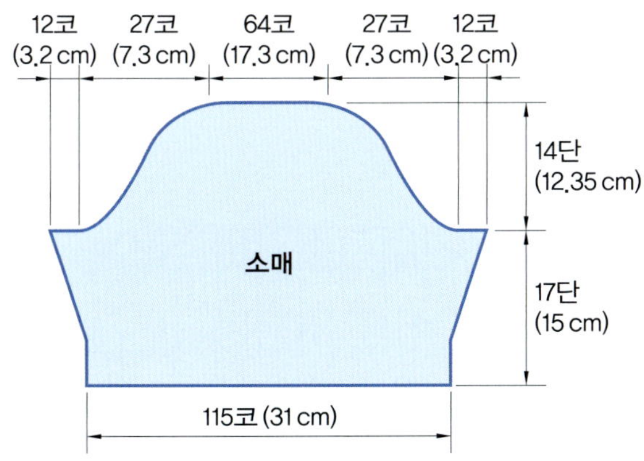

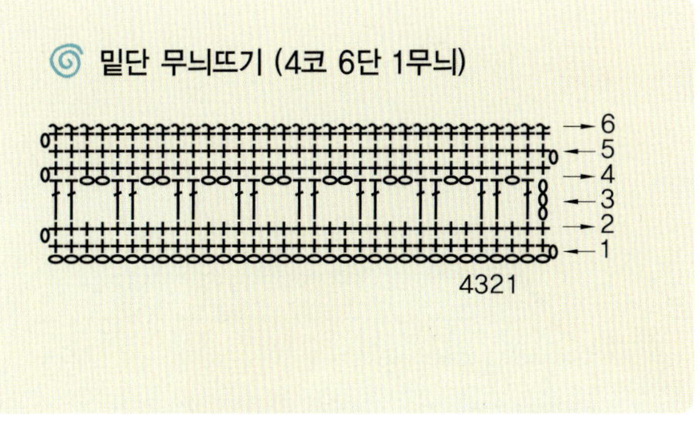

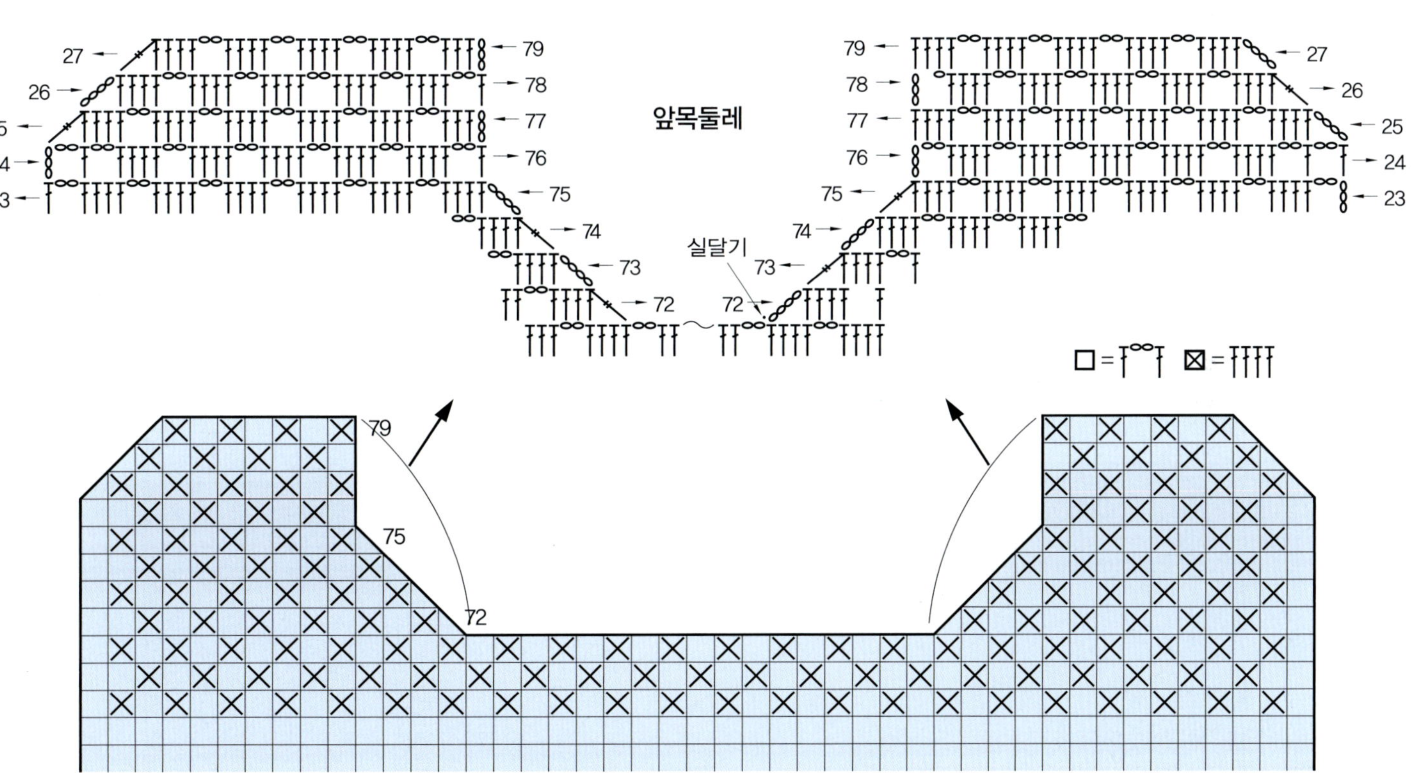

뒤목둘레
실달기
진동둘레
진동둘레
open
open

소매(도·안3)

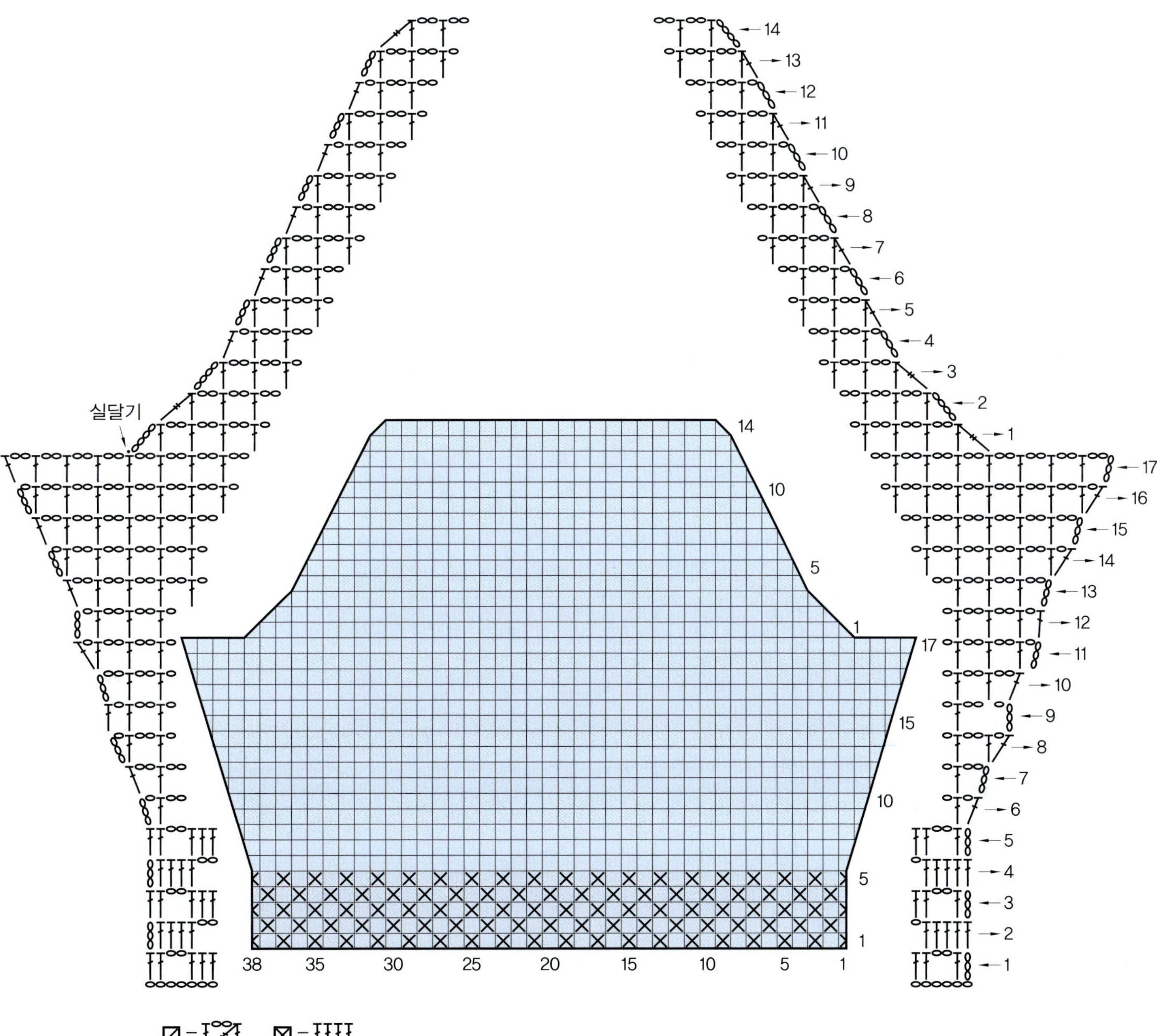
실달기
14
13
12
11
10
9
8
7
6
5
4
3
2
1
17
16
15
14
13
12
11
10
9
8
7
6
5
4
3
2
1
14
10
5
1
17
15
10
5
1
38 35 30 25 20 15 10 5 1

감색 남성용 러닝셔츠

12 감색 남성용 러닝셔츠

완성 치수
90 size

재료와 도구

실　구정뜨개실(감색)
바늘　코바늘 2호

뜨는 방법

01 사슬 504코를 만들어 무늬뜨기 12무늬로 시작해서 60단을 원통뜨기로 뜬다.

02 01이 끝나면 앞, 뒤로 나누어 진동둘레를 만드는데 도안 1을 참고하며 뜬다.

03 앞목둘레는 진동둘레 8단을 뜨고 9단 뜰 때 만드는데 도안 1을 참고하여 코 줄임해서 만든다.

04 뒤목둘레는 진동둘레 39단을 뜨고 40단 뜰 때 만드는데 도안 2를 참고하여 코 줄임해서 만든다.

05 밑단은 처음 시작 사슬코 부분에 336코를 주워 짧은뜨기 3단을 뜬 뒤 4단째는 되돌아짧은뜨기로 마무리한다.

06 진동둘레단은 각각 225코를 주워 짧은뜨기 2단을 뜬 뒤 3단째는 되돌아짧은뜨기로 마무리한다.

07 목둘레단은 양 어깨를 각각 사슬뜨기로 붙인 후 299코를 주워 짧은뜨기 2단을 뜬 뒤 3단째에 되돌아짧은뜨기로 마무리한다.

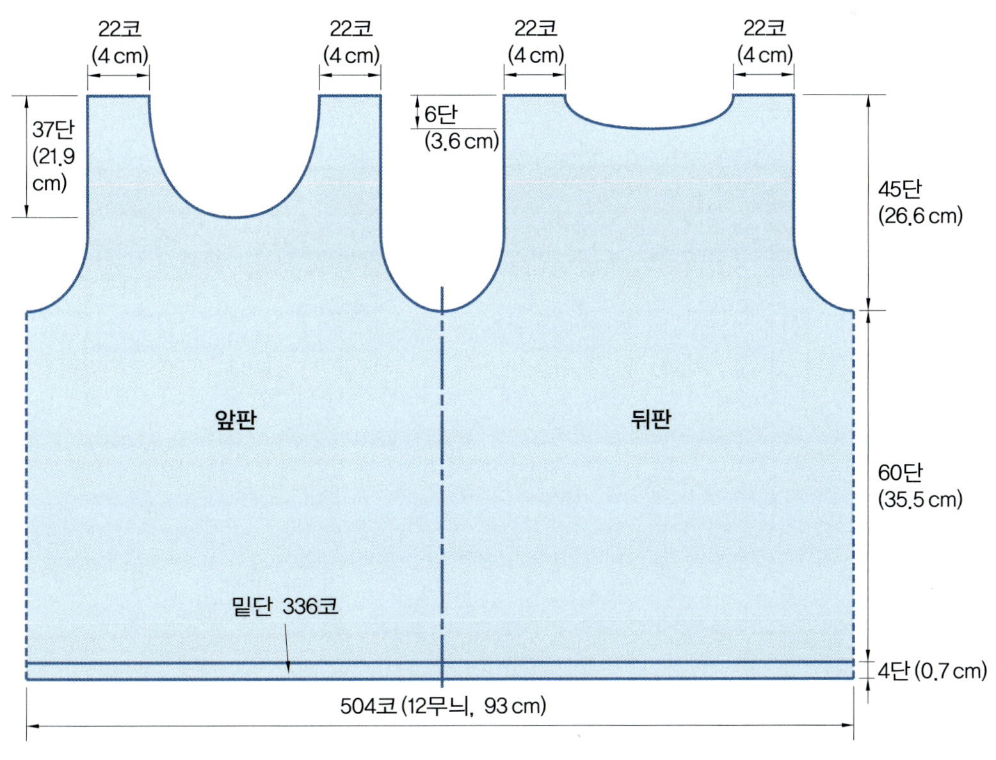

무늬뜨기 (14칸(42코) 21단 1무늬)

21
20
19
18
17
16
15
14
13
12
11
10
9
8
7
6
5
4
3
2
1 (단)
14 13 12 11 10 9 8 7 6 5 4 3 2 1 (칸)

뒤옆둘레(도·안2)

6
5
4
3
2
1
6
5
4
3
2
1
실달기

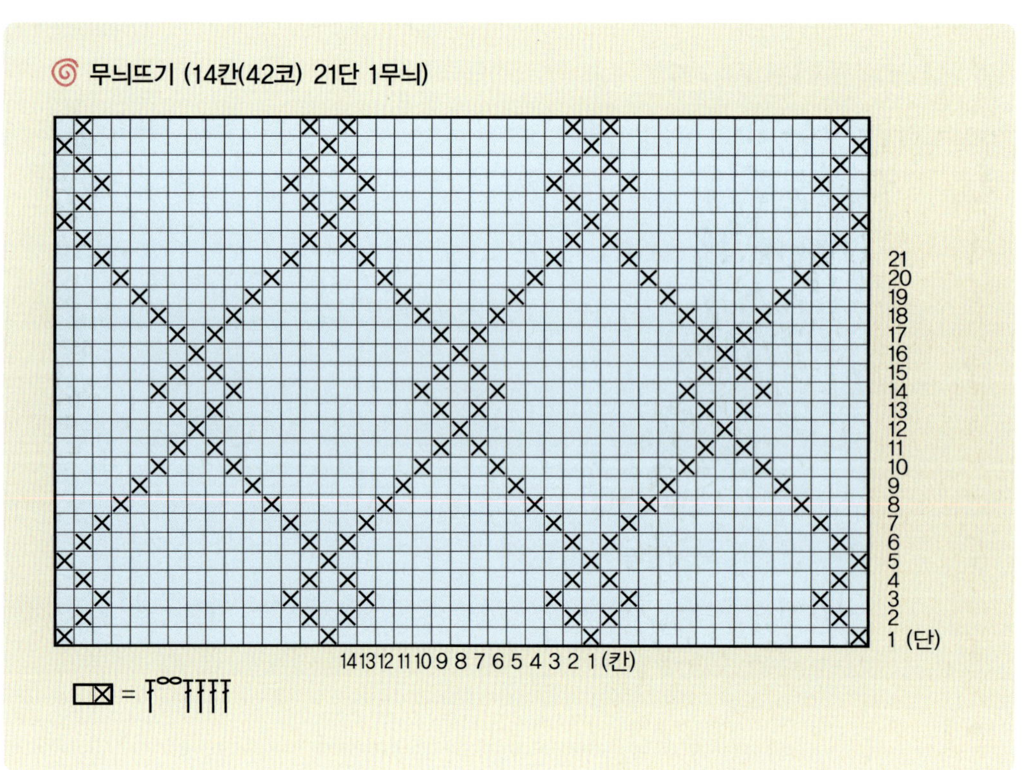

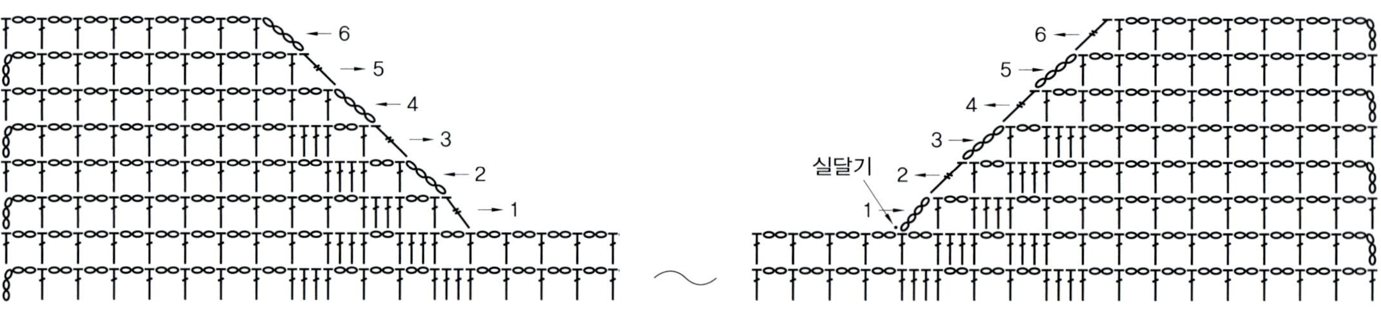

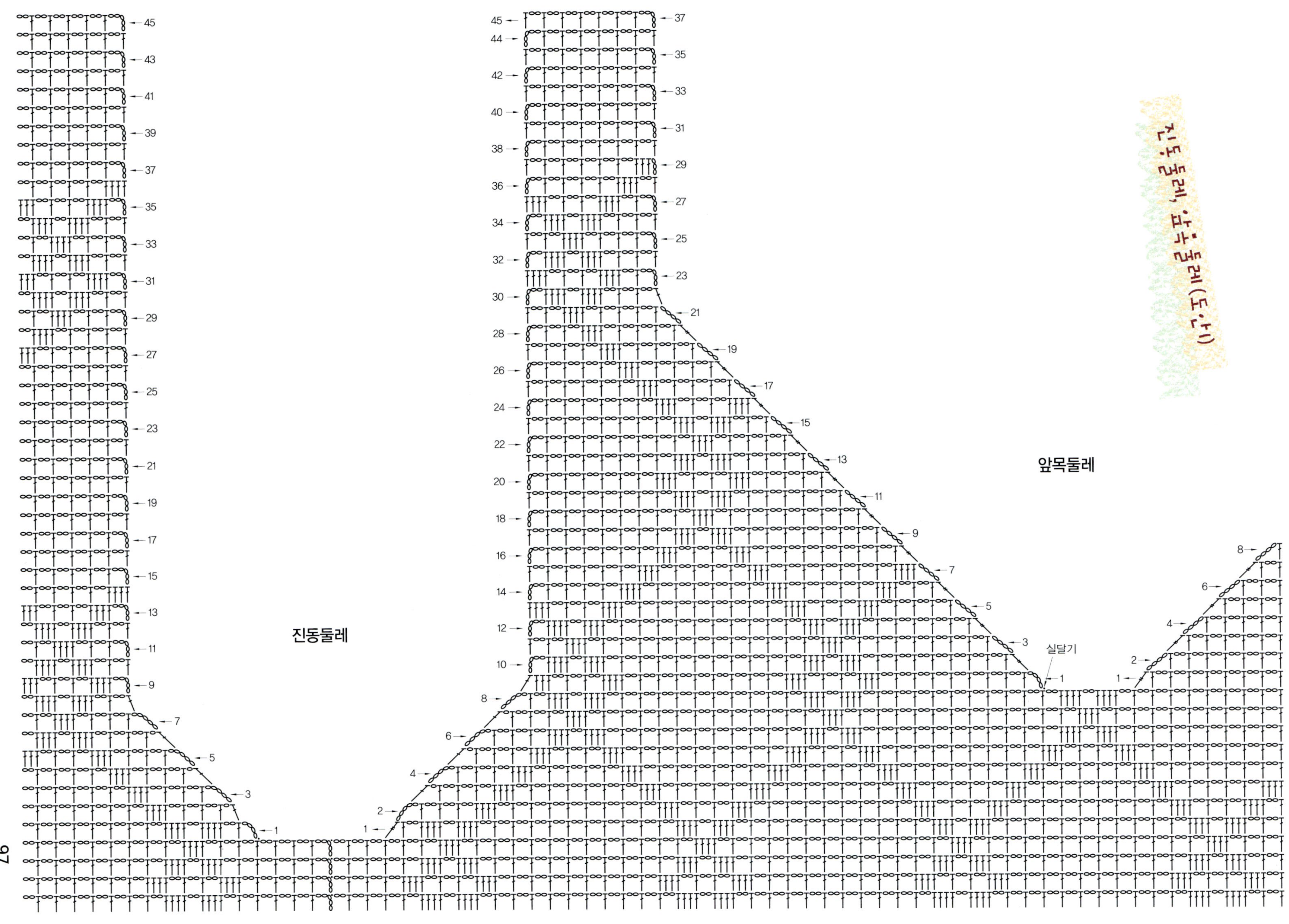

97

흰색 남성용 러닝셔츠

White men's
runningshirts

13 흰색 남성용 러닝셔츠

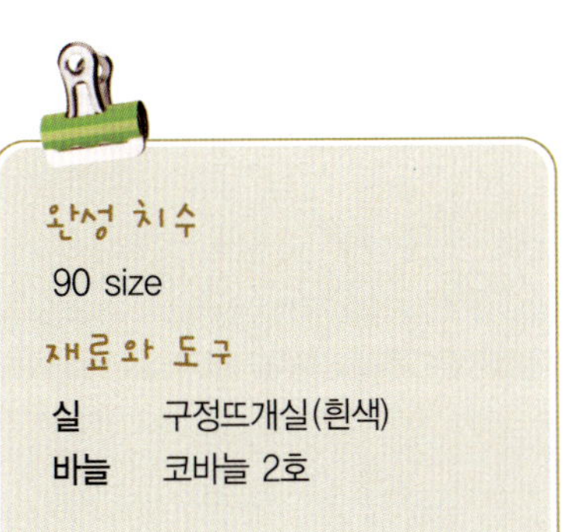

뜨는 방법

01 사슬 396코를 만들어 무늬뜨기 22무늬로 시작해서 61단을 원통뜨기로 뜬다.

02 01이 끝나면 앞, 뒤 각 무늬뜨기 11무늬씩 나누어 주고 진동둘레를 만드는데 도안 1을 참고하여 만든다.

03 뒤목둘레는 진동둘레 뜨기 28단째에 코 줄임을 하는데 도안 1을 참고하여 만든다.

04 앞목둘레는 진동둘레 뜨기 12단째에 코 줄임을 하는데 도안 2를 참고하여 만든다.

05 양 어깨를 각각 사슬뜨기로 붙여준다.

06 목둘레단은 246코를 주워 짧은뜨기 3단을 뜬 뒤 되돌아짧은뜨기 1단을 떠서 마무리한다.

07 진동둘레단은 220코를 주워 짧은뜨기 3단을 뜬 뒤 되돌아짧은뜨기 1단을 떠서 마무리한다.

08 밑단은 단뜨기 무늬로 원통뜨기해서 완성한다.

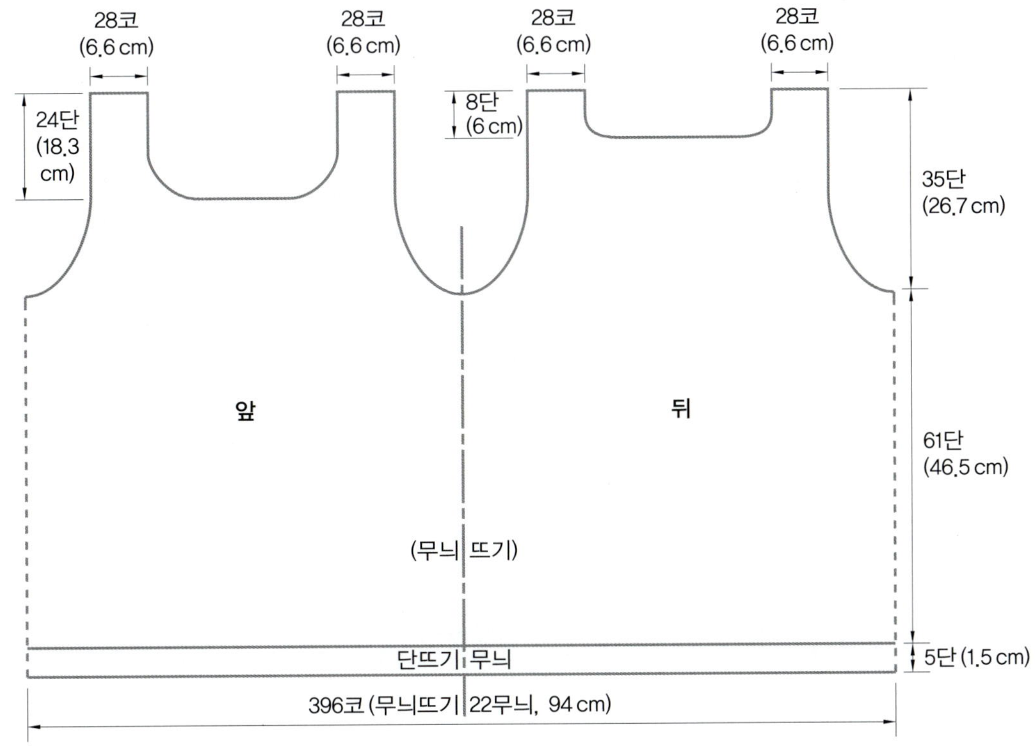

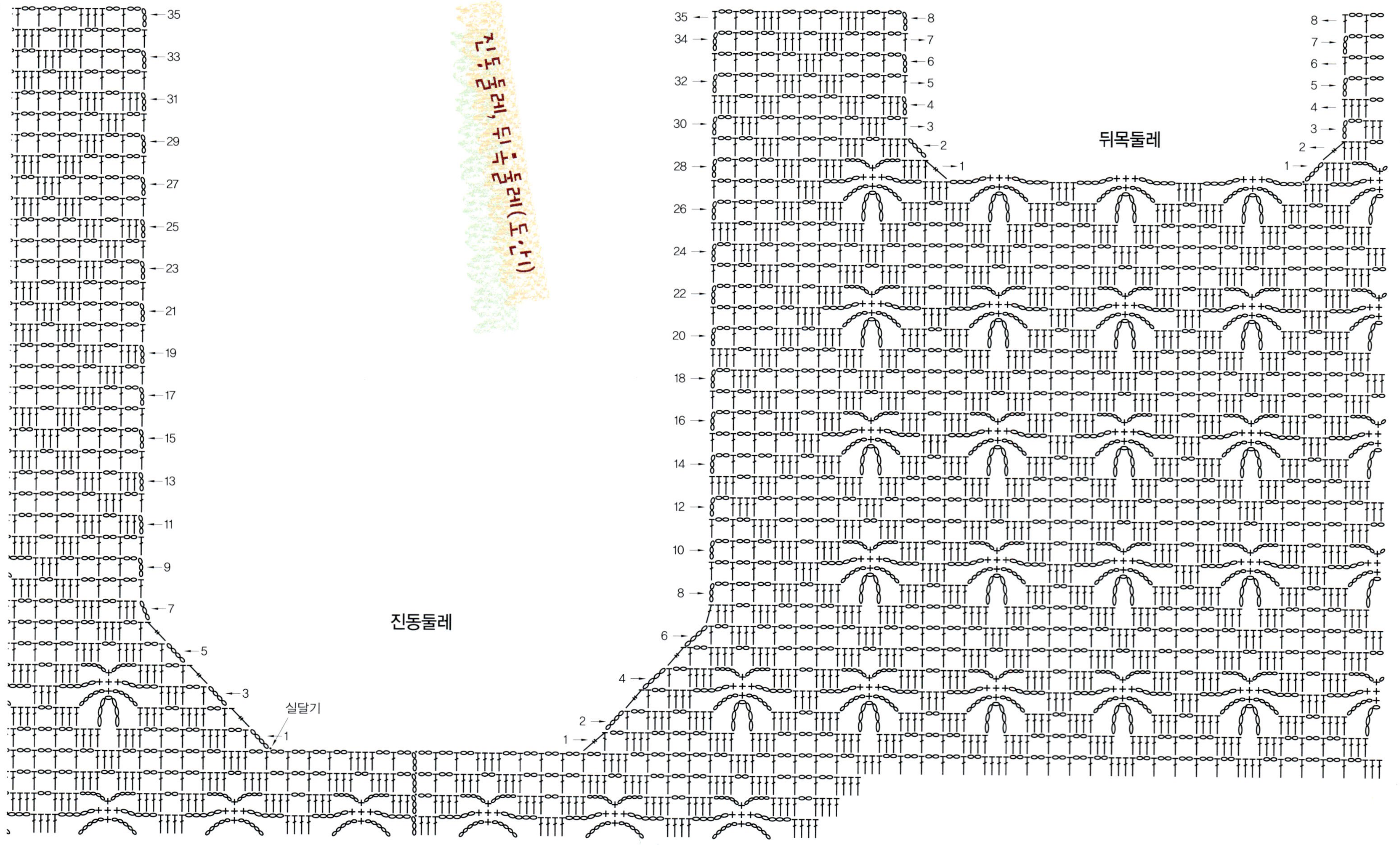

진동 둘레, 뒤목 둘레(도안)
뒤목둘레
진동둘레
실달기

단 무늬뜨기 (2코 5단 1무늬)
5
4
3
2
1
2코

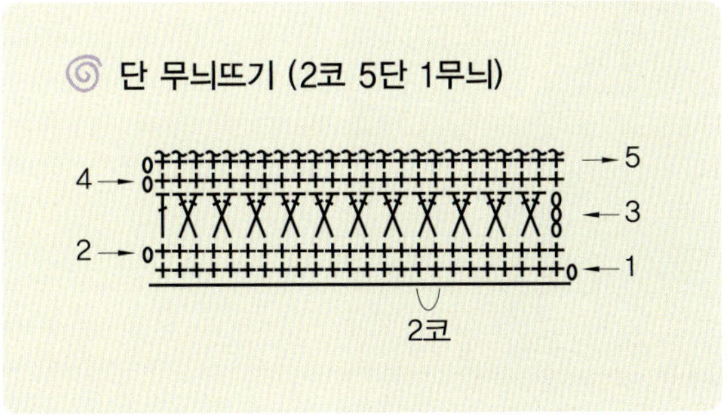

앞목둘레(도·안2)

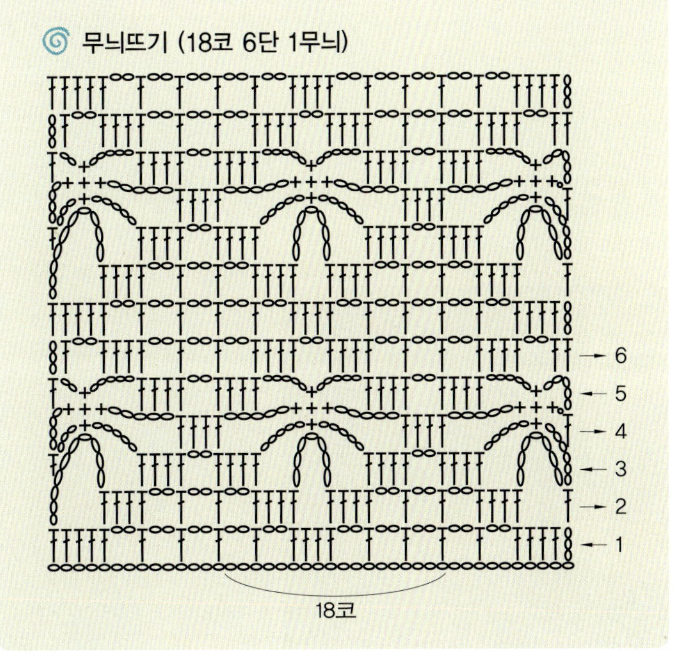

무늬뜨기 (18코 6단 1무늬)
6
5
4
3
2
1
18코

35
30
25
20
15
10
24
22
20
18
16
14
12
10
8
6
4
2
1
앞목둘레
24
23
21
19
17
15
13
11
9
7
5
3
1

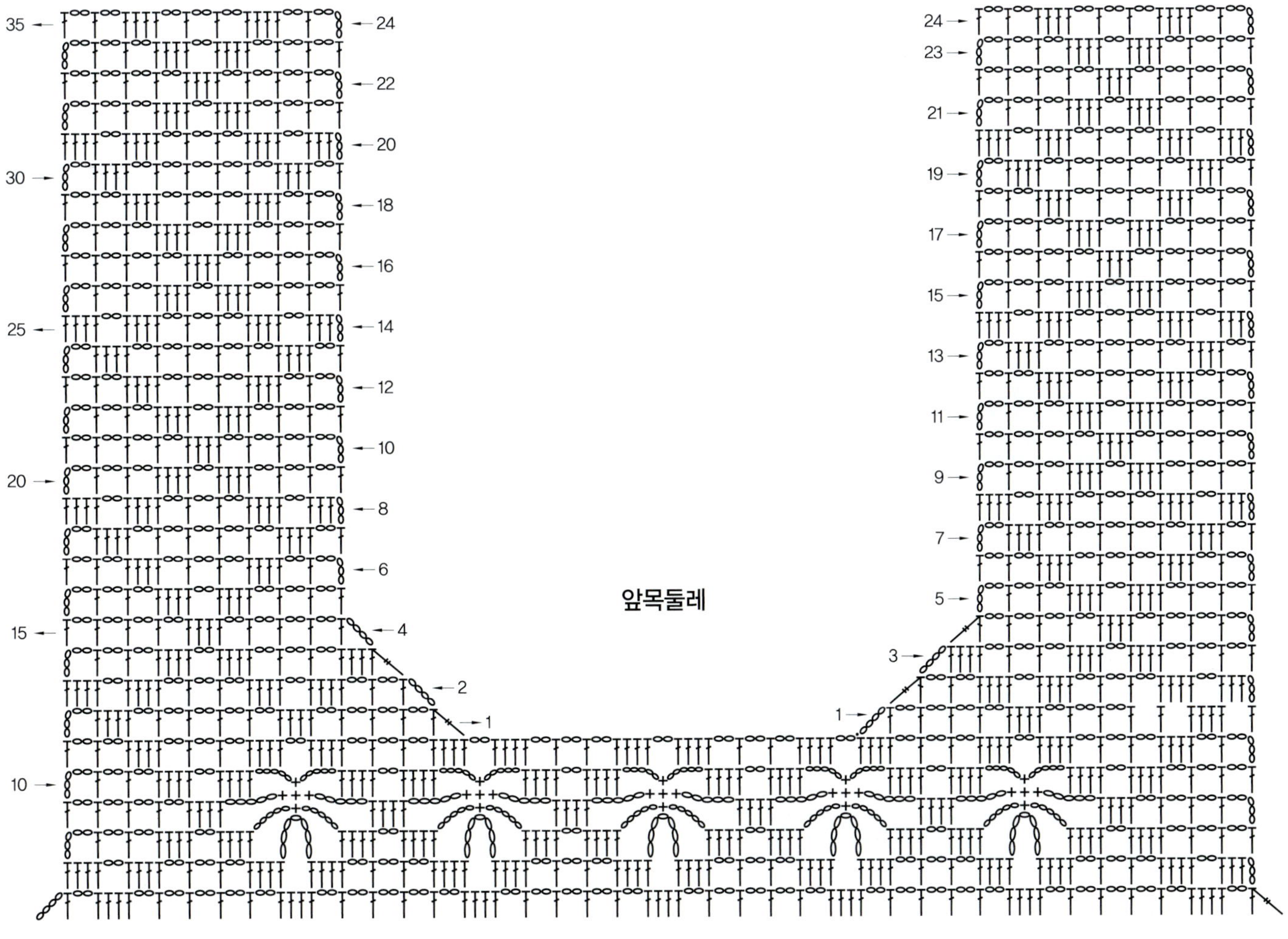

Part 2

Fashion Hand Knit

Part 2

대바늘 뜨기

노란색 프리티 원피스

노란색 프리티 원피스

Yellow pretty
one-piece

1. 라운드 목단뜨기는 코바늘로 무늬뜨기한다.
2. 퍼프 소매단 만들기
3. 원피스 밑단은 공작 무늬뜨기로 한다.

노란색 프리티 원피스

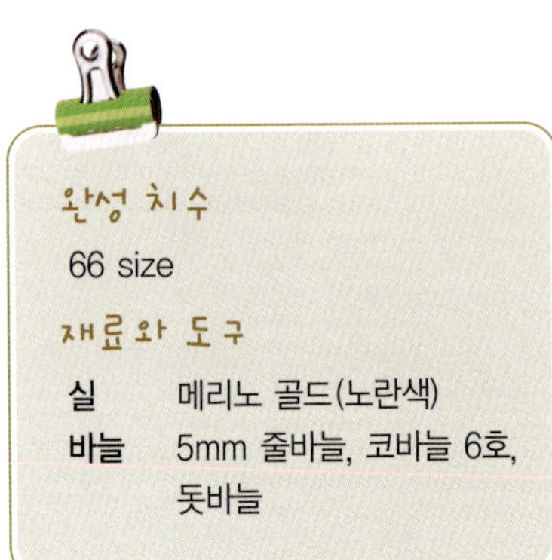

【뒤 판】

01 5mm 줄바늘과 실을 이용하여 기본코 111코를 만들어 도안 1을 참고하여 무늬뜨기를 하는데 평 16단을 뜨고 난 뒤 양옆 가장자리를 8단마다 1코씩 줄이기 8회한다.

02 01이 끝나면 평뜨기 42단을 더 뜨고 진동둘레를 만드는데 양옆 가장자리를 각각 3코 막음한 뒤 2단마다 2코−2회, 1코 순으로 줄여 79코가 되게 하고 평 48단 뜨고 뒤목둘레를 만드는데 뒤목 중심에 41코 막음하고 양 어깨코 각 21코를 2단마다 1코씩 2회 줄여 19코가 되도록 하고 마친다.

【앞 판】

01 앞판은 뒤판과 같은 방법으로 진행해서 진동둘레까지 만든다.

02 앞목둘레는 진동둘레 코 줄임 후 평 37단을 뜨고 앞목 중심에 19코 막음한 뒤 양 어깨코 각 30코를 2단마다 3코, 2코, 1코−6회 순으로 줄여 19코가 되도록 하여 마친다. 뒤판 어깨코와 마주 붙여주고 옆솔기는 돗바늘로 이어준다.

03 앞판은 도안 2를 참고하여 뜬다.

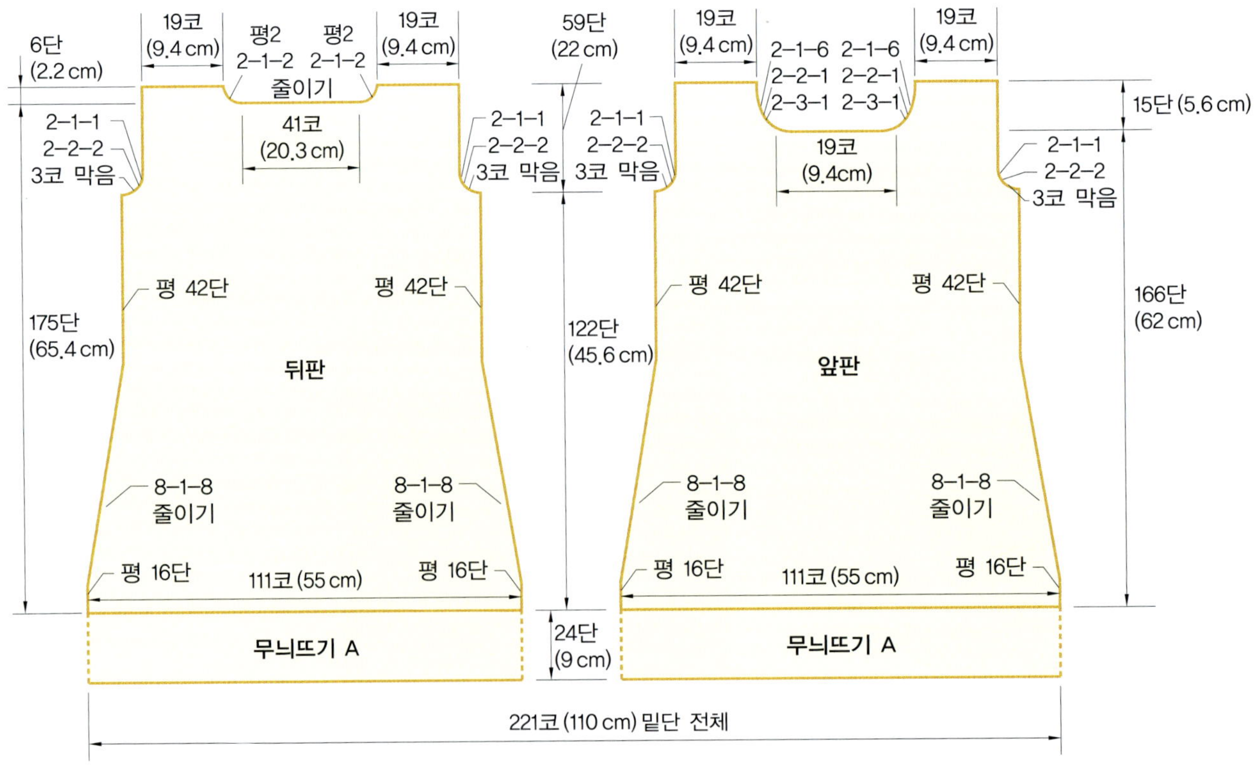

01 목단은 코바늘 6호로 목둘레코 112코를 주워 짧은뜨기 1단 뜨기로 시작해서 목단 무늬뜨기를 8단 떠서 마무리한다.

02 밑단은 앞·뒤판 시작 부분에서 221코를 주워 무늬뜨기 A 13무늬로 시작하여 원통뜨기로 떠서 막음코로 마치고 그 끝은 코바늘 6호로 되돌아짧은뜨기 1단을 떠서 장식 마무리한다.

목단 무늬뜨기 (2코 8단 1무늬)

무늬뜨기 A (17코 24단 1무늬)

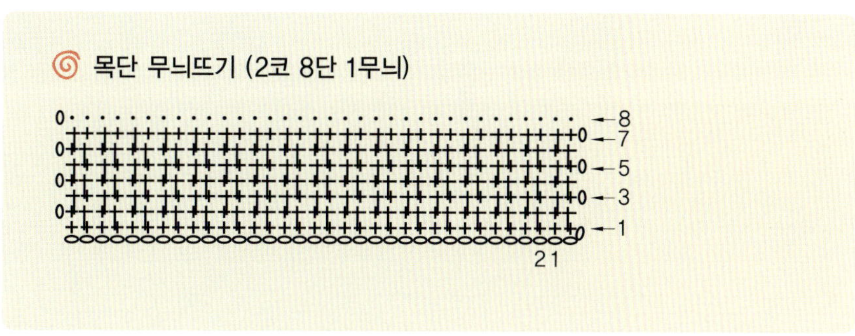

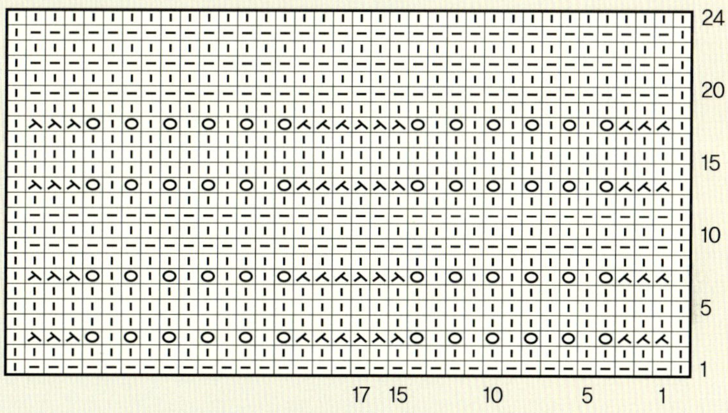

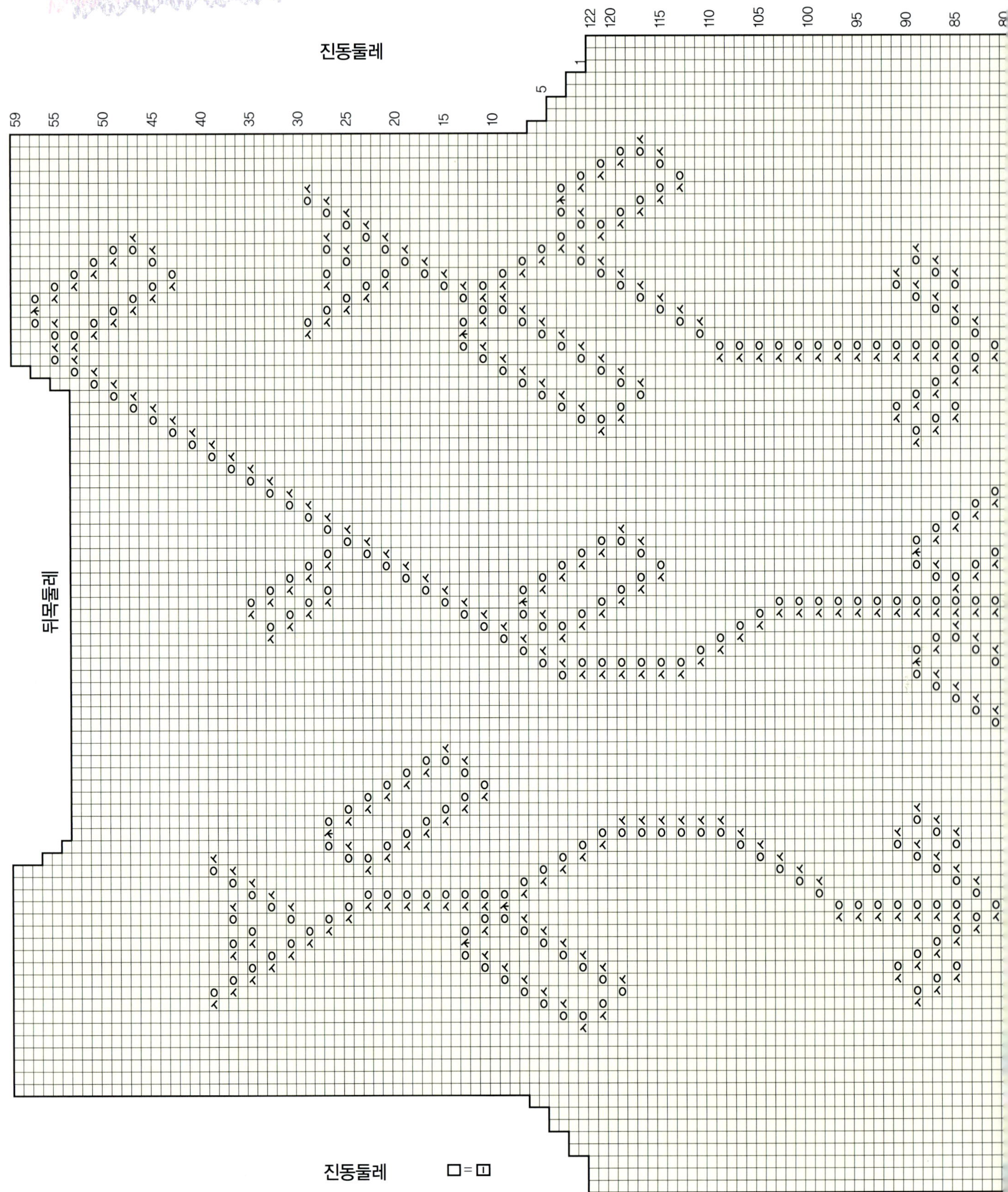

108

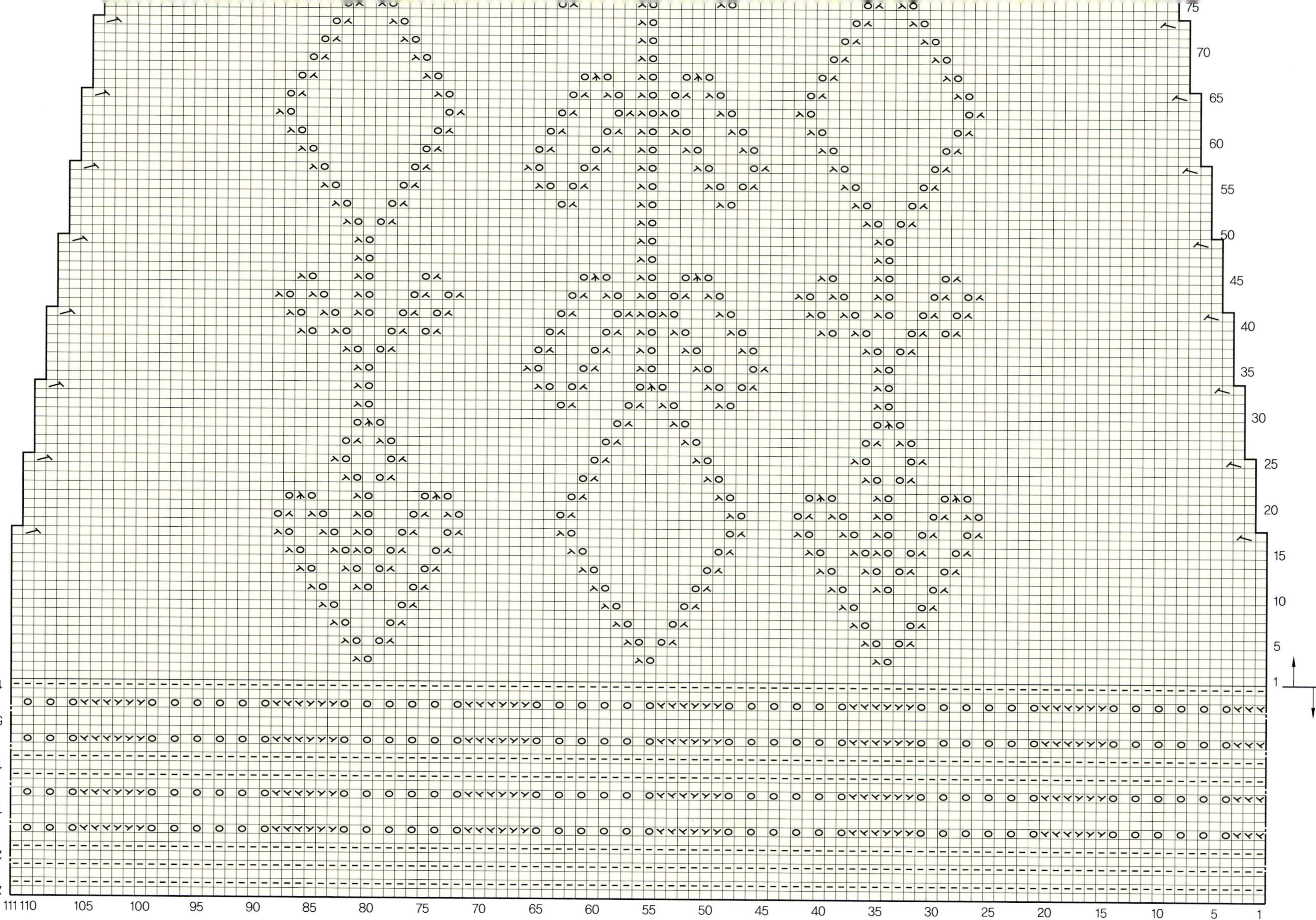

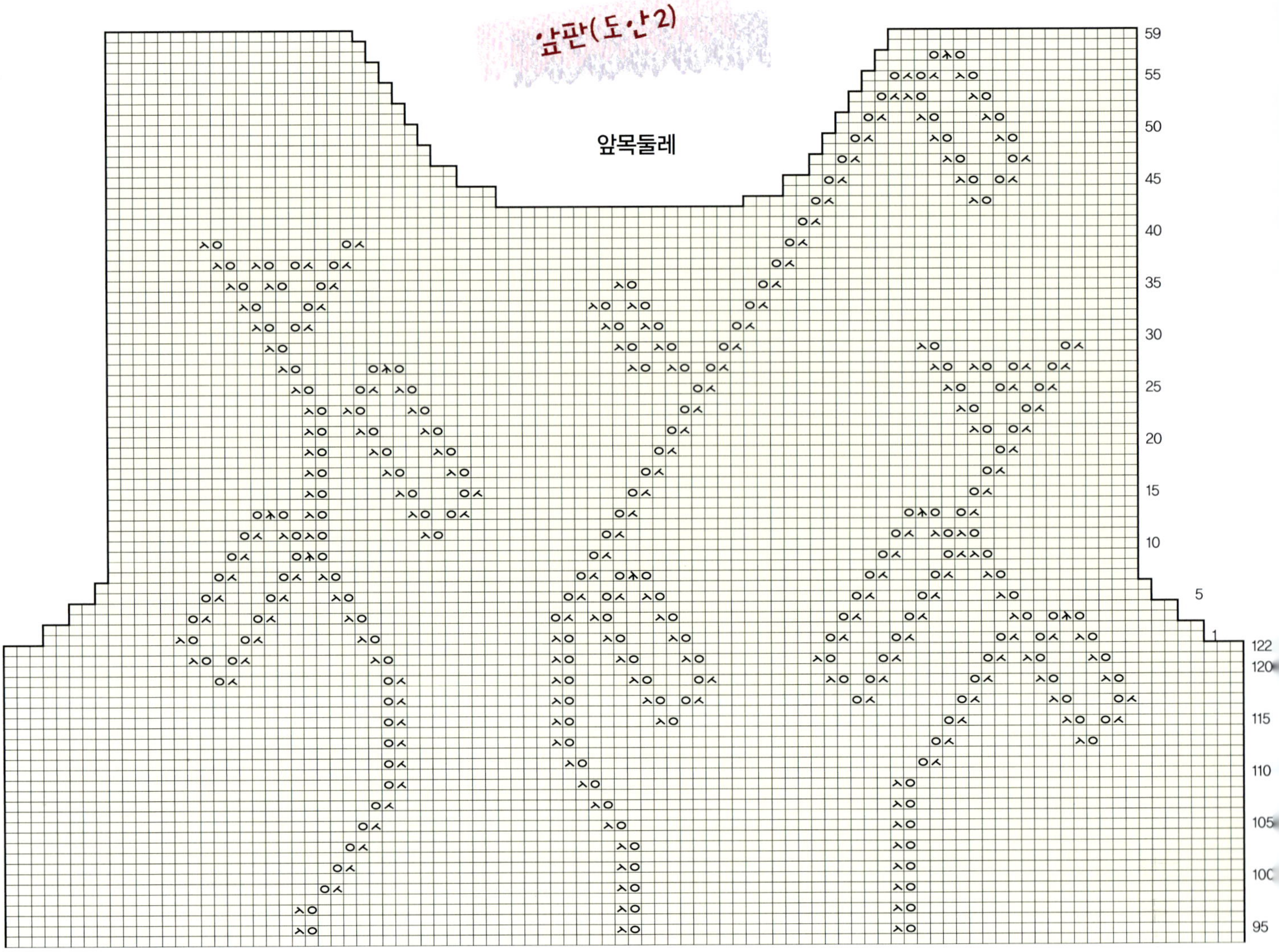

앞판(도안2)

앞목둘레

【소 매】

01 5mm 줄바늘과 실로 흔들코 51코를 만들어 시작해서 이면뜨기 10단을 뜨고, 몸판 무늬뜨기 시작은 메리야스뜨기하여 98코가 되도록 만든다.

02 도안 3을 참고하여 무늬뜨기를 하는데 평 36단 뜨고 양옆 가장자리를 각 무늬 8단마다 1코 줄이기 8회를 한다.

03 02가 끝나면 소매산을 만드는데 양옆 가장자리를 각각 4코 막음한 뒤 2단마다 3코, 2코, 1코-12회, 2코, 3코 순으로 줄인 뒤 막음코로 마무리한다.

04 옆솔기는 돗바늘로 이어주고, 똑같이 한 장 더 뜨고 몸판에 달아 완성한다.

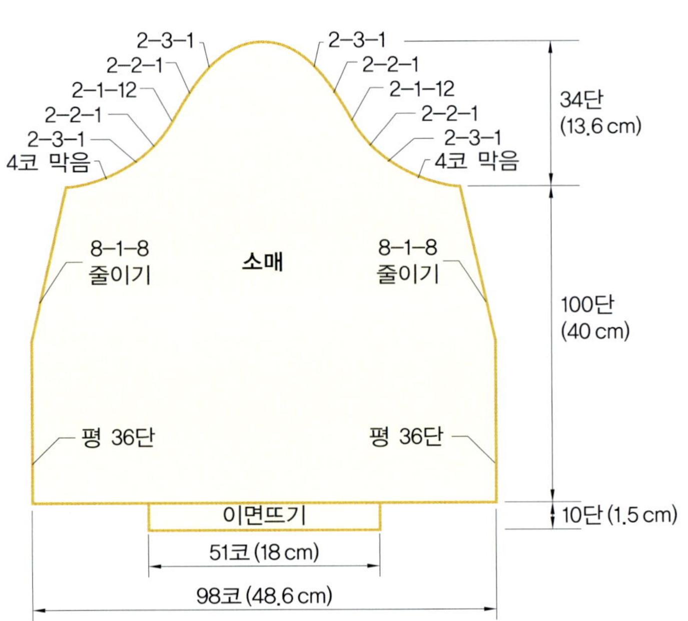

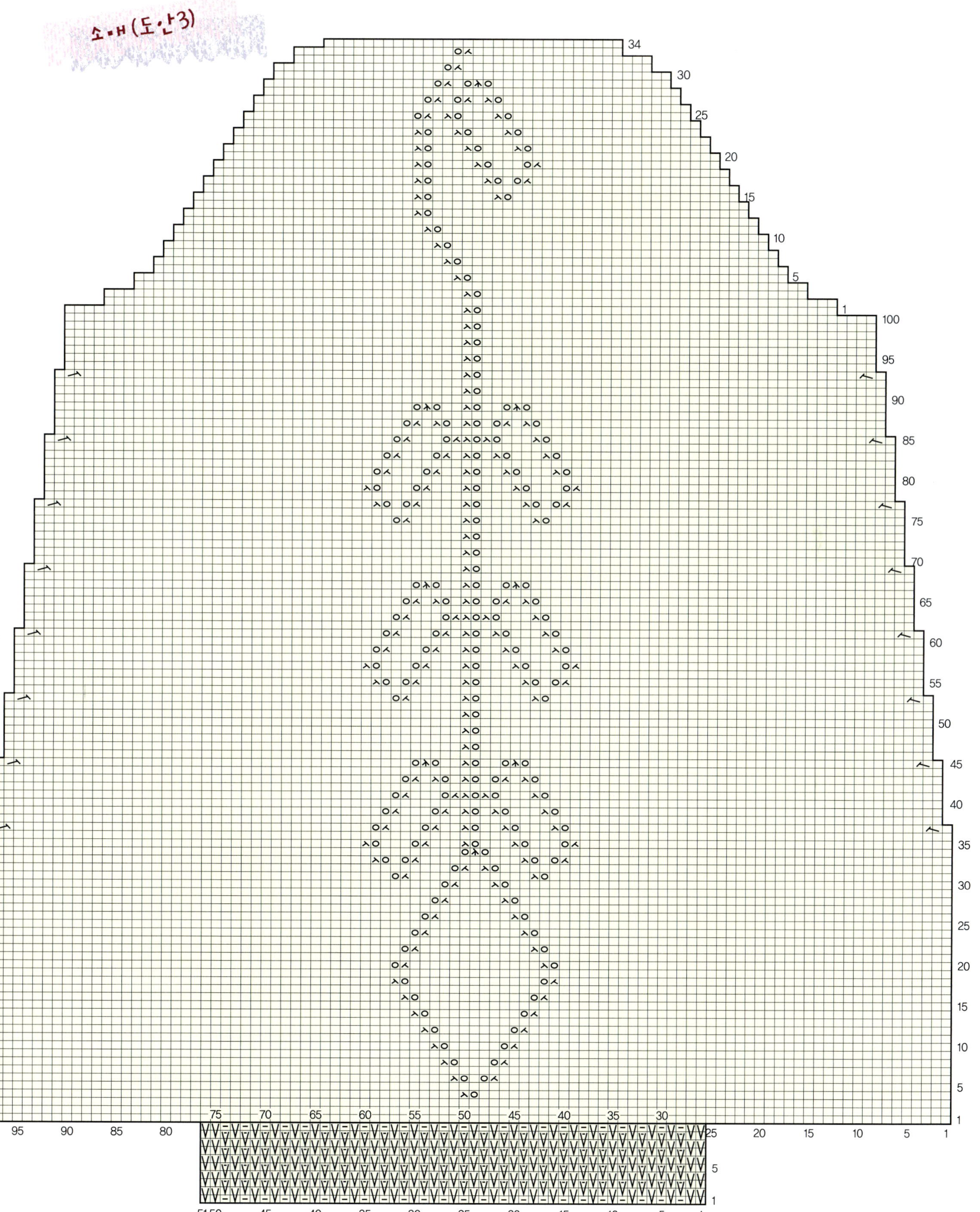

소매(도안3)

카키색 바지 정장

Khaki color trouser suit

1. 점퍼 스타일 스탠드 칼라로 된 상의
2. 몸판에 소매 달기
3. 바지 허리단 뜨기

02 카키색 바지 정장

완성 치수
66~77 size

재료와 도구
실 수리알파카(카키색)
바늘 3.5mm 줄바늘, 4mm 줄바늘, 코바늘 5호, 돗바늘
부속품 지퍼 1개, 고무벨트(4×47cm), 풀어낼 실, 밑실, 바지 안감

뜨는 방법

【뒤 판】

01 3.5mm 줄바늘과 실을 사용하여 흔들코 126코를 만들어 무늬뜨기 A로 20단을 뜬다.

02 4mm 줄바늘로 바꾼 후 몸판 무늬뜨기를 도안 1을 참고하여 뜬다.

03 평 8단을 무늬뜨기한 후 10단마다 1코씩 양옆 가장자리 줄이기를 5회 한다. 그리고 6단마다 1코씩 양옆 가장자리 늘리기를 5회 한다.

04 진동둘레는 양옆 가장자리를 각각 12코 막음한 뒤 2단마다 4코, 3코, 2코, 1코 순으로 1회씩 줄여 86코를 만든다.

05 86코를 평 52단 뜨고 양 어깨코 각 27코씩 평 4단씩 더 뜬 후 마무리한다.

【앞 판】

01 3.5mm 줄바늘과 실을 사용해서 흔들코 76코를 만들어 무늬뜨기 A로 20단을 뜬다.

02 4mm 줄바늘로 바꾼 후 몸판 무늬를 도안 2를 참고하여 뜬다.

03 평 8단을 무늬뜨기한 후 10단마다 1코씩 한쪽 가장자리 줄이기를 5회 한다. 그리고 코 줄임해 준 쪽에 줄인 콧수만큼 6단마다 1코씩 늘리기를 5회 한다.

04 진동둘레는 03의 허리라인 있는 쪽에 만드는데 먼저 12코 막음 뒤 2단마다 4코, 3코, 2코, 1코 순으로 1회씩 줄여 54코를 만든다.

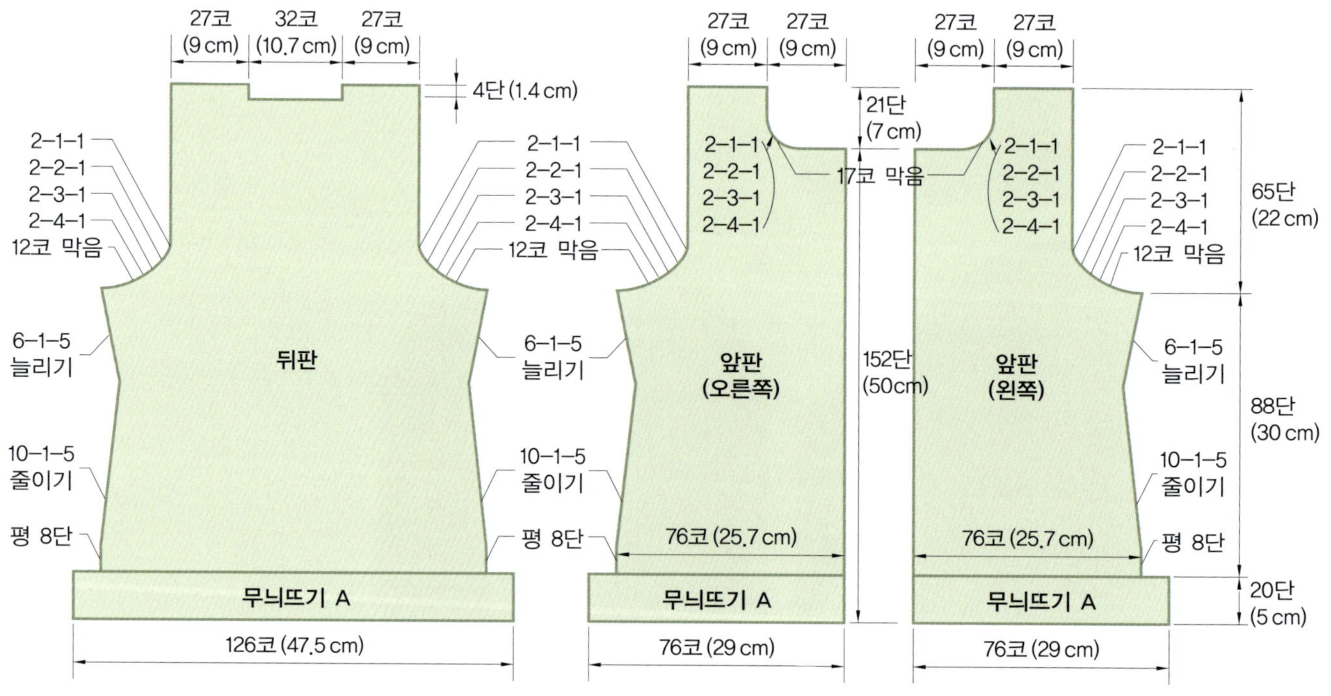

05 54코를 평 56단 뜨고 앞목둘레를 만드는데 진동둘레 만든 반대쪽에 17코 막음한 뒤 2단마다 4코, 3코, 2코, 1코 순으로 1회씩 줄여 27코를 만든 후 평 12단을 뜬다.

06 앞판의 다른 한쪽은 01~05까지 과정을 대칭적으로 작업해서 만든다.

07 앞, 뒤판의 어깨는 마주 붙이고, 옆솔기는 돗바늘로 꿰매 준다.

【칼라와 단뜨기】

01 4mm 줄바늘과 실을 사용하여 목둘레코 142코를 주워 도안 3을 참고하여 무늬뜨기 51단을 뜨고 반으로 접어 (안쪽 방향) 돗바늘로 감침질한다.

02 앞단은 4mm 줄바늘과 실을 사용해 오른쪽, 왼쪽 앞중심코 179코를 각각 주워 이면뜨기 4단을 뜨고 돗바늘로 꿰매 준다.

03 3.5mm 줄바늘과 실로 기본코 10코를 만들어 메리야스뜨기 132단을 떠서 앞중심단 안쪽에 바이어스로 대주고, 기본코 5코를 만들어 메리야스뜨기 120단을 떠서 목둘레 바이어스로 대어 늘어지고 처짐을 줄여 준다.

04 앞중심단과 바이어스 사이에 지퍼를 달아 재킷을 완성한다.

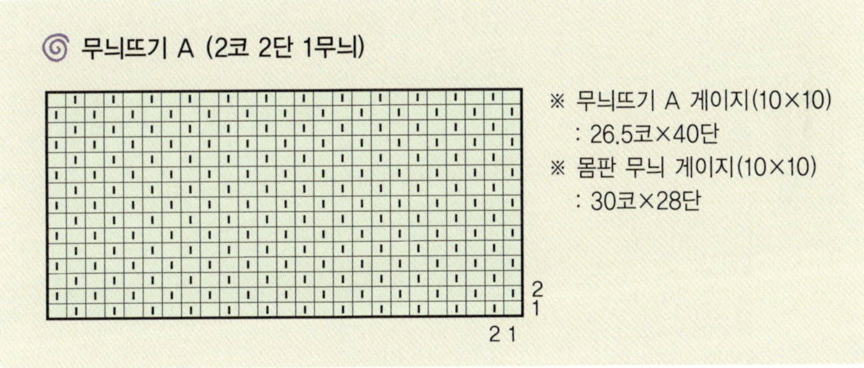

□ = ⊟

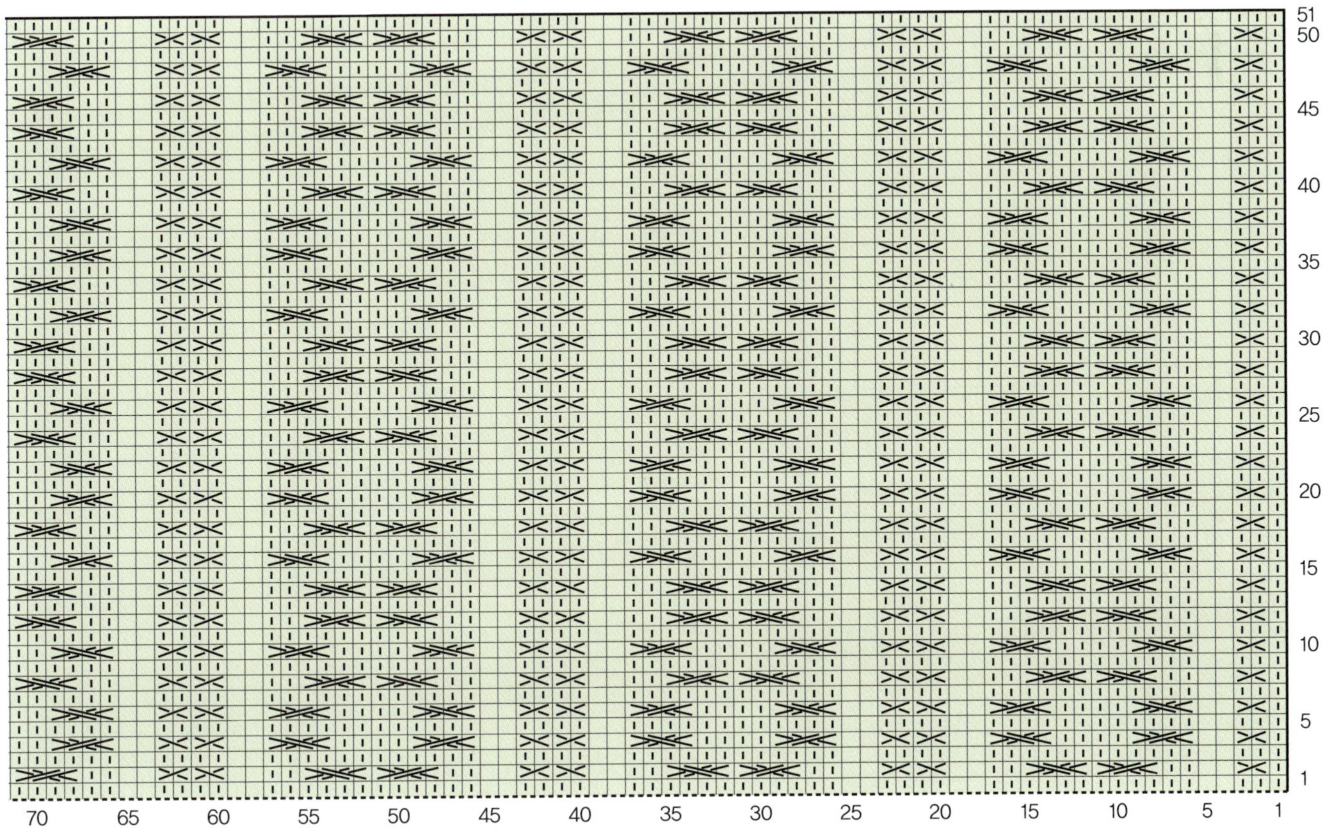

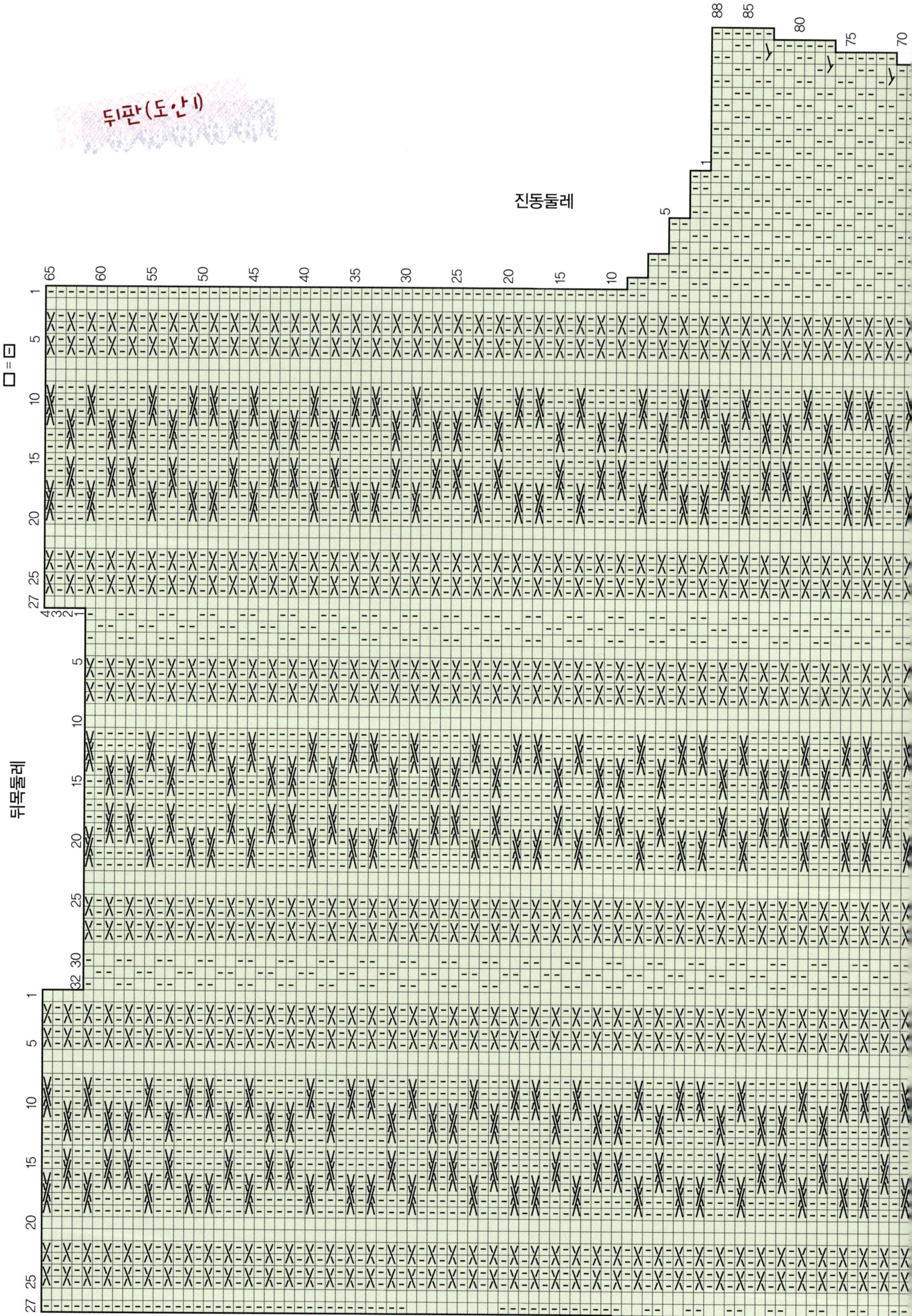

116

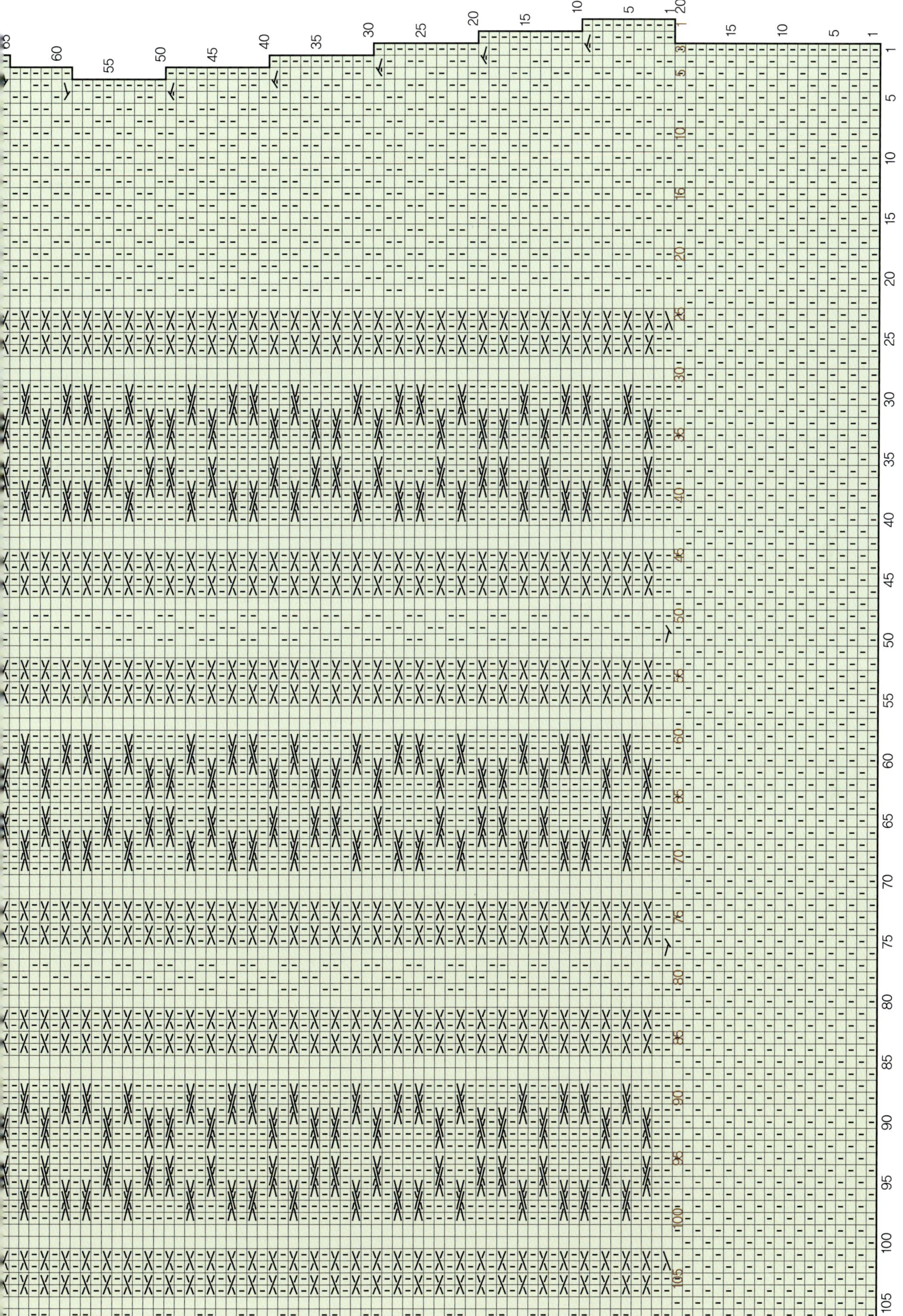

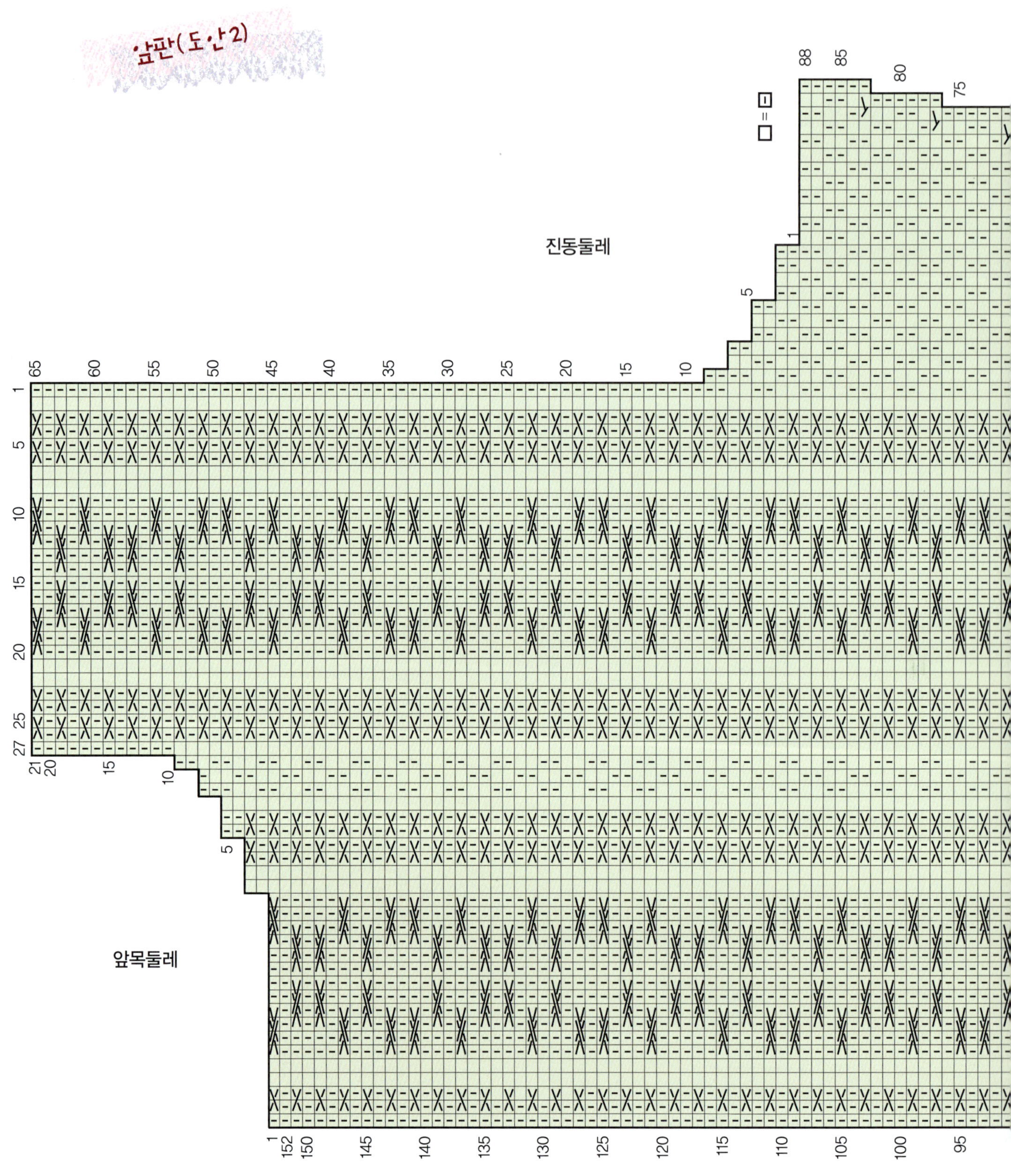
앞판(도안2)
진동둘레
앞목둘레
앞중심선
□ = □

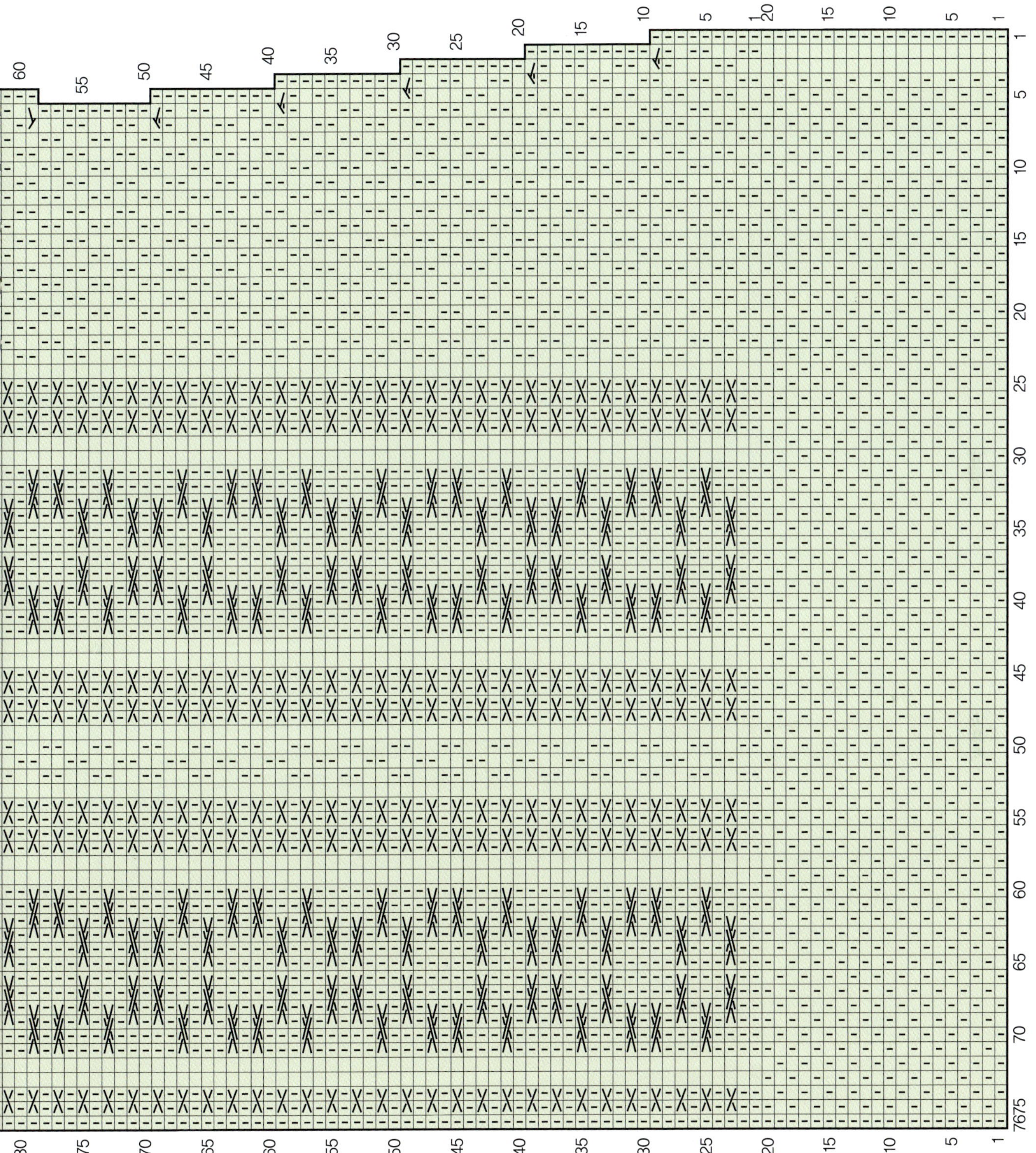

119

01 3.5mm 줄바늘과 실을 사용해서 흔들코 53코를 만들어 무늬뜨기 A로 18단 뜬다.

02 4mm 줄바늘로 바꾼 후 53코를 60코가 되도록 7코를 늘려준다.

03 소매 무늬뜨기는 도안 4를 참고하여 뜬다.

04 평 6단 무늬뜨기 후 8단마다 양옆 가장자리를 1코씩 늘리기 14회를 하여 88코가 되도록 한다.

05 소매산은 양옆 가장자리를 각각 10코 막음 뒤 2단마다 3코, 2코, 1코−12회, 2코, 3코 순으로 줄여주고 나머지 24코는 덮은 코로 마무리한다. 옆솔기는 돗바늘로 꿰매 준다.

06 똑같이 한 장 더 떠서 몸판에 달아 준다.

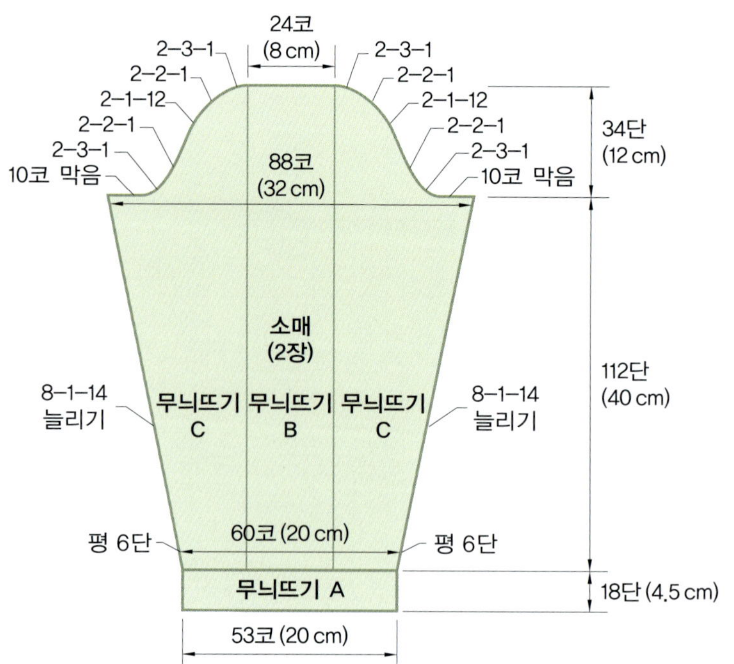

【바 지】

01 4mm 줄바늘과 풀어낼 밑실을 사용해서 기본코 136코를 만들고 본실을 걸어 도안 5를 참고하여 무늬뜨기를 한다.

02 12단마다 8코씩 늘리기 5회를 하는데 도안 5를 참고한다.

03 뒤 밑길이는 62단까지 무늬코로 늘림하다가 63단째부터 2단마다 1코−3회, 2코−4회, 3코−1회, 4코−1회, 6코−1회 늘려준다.

04 앞 밑길이는 62단까지 무늬코로 늘림하다가 63단째부터 2단마다 1코−4회, 2코−1회, 3코−2회 늘려준다.

05 전체 무늬 258단을 뜨면 3.5mm 줄바늘로 바꾸고 10코 줄여준 후 무늬뜨기 A를 12단 뜬 다음 돗바늘(1코 고무뜨기)로 꿰매어 마무리한다.

06 대칭이 되도록 한 장을 더 떠서 앞은 앞끼리 뒤는 뒤끼리 앞중심 밑길이를 돗바늘로 붙여주고 오른쪽, 왼쪽 바지통 옆솔기를 각각 돗바늘로 꿰매 준다.

07 허리 부분은 3.5mm 줄바늘과 실로 허리 시작 풀어낼 밑실 부분에서 272코를 줍고 170코로 줄여 1코 고무뜨기 14단을 뜬 뒤 돗바늘로 마무리한다.

08 밑실은 풀어내고 허리 부분에 고무벨트를 넣고 바지 안감을 덧대어 박음질하여 완성한다.

재킷 소매(도안4)
□ = ⊟

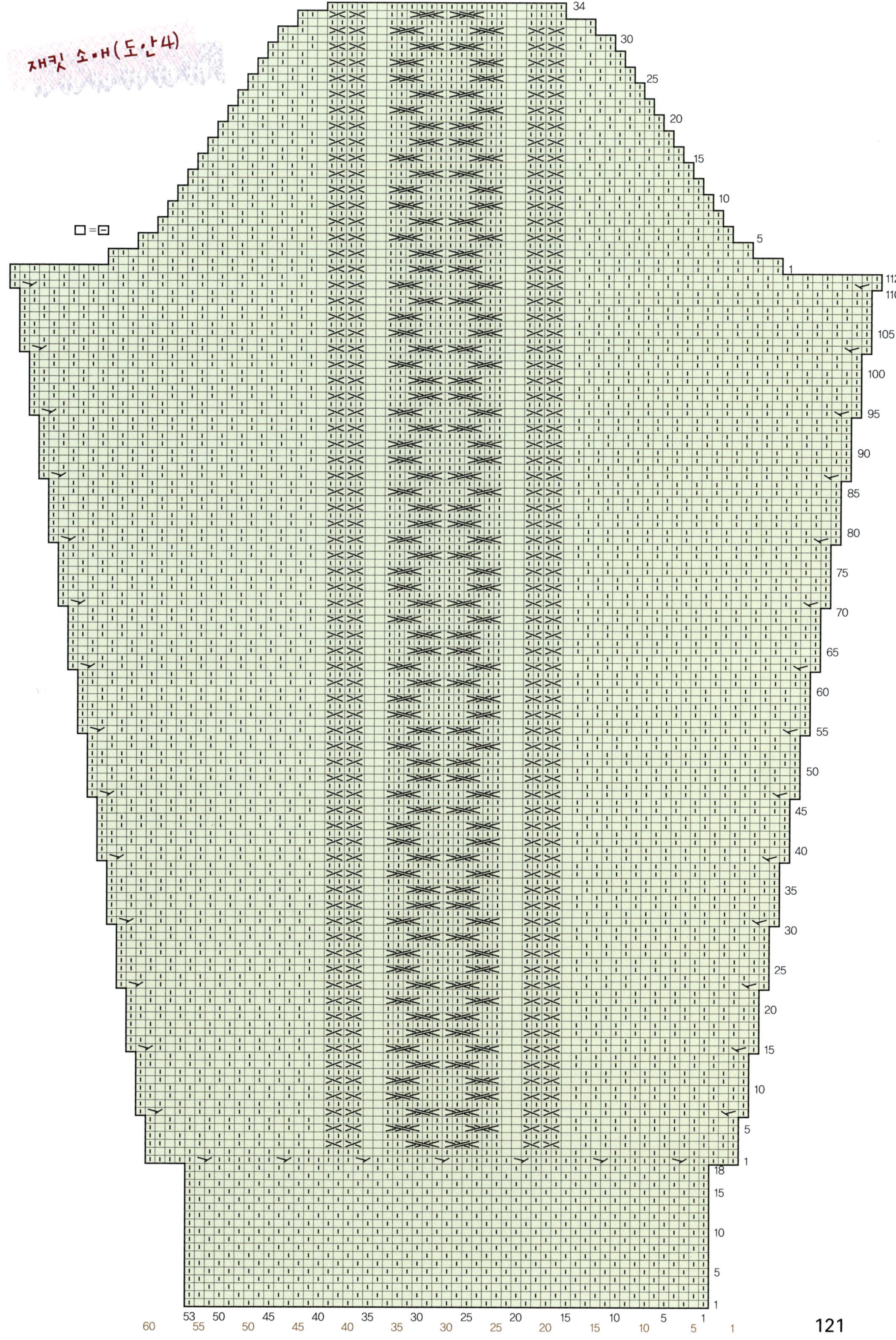

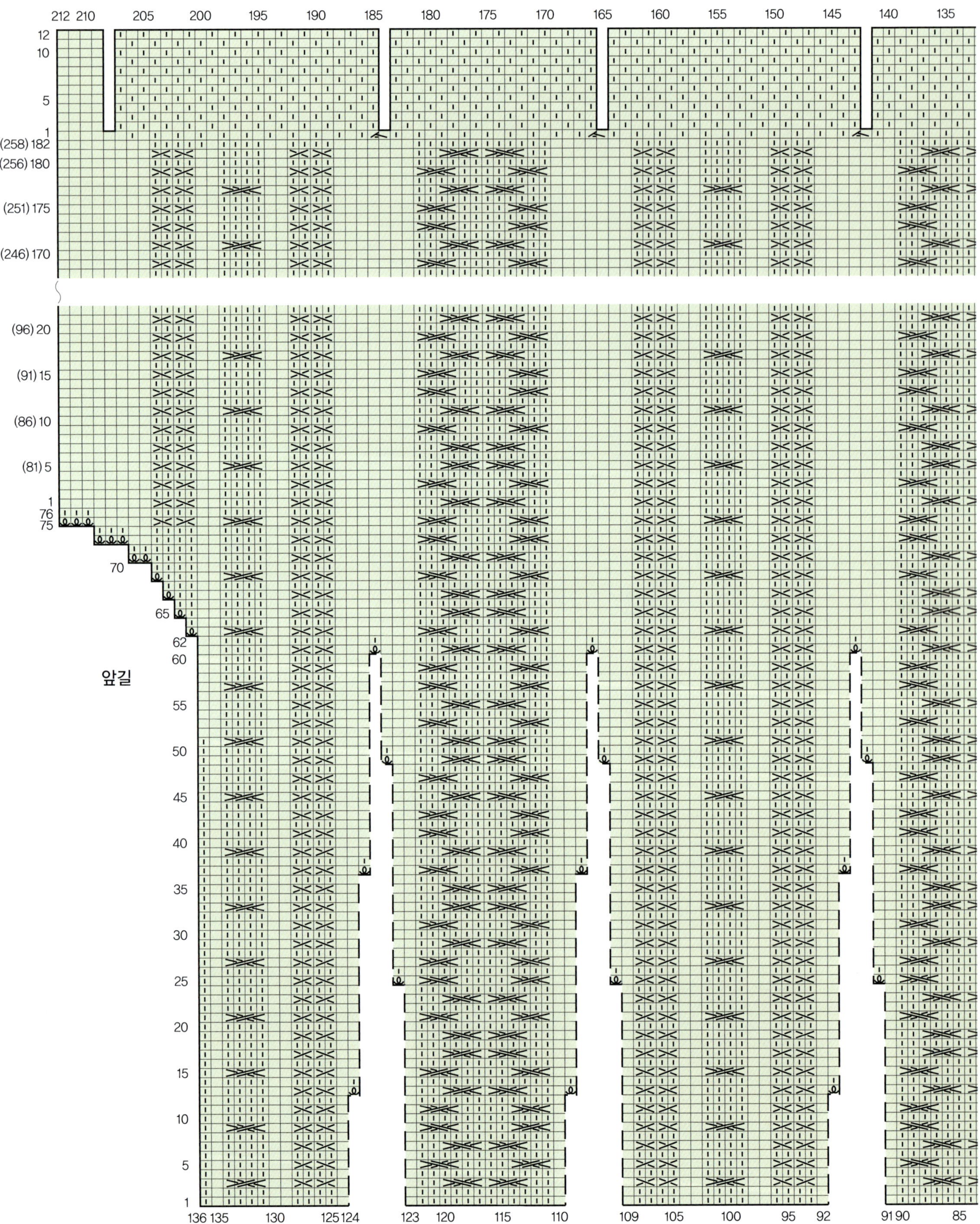
바지 왼쪽(도·안5)
앞길

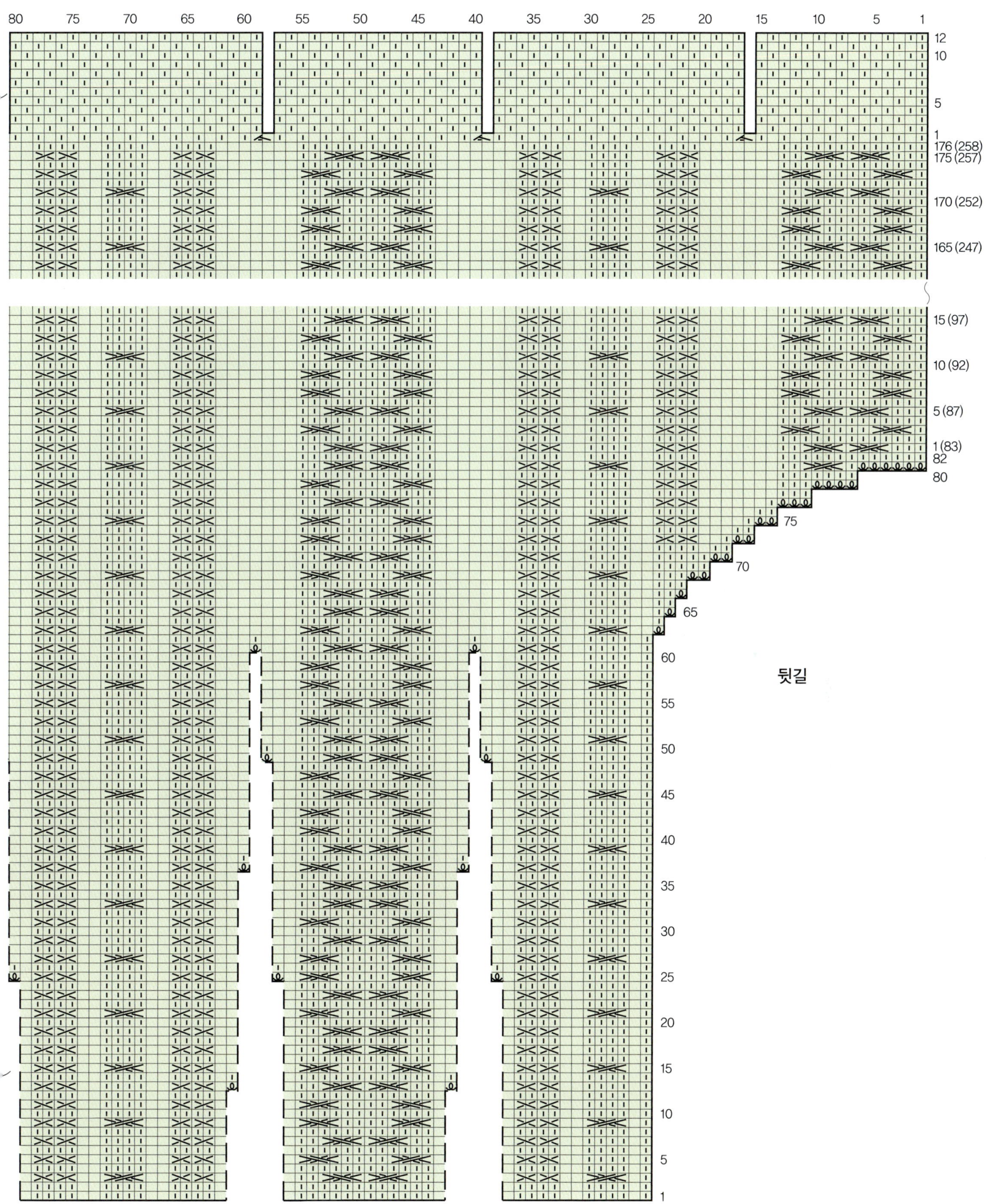
뒷길

회청색 바지 정장

회청색 바지 정장

Gray-blue
trouser suit

1. 칼라 뜨기와 앞중심 더블 단추 달기
2. 재킷 밑 장식단 뜨기
3. 바지 허리단 뜨기

뜨는 방법

【뒤 판】

01 4mm 줄바늘과 실로 기본코 95코를 만들어 가터뜨기 12단을 뜬다.

02 01이 끝나면 38코를 늘려 133코를 만든 후 13단째부터 몸판 무늬뜨기를 진행한다.

03 몸판 무늬뜨기는 도안 1을 참고하여 평 6단을 뜬 뒤 양옆 가장자리를 각각 6단−1코−9회, 4단−1코−2회, 2단−1코−1회 순으로 줄여 허리 라인을 만들고 평 34단을 뜬 뒤 진동둘레 줄임을 시작한다.

04 진동둘레는 양옆 가장자리를 각 5코 막음한 뒤 4단−1코−2회, 2단−1코−2회, 평 2단을 하고 마치는데 진동둘레 만듦과 동시에 등코 줄임을 한다.

05 등코 줄임은 중심 25코를 막음한 뒤 그 가장자리를 각각 2단마다 9코, 8코, 6코, 4코 순으로 줄여 마무리한다.

【앞 판】

01 4mm 줄바늘과 실로 기본코 61코를 만들어 가터뜨기 12단을 뜬다.

02 01이 끝나면 17코를 늘려 78코를 만들고 앞중심에 19코 걸림코를 만들어 속단을 뜬다.

03 몸판 무늬뜨기는 도안 2를 참고하고 평 6단을 뜬 뒤 옆구리 쪽에서 6단−1코−9회, 4단−1코−2회, 2단−1코−1회 순으로 줄여 허리 라인을 만들고 평 34단을 뜬 뒤 진동둘레 줄임을 시작한다.

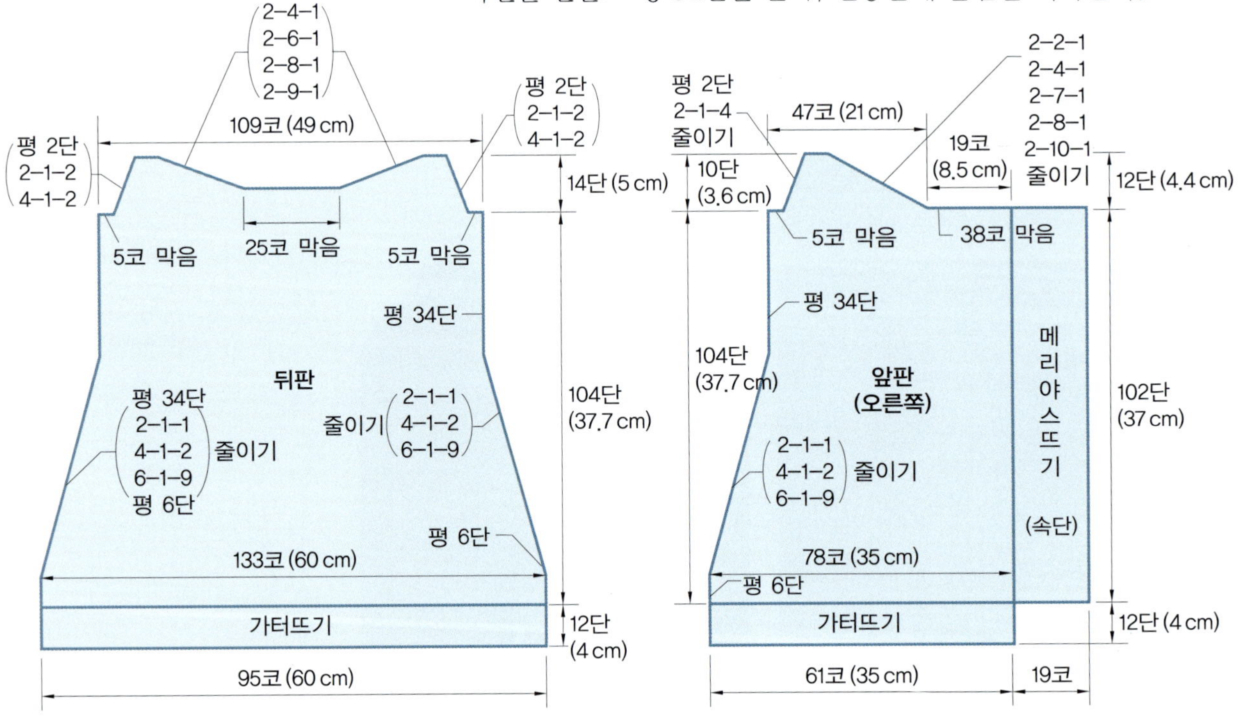

04 오른쪽 앞판은 단춧구멍을 만드는데 도안 2를 참고한다. 왼쪽 몸판 무늬뜨기는 오른쪽 앞판 무늬를 대칭되게 배치한다.

05 진동둘레 줄임은 2단−1코−4회, 평 2단을 하고 마치는데, 앞중심코 줄임은 진동둘레 줄임보다 2단 밑인 103단째 속단 19코 포함해서 38코 막음한 뒤 2단마다 10코, 8코, 7코, 4코, 2코 순으로 줄여 마무리한다.

【소 매】

01 4mm 줄바늘과 실로 기본코 77코를 만들어 가아터뜨기 12단을 뜬다.

02 01이 끝나면 25코를 늘려 102코를 만들어 몸판 무늬뜨기를 진행한다.

03 몸판 무늬뜨기는 도안 3을 참고하여 평 8단을 뜬 뒤, 양옆 가장자리를 각각 10단−1코−3회, 8단−1코−3회, 6단−1코−1회 순으로 줄여 소매통 줄임을 한다.

04 양옆 가장자리를 각각 5코 막음한 뒤 앞쪽은 4단−1코−2회, 2단−1코−2회 줄이고 평 2단 떠서 마치고, 뒤쪽은 4단−1코−2회, 2단−1코−2회, 평 2단을 떠서 마무리한다.

05 소매산 줄임과 동시에 중심코 줄임을 하는데 중심에 46코 막음 뒤 앞쪽은 2단마다 5코, 4코 순으로 줄이고, 뒤쪽은 2단마다 5코, 4코, 3코 순으로 줄이고 평 2단을 뜬 뒤 마무리한다.

【어깨둘레 & 칼라】

01 재킷 앞, 뒤 소매가 완성되면 돗바늘로 꿰매준 뒤 어깨둘레 부분에 실을 걸어 267코를 주워 가터뜨기 6단을 뜬 후 22코를 늘려 289코로 만들어 무늬뜨기하면서 코 줄임을 한다. 도안 4를 참고한다.

02 앞중심 속단은 접어 돗바늘로 감침질해주고, 단춧구멍 부분은 코바늘로 안과 겉을 마주대고 빼뜨기로 마무리한다.

03 칼라는 01이 끝나면 나머지 코는 막음코로 마무리한 뒤 목둘레에서 78코를 주워 가터뜨기를 하는데, 양옆 가장자리에 코 늘림을 해준다. 도안 5를 참고한다.

04 칼라 가장자리를 코바늘로 되돌아짧은뜨기를 떠서 장식하거나 중간중간 코 늘림해서 1코 고무뜨기 3단을 뜨고 돗바늘로 꿰매 장식 마무리한다.

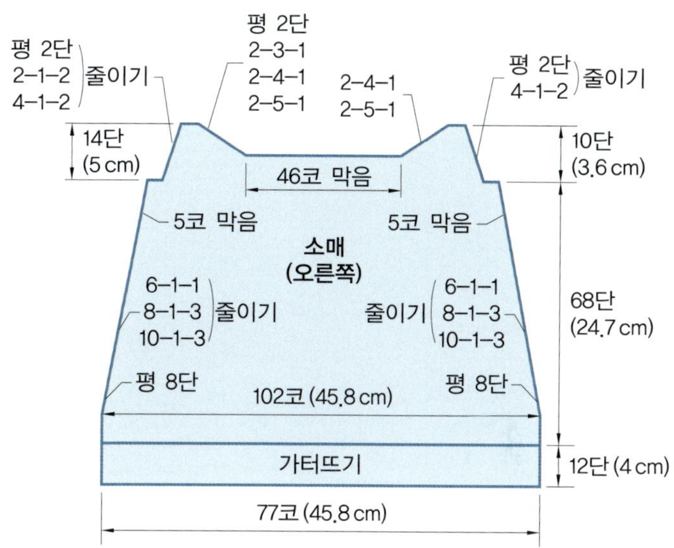

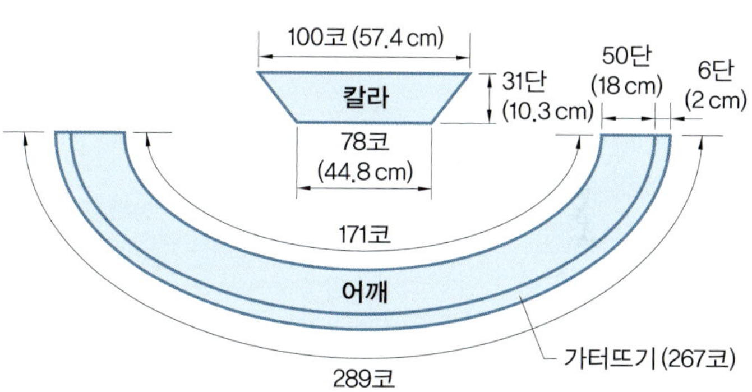

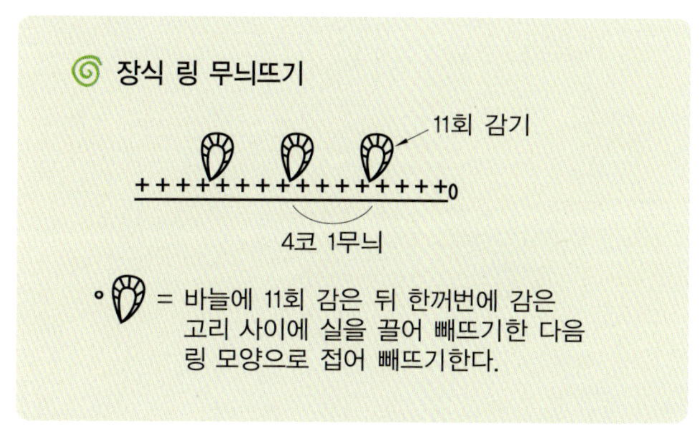

재킷 뒤판(도안1)

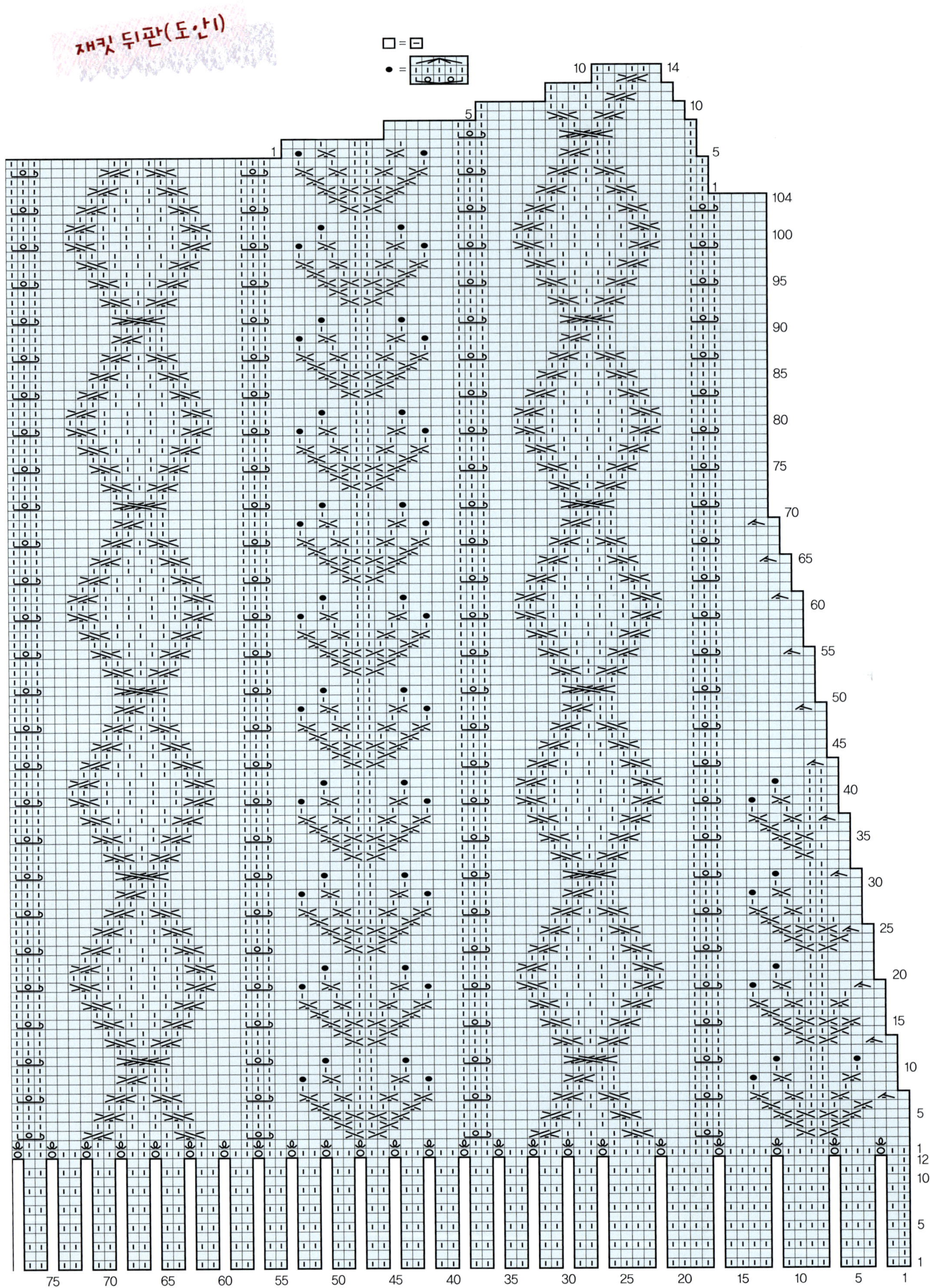

앞판 오른쪽(도안 2)
● =
‒·‒·‒·‒ = 접는 선
□ = 단춧구멍
□ = ⊟
메리야스뜨기

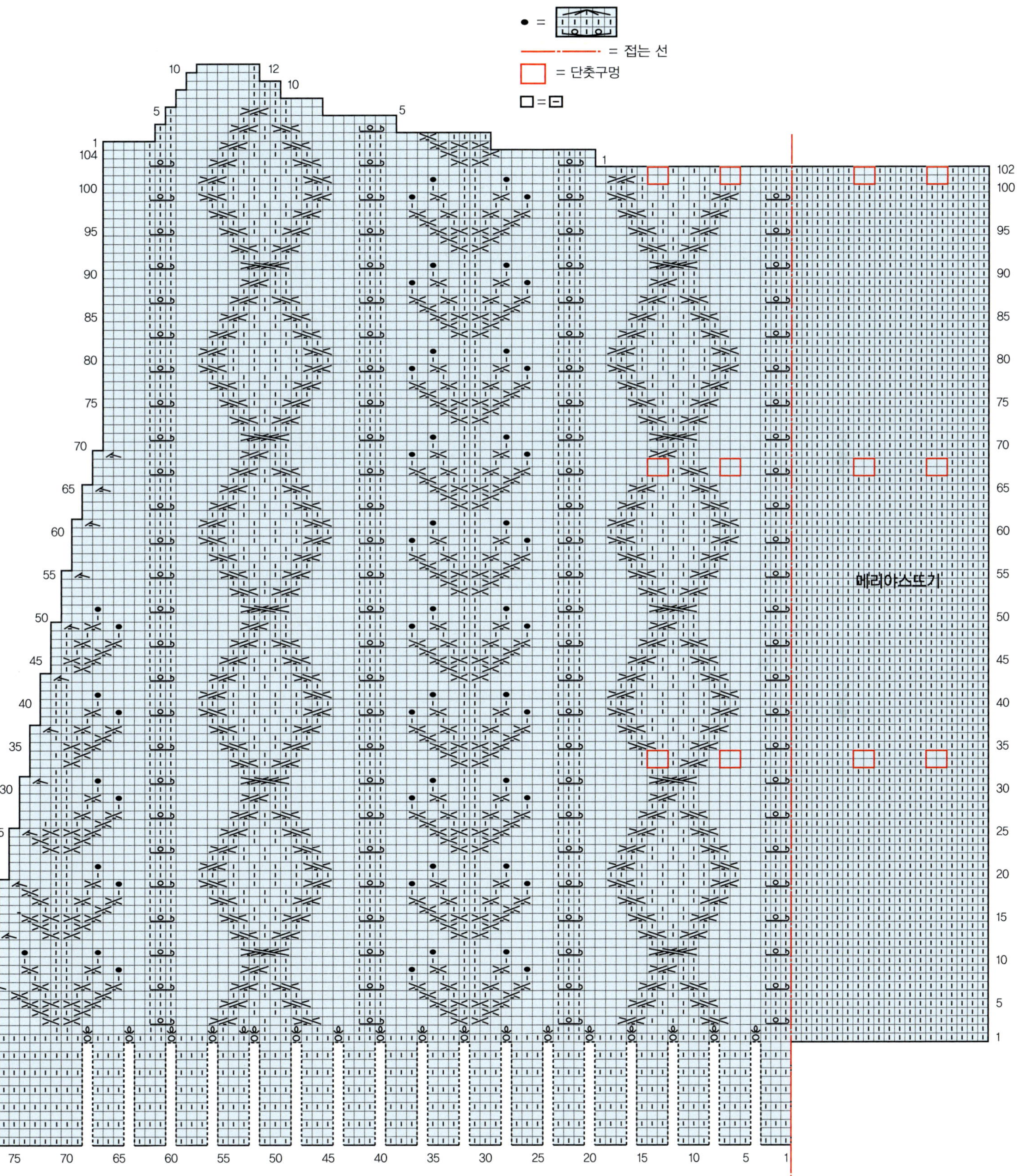

소매 & 칼라 (도안 3)
□ = ⊟
● = 　　
어깨
뒤
앞
14　8
10
5
1
68
65
60
55
50
45
40
35
30
25
20
15
10
5
1
4　10
5
1
68
65
60
55
50
45
40
35
30
25
20
15
10
5
1
102 100　95　90　85　80　75　70　65　60　55　50　45　40　35　30　25　20　15　10　5

칼라 (도안 5)
75　70　65　60　55　50　45　40　35　30　25　20　15　10　5　1
31
30
25
20
15
10
5
1
65　60　55　50　45　40　35　30　25　20　15　10　5　1

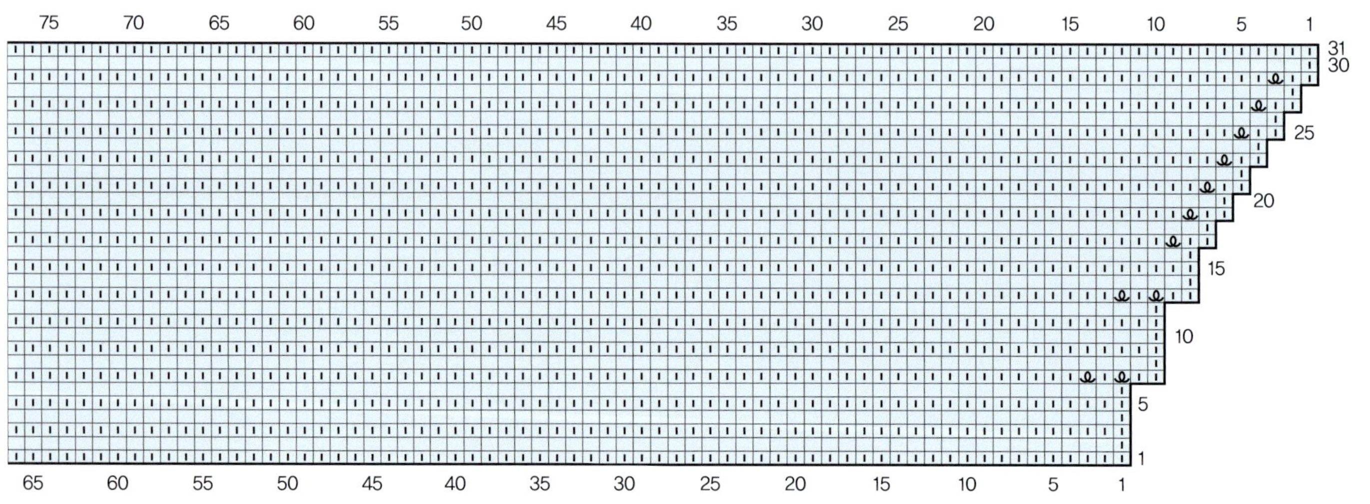

130

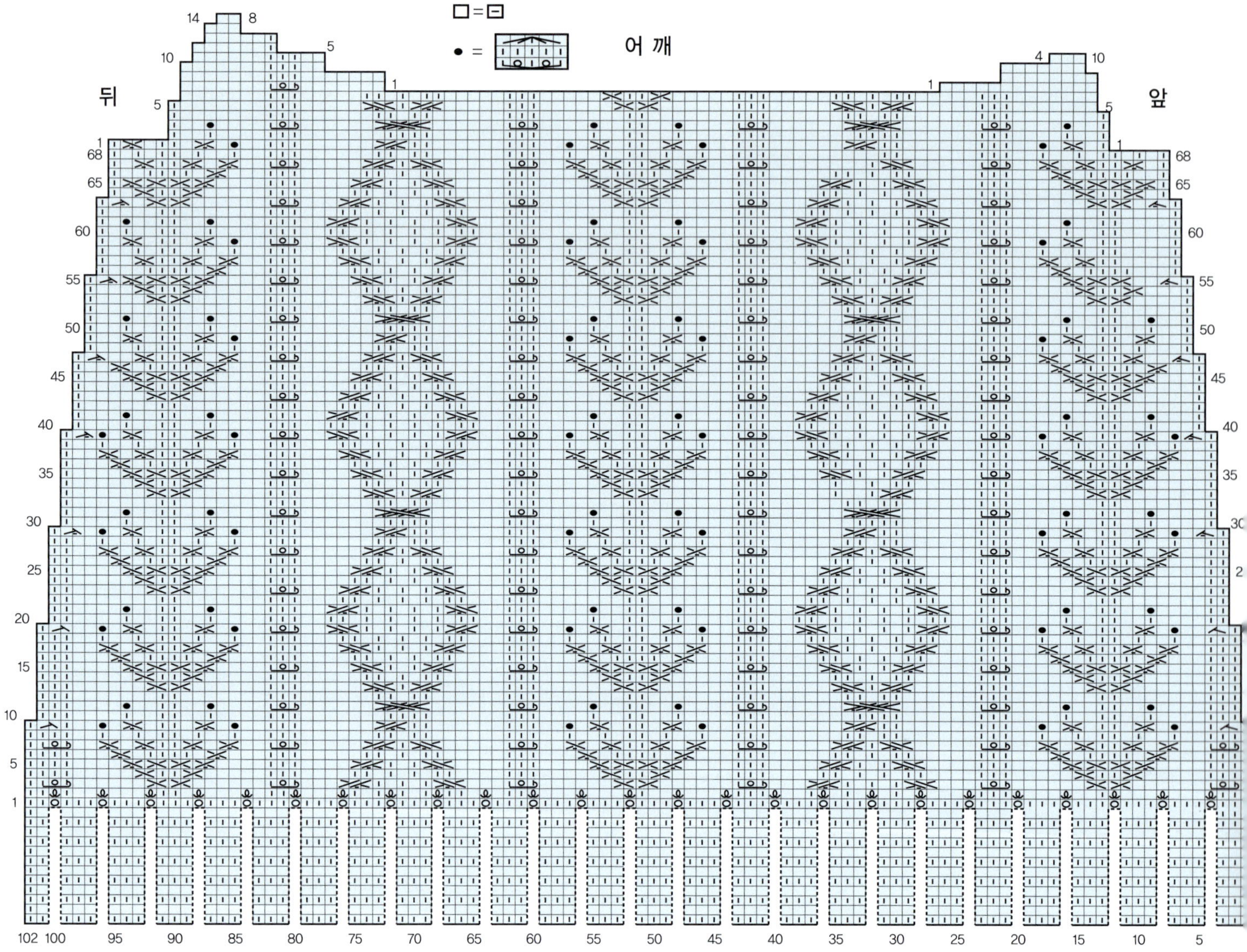

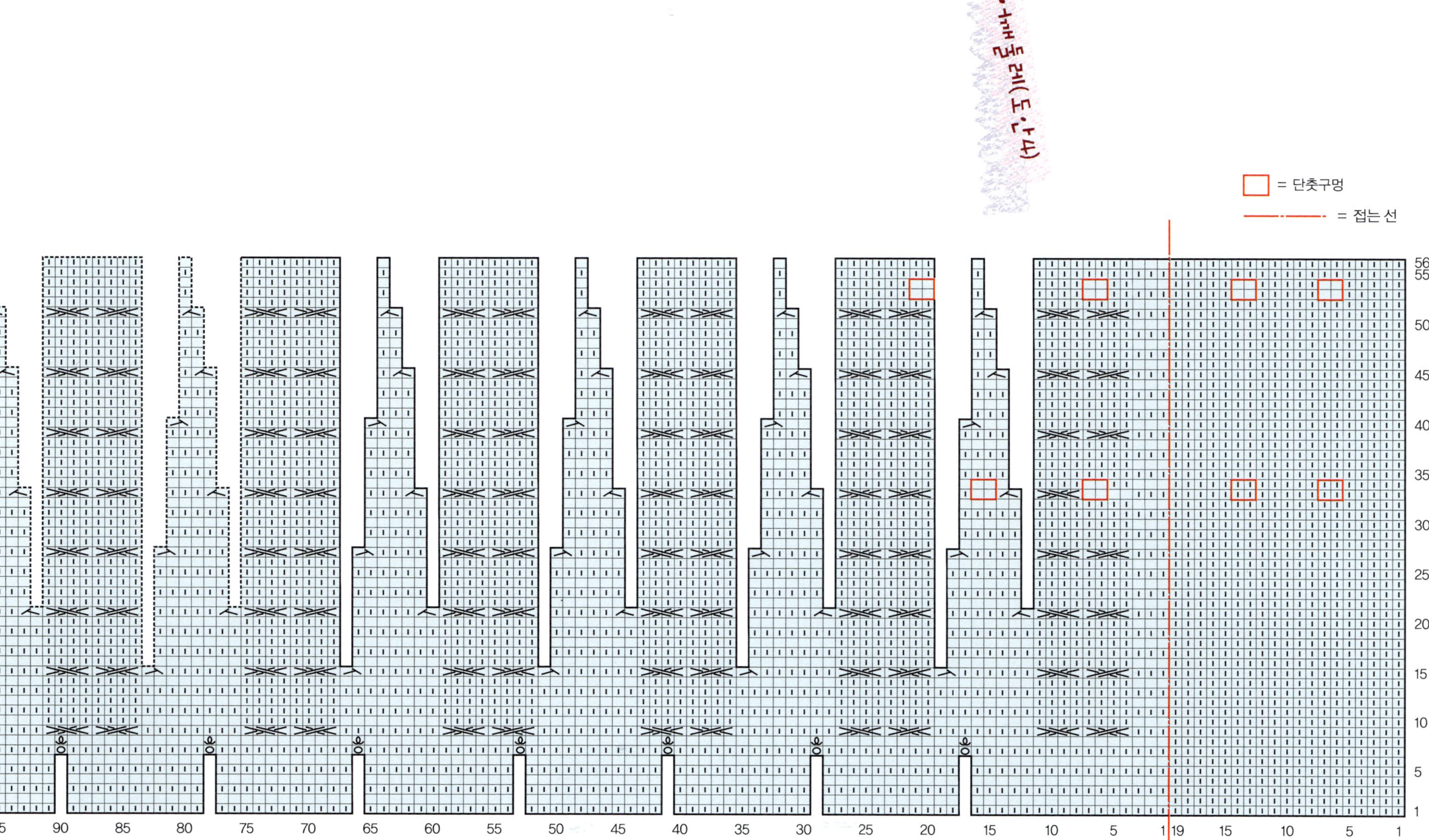

•어깨둘레(도안4)
□ = 단춧구멍
= 접는 선

【바 지】

01 4mm 줄바늘과 실로 기본코 91코를 만들어
가터뜨기 12단을 뜬다.

02 01이 끝나면 33코를 늘려 124코를 만든 후
몸판 무늬뜨기를 진행한다.

03 앞길 쪽은 평 4단을 뜬 뒤 6단−1코−3회, 4
단−1코−7회, 2단−1코−1회로 늘리기한
뒤 5코 막음하고, 2단마다 3코−2회, 2코−
4회, 1코−4회, 4단−1코−2회 순으로 줄이
고 평 36단을 뜬다.

04 뒷길 쪽은 평 4단을 뜬 뒤 6단−1코−3회, 4
단−1코−4회, 2단−1코−4회로 늘리기한
뒤 5코 막음하고, 2단마다 3코−3회, 2코−4
회, 1코−4회, 4단−1코−2회 순으로 줄이고
평 40단을 뜨고 마친다.

05 대칭되게 한 장 더 뜨고 오른쪽, 왼쪽 바지통
을 꿰맨 후 앞, 뒤도 돗바늘로 꿰맨다.

06 허리둘레는 3.5mm 줄바늘과 실을 이용해
172코를 원통으로 주워 1코 고무뜨기 14단
을 뜬 후 돗바늘로 마무리한다.

07 바지가 완성되면 허리 부분에 고무벨트 심을
넣고 안감을 덧대어 박음질해서 완성한다.

08 재킷 몸통 밑단, 소매 밑단, 바지 밑단은 코
바늘 6호로 장식 링 뜨기해 준다.

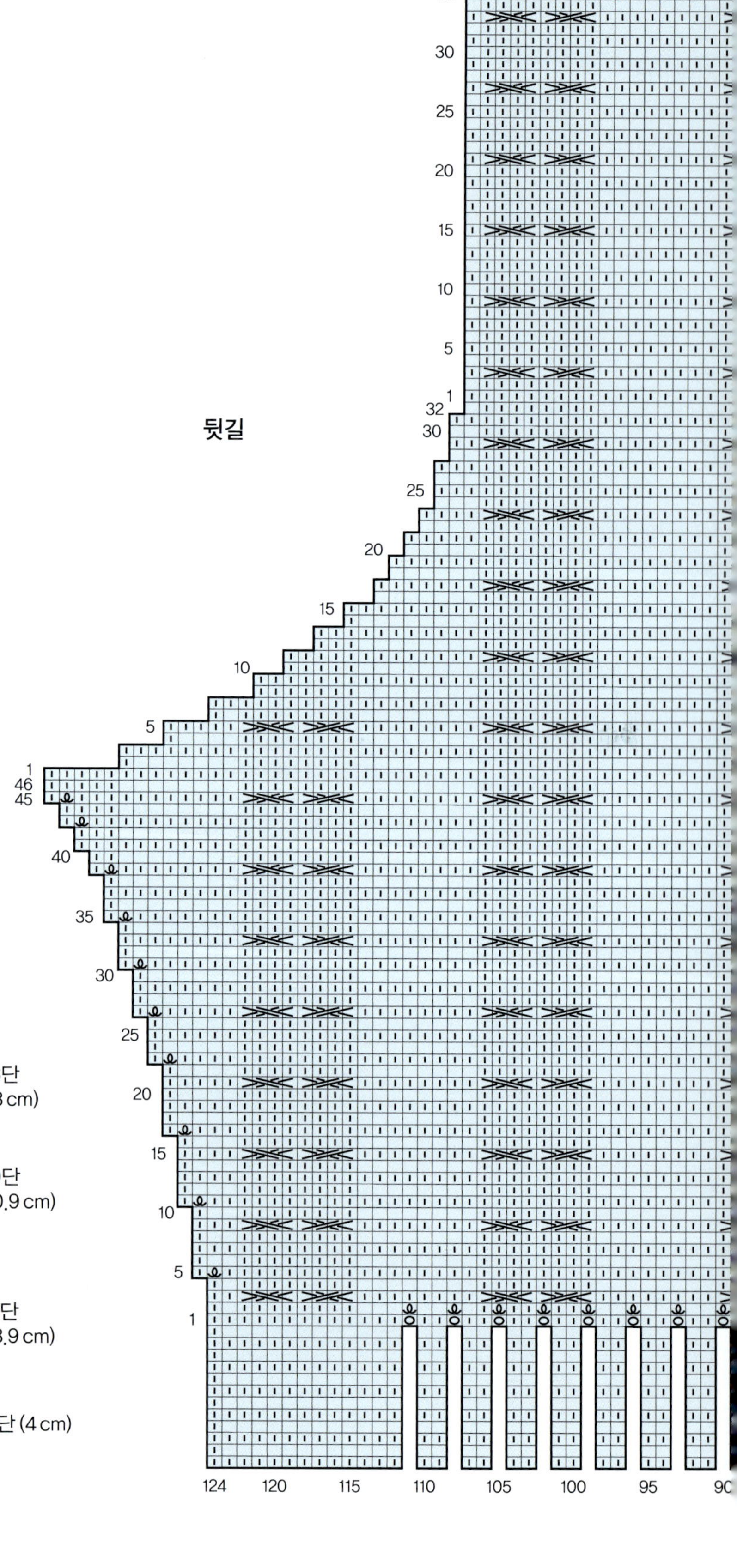

94코 (42.2 cm)

40단
(14.5 cm)

32단
(11.6 cm)

46단
(16.7cm)

뒤

4−1−2
2−1−4
2−2−4
2−3−3
5코 막음

줄이기

줄이기

2−1−4
4−1−4
6−1−3
평 4단

늘리기

바지
(오른쪽)

늘리기

4−1−2
2−1−4
2−2−4
2−3−2
5코 막음

앞

2−1−1
4−1−7
6−1−3
평 4단

36단
(13 cm)

30단
(10.9 cm)

52단
(18.9 cm)

124코 (55.6 cm)

가아터뜨기

12단 (4 cm)

91코 (55.6 cm)

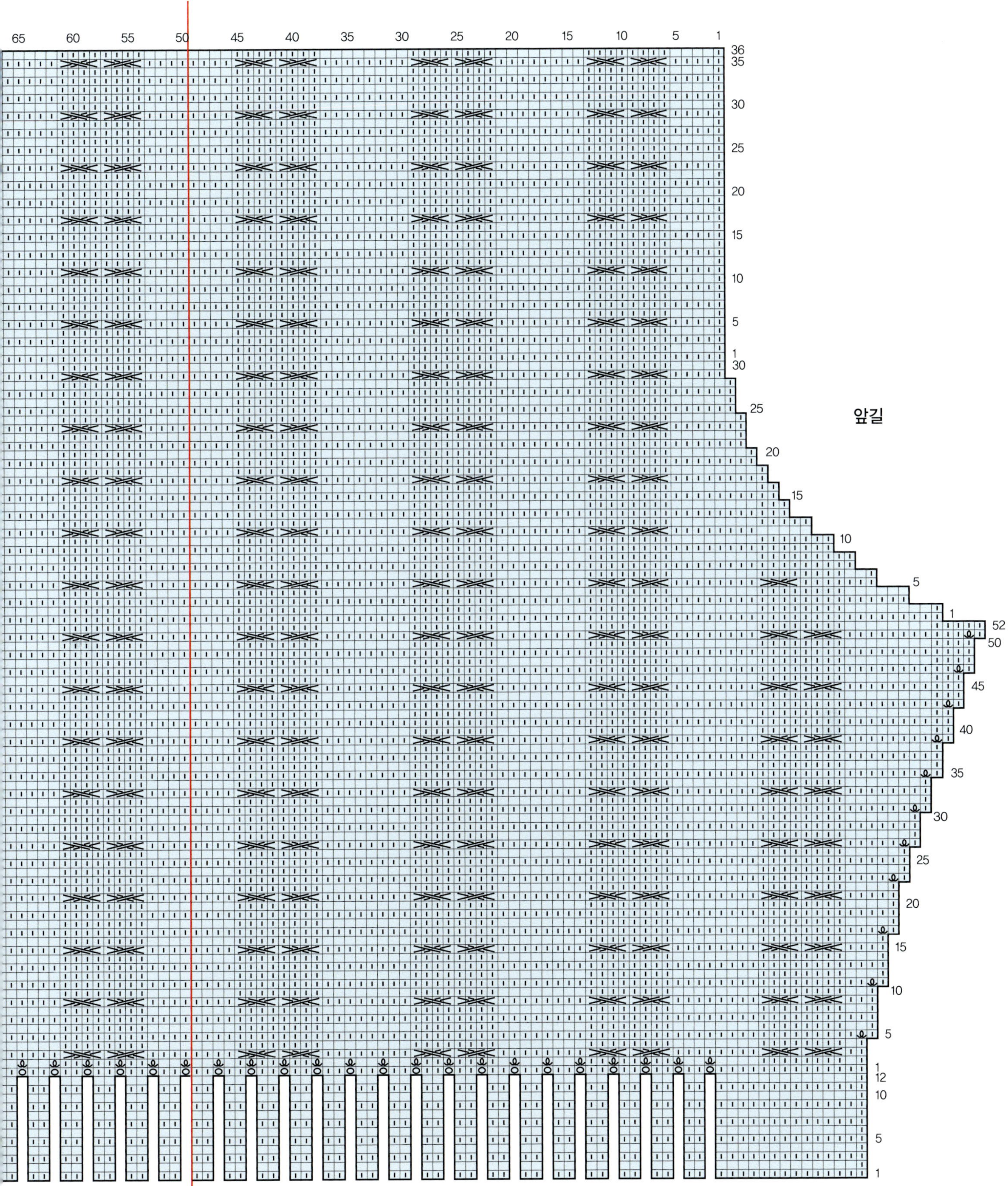
앞길

보라색 반팔 티셔츠

보라색 반팔 티셔츠

Violet T-shirts

1. 반 폴라 넥 뜨기
2. 반팔 소매 달기. 흔들코로 시작해서
   2코 고무뜨기로 바꾸기
3. 티셔츠 밑단 뜨기

 보라색 반팔 티셔츠

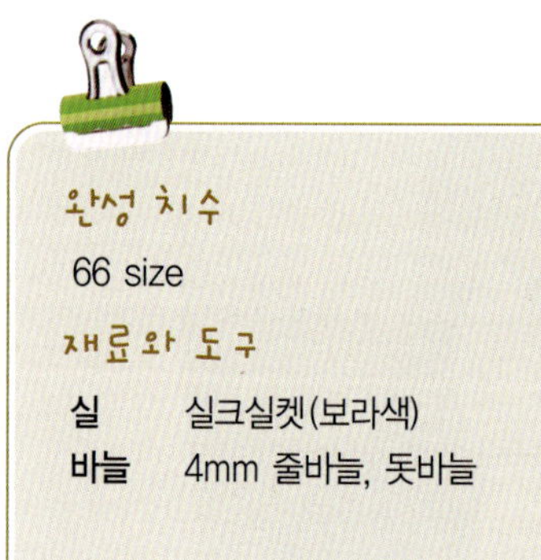

【뒤 판】

01 4mm 줄바늘과 실 1올로 흔들코 120코를 만들어 2코 고무뜨기 108단을 뜬다.

02 109단부터 진동둘레를 만드는데 양옆 가장자리를 각 8코 막음한 뒤 2단마다 4코, 3코, 2코-2회, 1코 순으로 줄여 80코가 되도록 하고 평 45단을 떠서 마무리한다.

【앞 판】

01 4mm 줄바늘과 실 1올로 흔들코 120코를 만들어 무늬뜨기를 하는데 도안 1을 참고하여 뜬다.

02 진동둘레는 뒤판과 같이 한다.

03 목둘레는 전체 단수 141단째 중심에 28코 막음한 뒤 중심 가장자리를 2단마다 각 4코, 3코, 2코, 1코 순으로 줄여 어깨코 16코를 만들어 평 17단을 뜬 뒤 뒤판 어깨와 마주 붙인다.

04 앞·뒤판 옆솔기는 돗바늘로 이어준다.

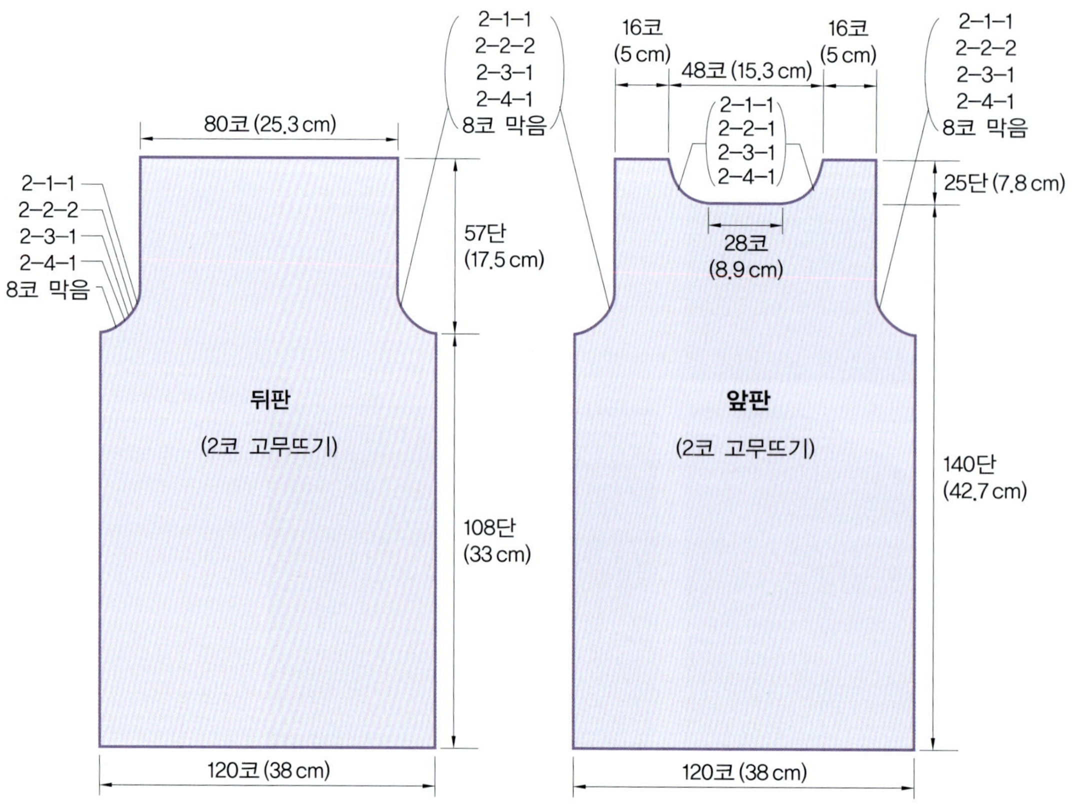

【목 단】

01 목단은 목둘레에서 136코를 주워 22단을 2코 고무뜨기로 뜨고 앞중심은 앞판 중심 꼬아뜨기 무늬를 연결해서 뜬다. 마무리는 돗바늘(2코 고무뜨기)로 한다.

【소 매】

01 4mm 줄바늘과 실 1올로 흔들코 76코를 만들어 2코 고무뜨기로 평 6단을 뜨고 양옆 가장자리는 6단마다 1코 늘리기를 5회 한다.

02 도안 2를 참고하여 소매 밑 부분에 무늬를 넣는다.

03 소매산은 양옆 가장자리를 각 6코 막음한 뒤 2단마다 3코, 2코, 1코-15회, 2코, 3코 순으로 줄인 뒤 막음코로 마무리한다. 옆솔기는 돗바늘로 이어준다.

04 똑같이 한 장 더 만든 후 몸판에 달아 완성한다.

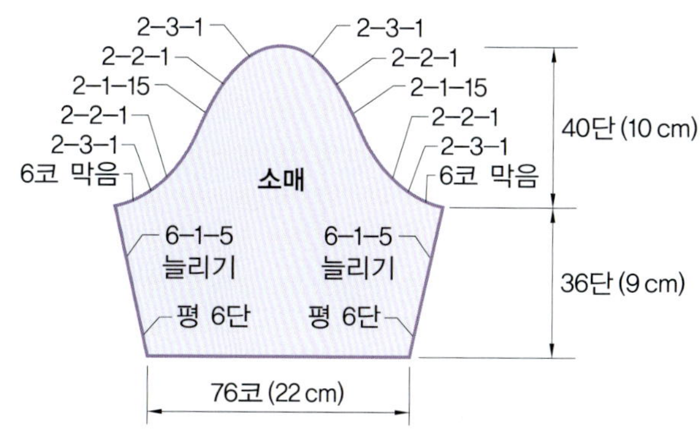

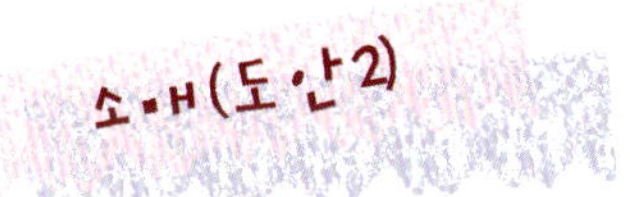

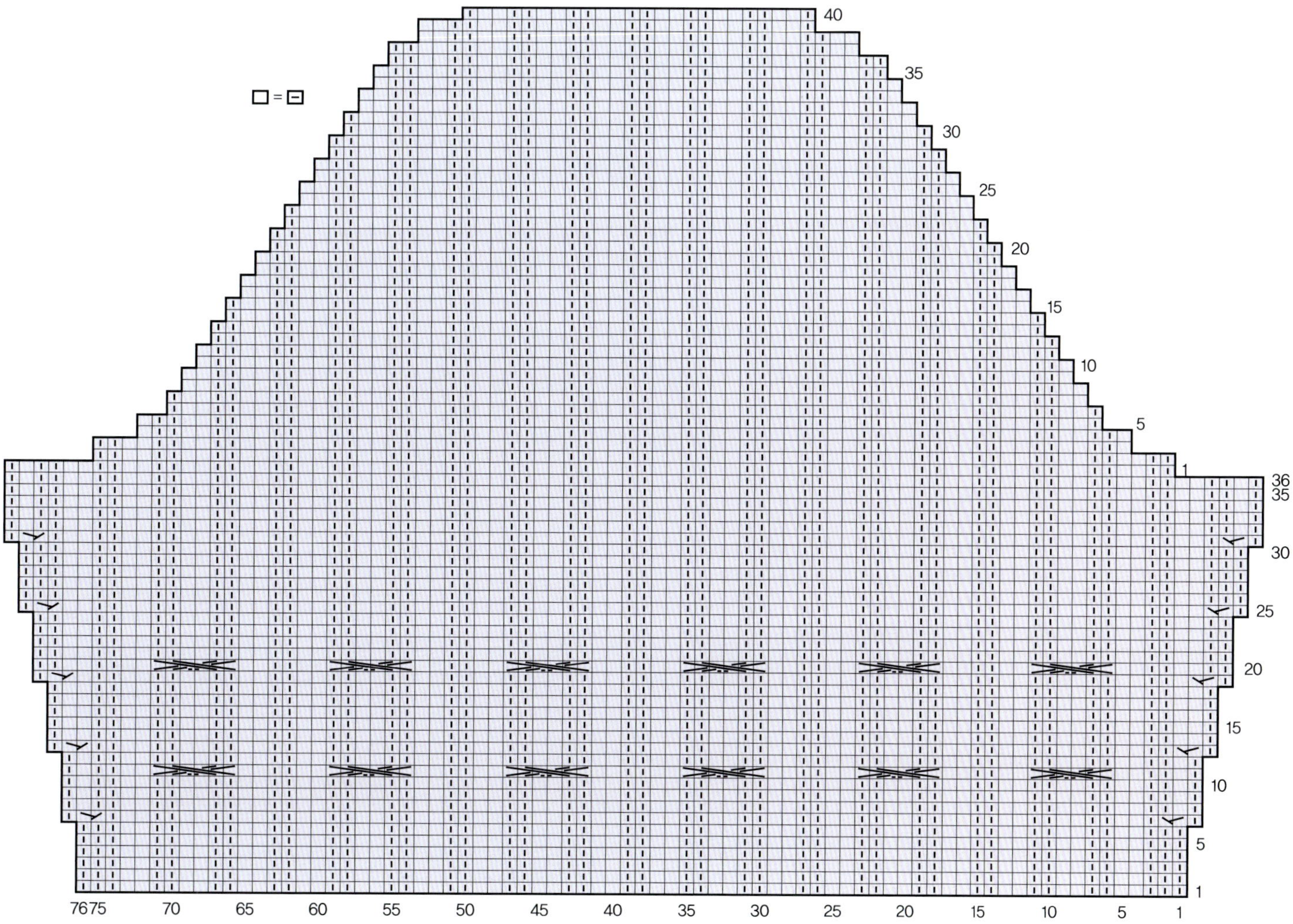

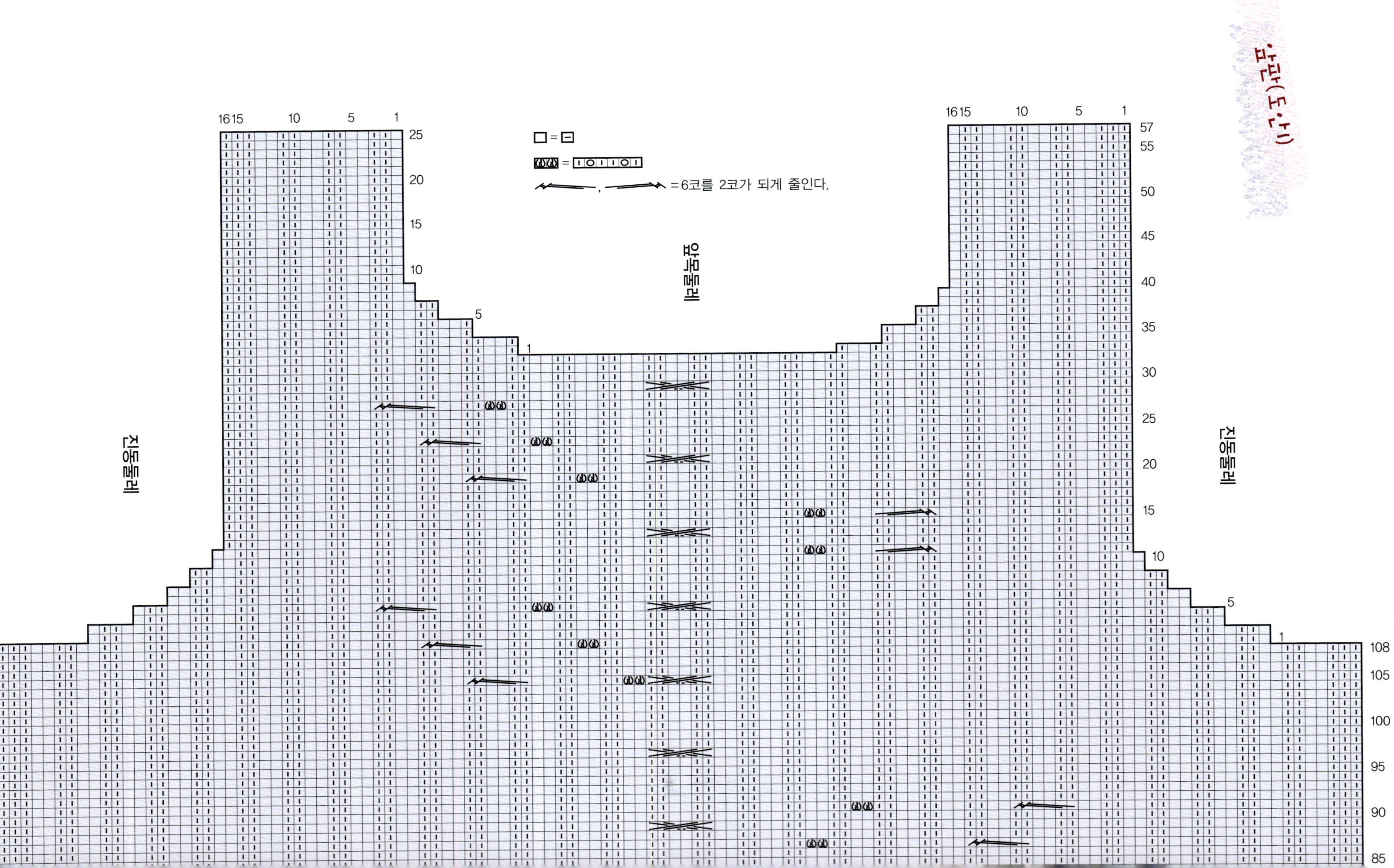

138

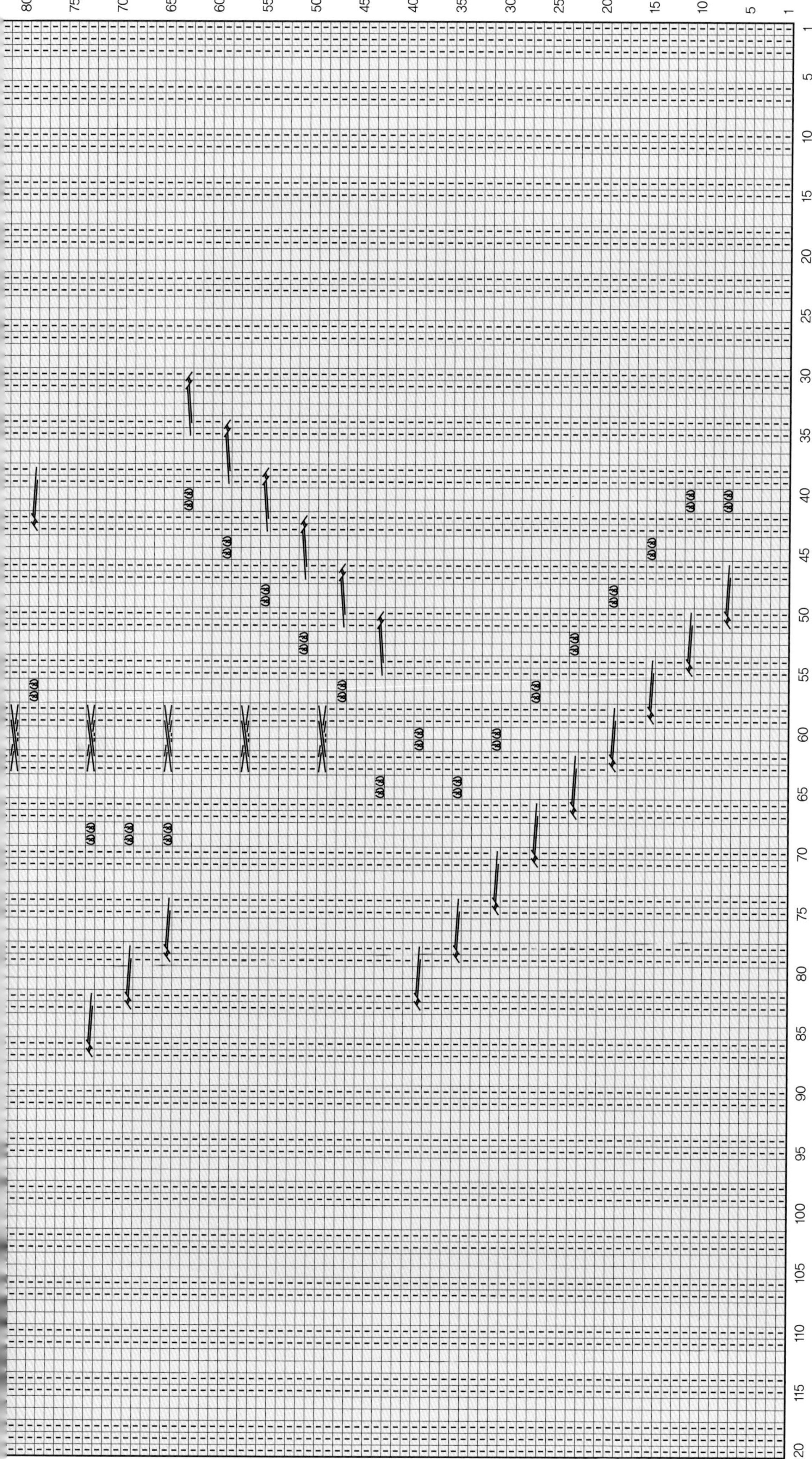

139

보라색 볼레로 & 원피스

Voilet bolero &
one-piece

1. 볼레로 칼라와 앞중심단 뜨기
2. 원피스 폴라넥 뜨기
3. 원피스 밑단 뜨기

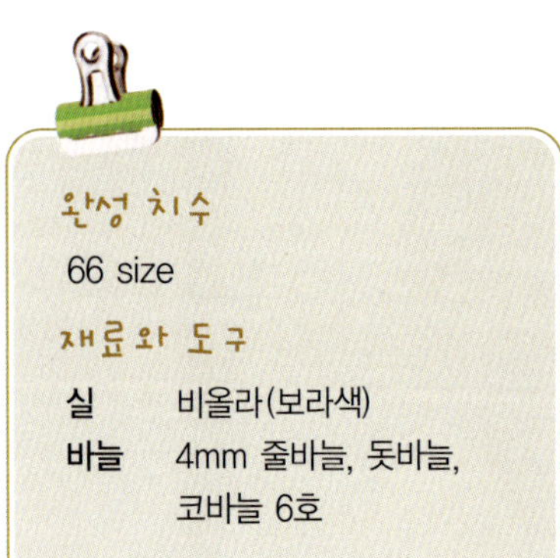

【뒤 판】

01 4mm 줄바늘과 실로 기본코 111코를 만들어 무늬뜨기 A 6무늬+3코로 시작해서 평 38단을 뜬다.

02 01이 끝나면 양옆 가장자리를 각 8코 막음한 뒤 2단마다 각각 4코, 3코, 2코, 1코 순으로 줄여 75코가 되도록 줄인다.

03 75코를 평 33단을 뜬 뒤 양 어깨코 각 20코씩만 평 6단씩 더 뜨고 마무리한다.

【앞 판】

01 4mm 줄바늘과 실로 기본코 57코를 만들어 무늬뜨기 A 3무늬+3코로 시작해서 평 38단을 뜬다.

02 01이 끝나면 왼쪽 가장자리를 8코 막음한 뒤 2단마다 4코, 3코, 2코, 1코 순으로 줄여 39코가 되도록 한 후 평 28단을 뜬다.

03 02가 끝나면 오른쪽 가장자리를 9코 막음한 뒤 2단마다 4코, 3코, 2코, 1코 순으로 줄여 어깨코 20코가 되도록 한 뒤 평 8단을 뜬 다음 뒤판 어깨에 마주 붙인다.

04 다른 한쪽 앞판도 01~03까지 과정을 대칭되게 만든다.

05 앞·뒤판 옆솔기는 돗바늘로 꿰매 준다.

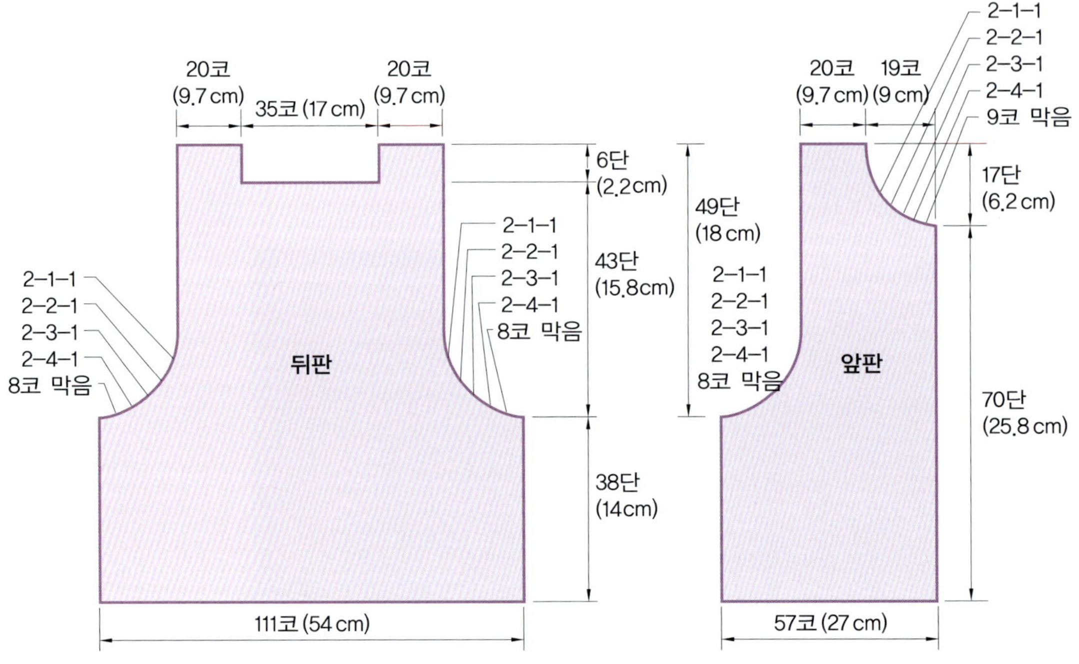

【단뜨기】

01 오른쪽 앞판 → 목둘레 → 왼쪽 앞판까지 215코를 주워 단뜨기 무늬 4단을 뜨고 5단째는 빼뜨기로 마무리한다.

02 01이 끝나면 코바늘 6호로 코바늘 장식 끝단 무늬를 몸판 밑단부터 앞중심단과 목단까지 연결해서 원통으로 떠서 장식 마무리한다.

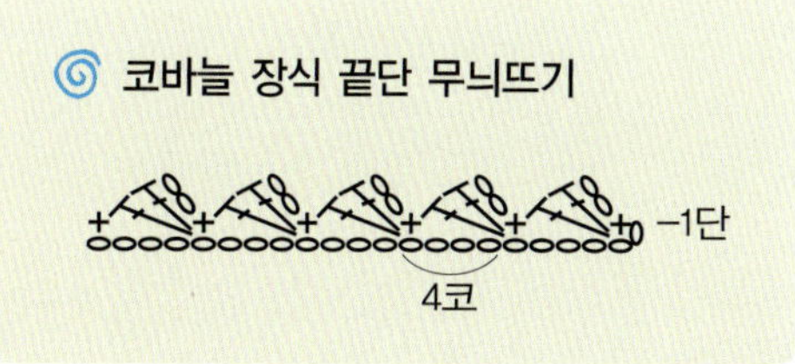

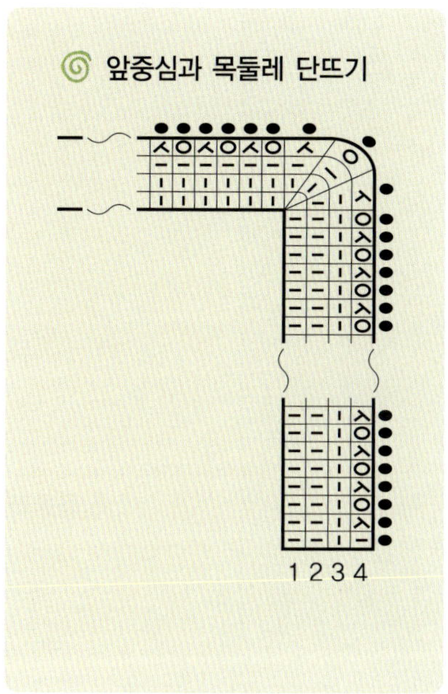

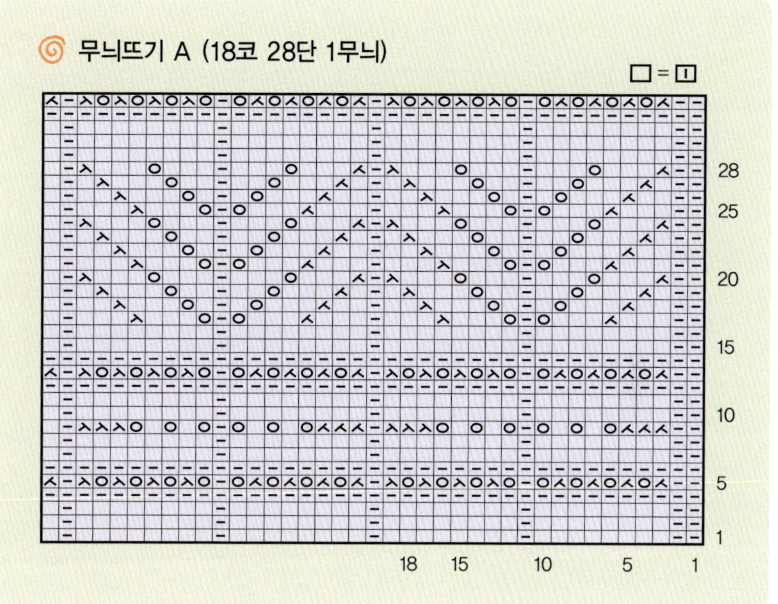

【소 매】

01 기본코 57코를 만들어 무늬뜨기 A 3무늬+3코로 시작해서 평 10단을 뜬 뒤 8단마다 양쪽 가장자리에 각 1코씩 늘리기 13회, 6단마다 양쪽 가장자리에 각 1코씩 늘리기 1회하며 120단까지 뜬다.

02 01이 끝나면 양옆 가장자리를 각 6코 막음한 뒤 2단마다 각각 3코, 2코, 1코-12회, 2코, 3코 순으로 줄여주고 나머지 코는 막음코로 마무리한다.

03 옆솔기는 돗바늘로 꿰매주고, 밑단은 코바늘 장식 끝단 무늬로 떠서 장식 마무리한다.

04 똑같이 한 장 더 뜬 후 몸판에 달아 완성한다.

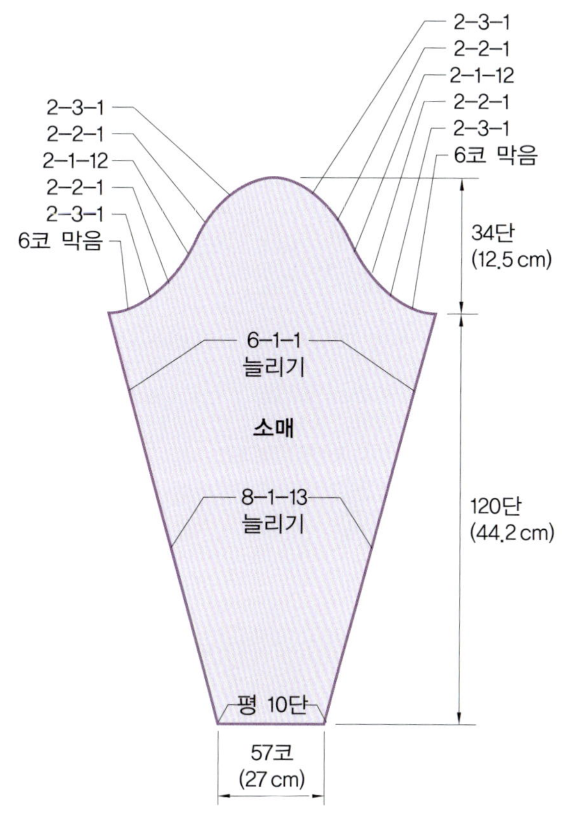

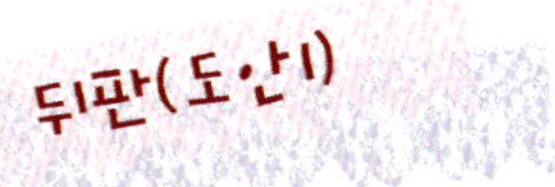

뒤판(도안1)

뒤목둘레
진동둘레
□ = ①

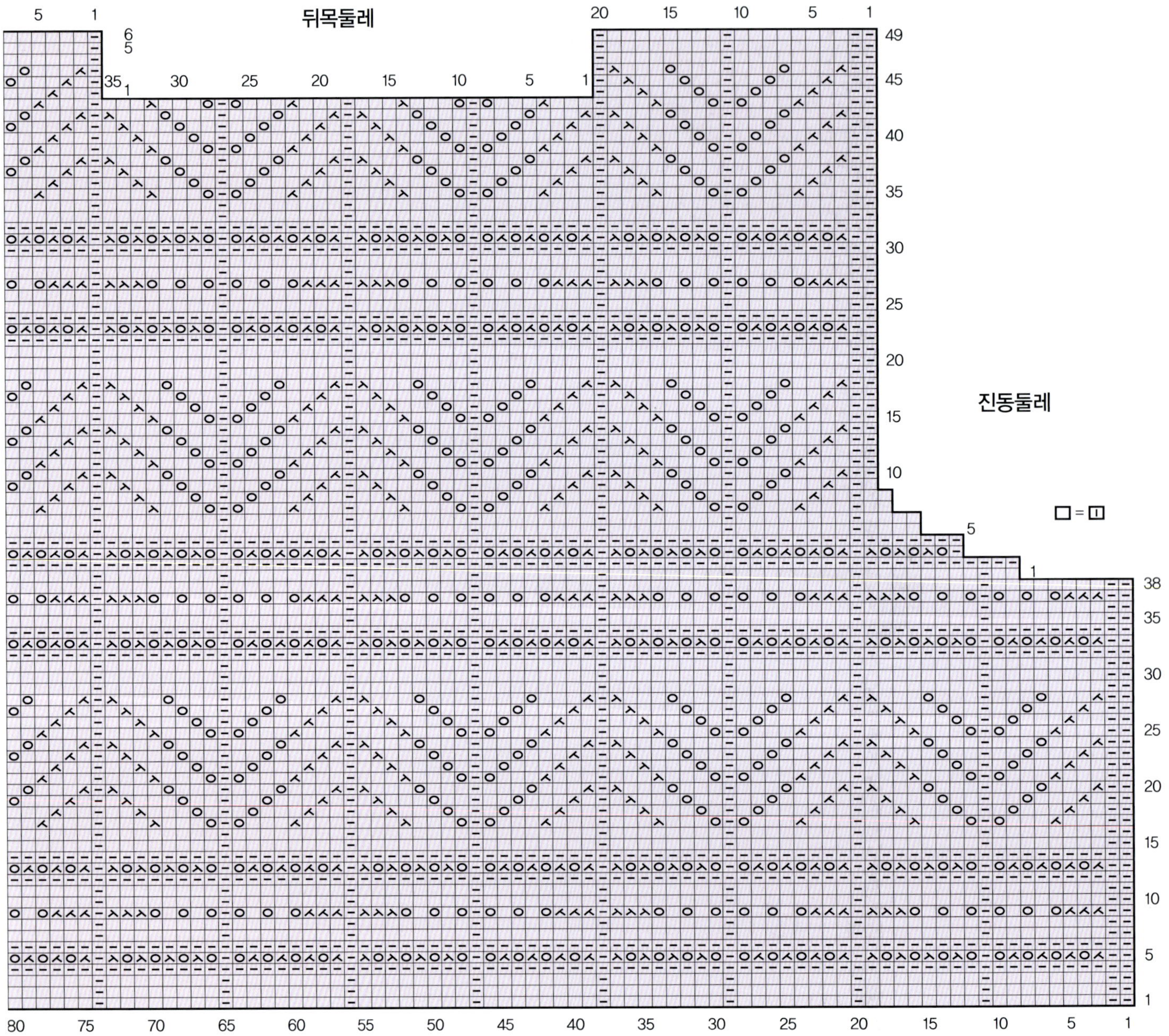

왼쪽 앞판(도안2)
앞목둘레
진동둘레
□ = ⊡

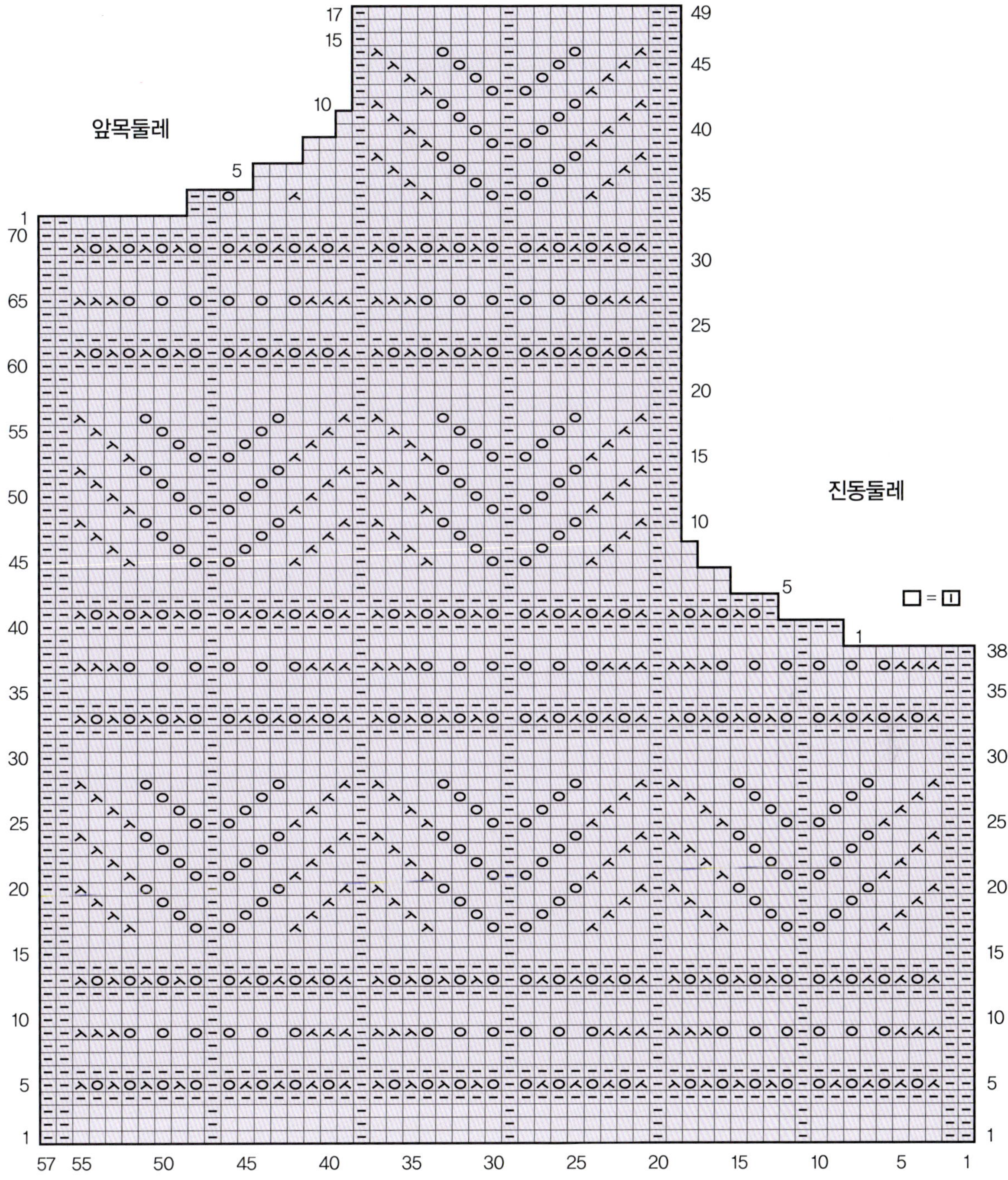

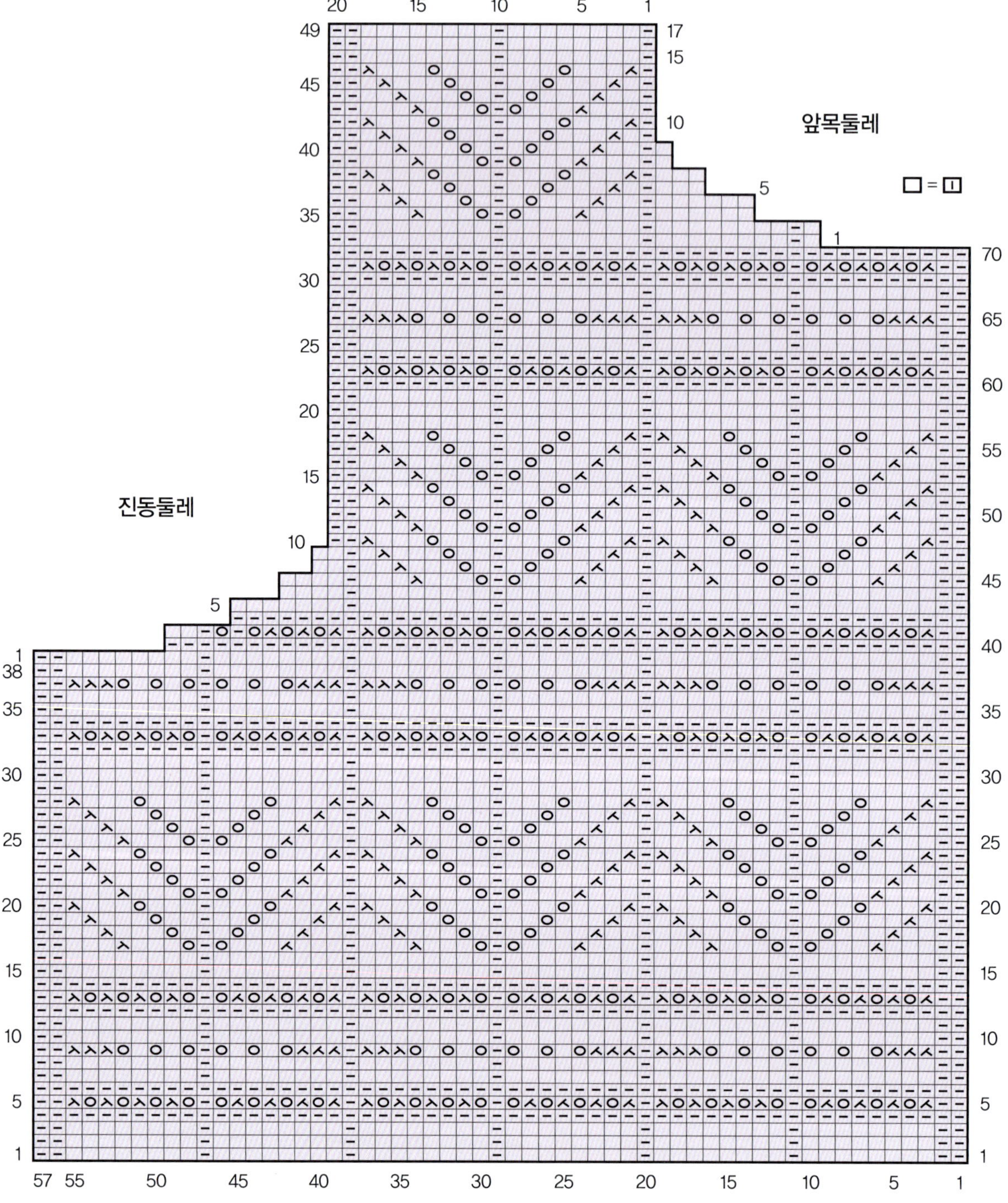
앞목둘레
진동둘레
□ = □

소매(도안4)

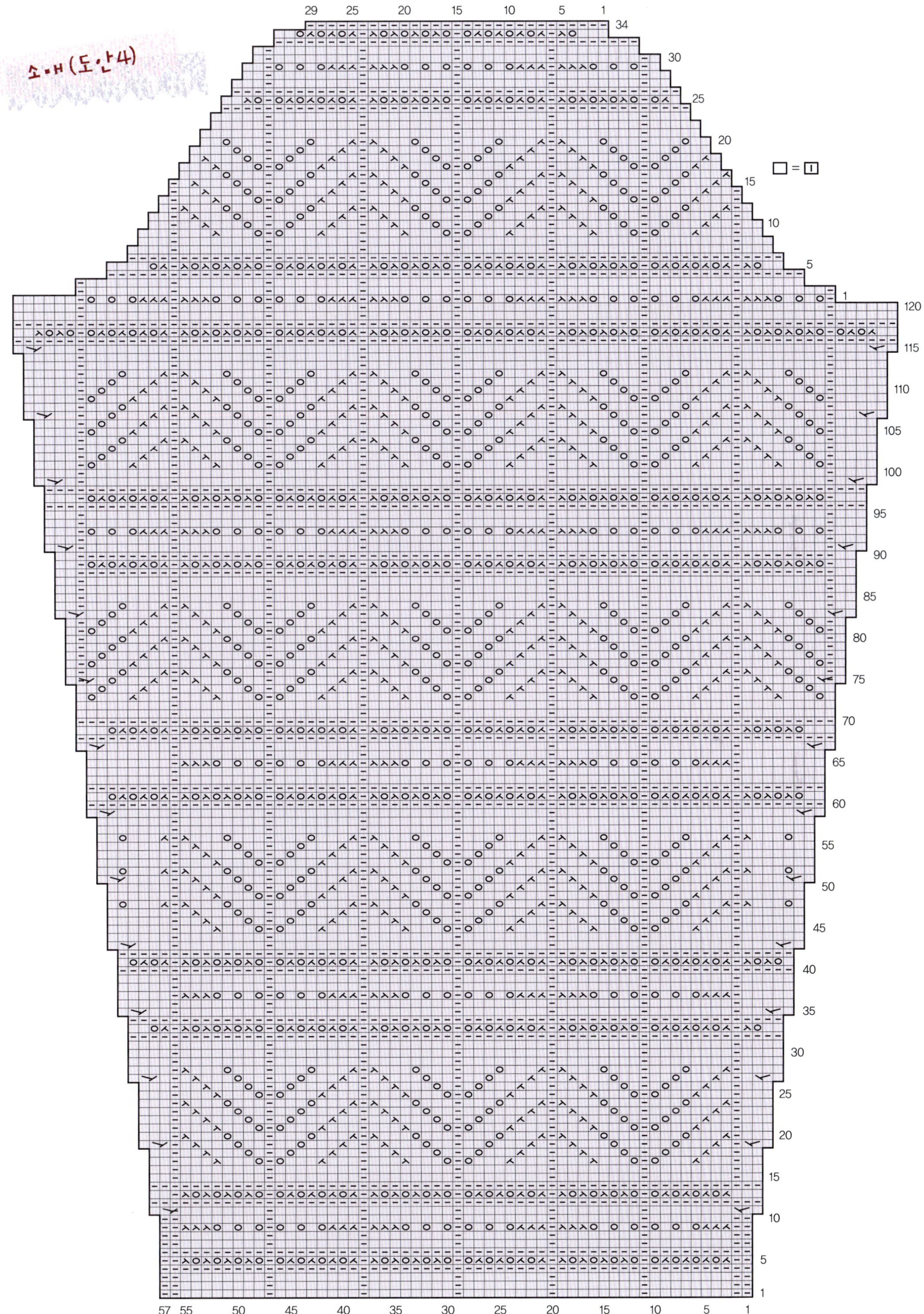

□ = 1

뜨는 방법

【뒤 판】

01 4mm 줄바늘과 실로 기본코 115코를 만들어 무늬뜨기 B 3무늬+1 코로 시작해서 평 118단을 뜨고 119단째는 안뜨기 2코씩을 1코씩 되게 줄여 109코가 되도록 한다.

02 109코를 평 27단 뜨고 양옆 가장자리를 각각 8코 막음한 뒤 2단마다 4코, 3코, 2코, 1코 순으로 줄여 73코가 되도록 하고 평 43단 뜬 후 마무리한다.

【앞 판】

01 4mm 줄바늘과 실로 기본코 117코를 만들어 무늬뜨기 B 3무늬+3 코로 시작해서 평 118단을 뜨고 119단째는 안뜨기 2코씩을 1코씩 되게 줄여 111코가 되게 한다.

02 111코를 평 27단 뜨고 양옆 가장자리를 각각 8코 막음한 뒤 2단마다 4코, 3코, 2코, 1코 순으로 줄여 73코가 되도록 하고 평 26단을 뜬다.

03 중심에 23코를 남기고 그 가장자리 2곳을 2단마다 3코, 2코, 1코 순으로 줄여 어깨코 19코가 되도록 만들고 평 11단을 뜨고 마친다.

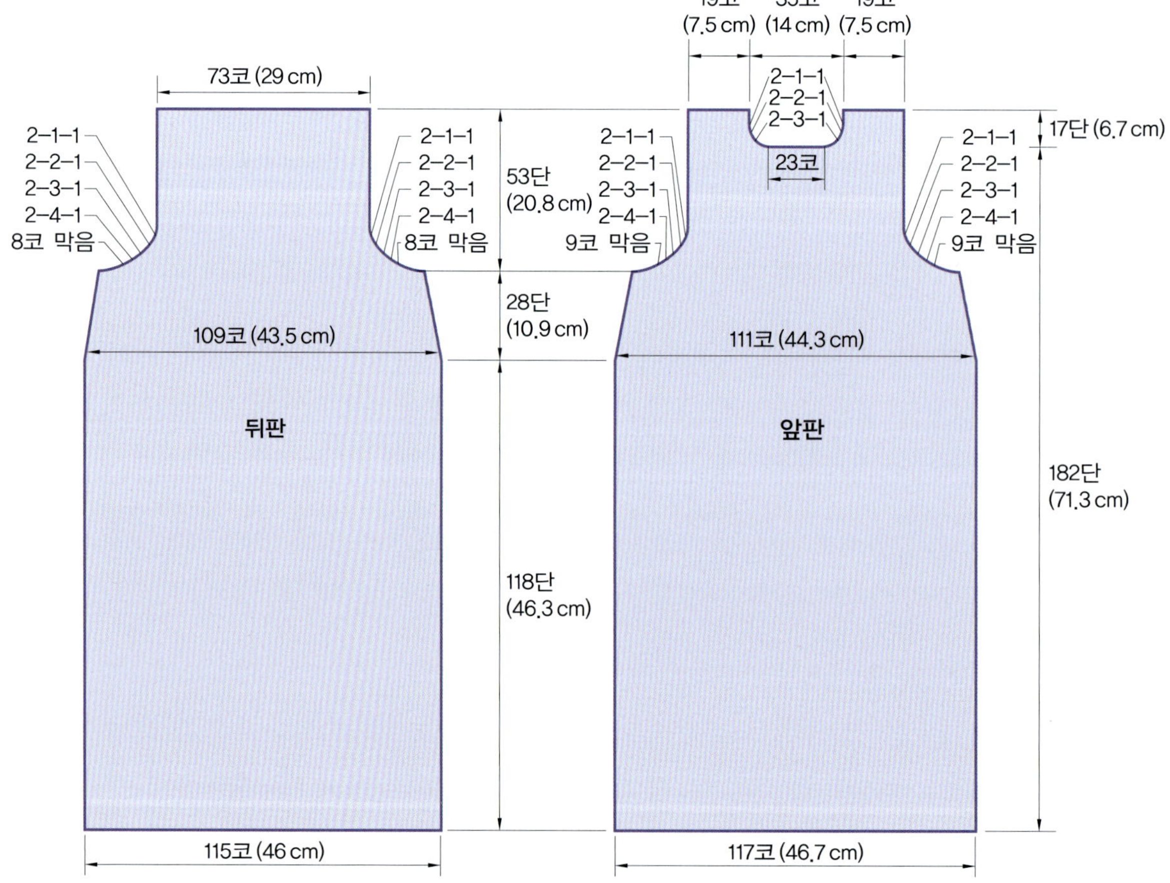

04 앞, 뒤 어깨를 마주 붙이고, 옆솔기는 돗바늘로 꿰매준다.

【단뜨기】

01 목단은 목둘레 108코를 주워 무늬뜨기 A 6무늬를 원통뜨기로 26단 뜨고 돗바늘로 마무리한다.

02 소매단은 진동둘레 120코를 주워 소매단 무늬뜨기 60무늬를 9단 뜨고 돗바늘로 마무리한다.

03 원피스 밑단은 코바늘 6호로 치마 밑단 무늬뜨기로 떠서 장식 마무리한다.

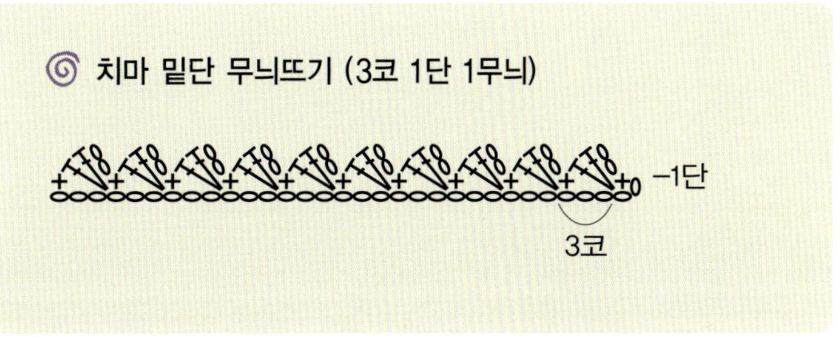

치마 밑단 무늬뜨기 (3코 1단 1무늬)

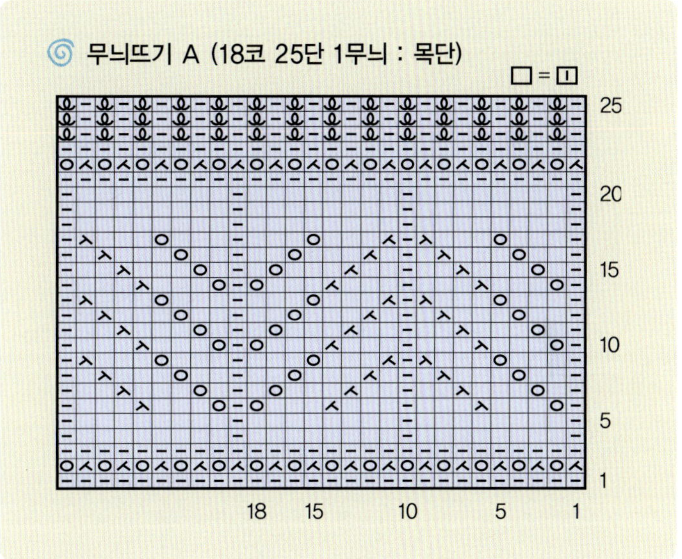

무늬뜨기 A (18코 25단 1무늬 : 목단)

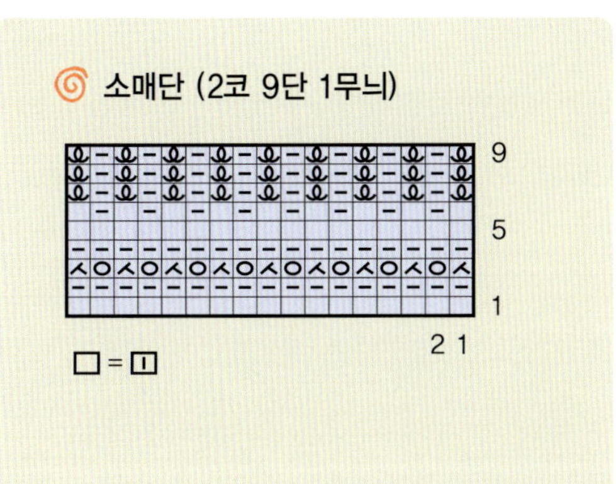

소매단 (2코 9단 1무늬)

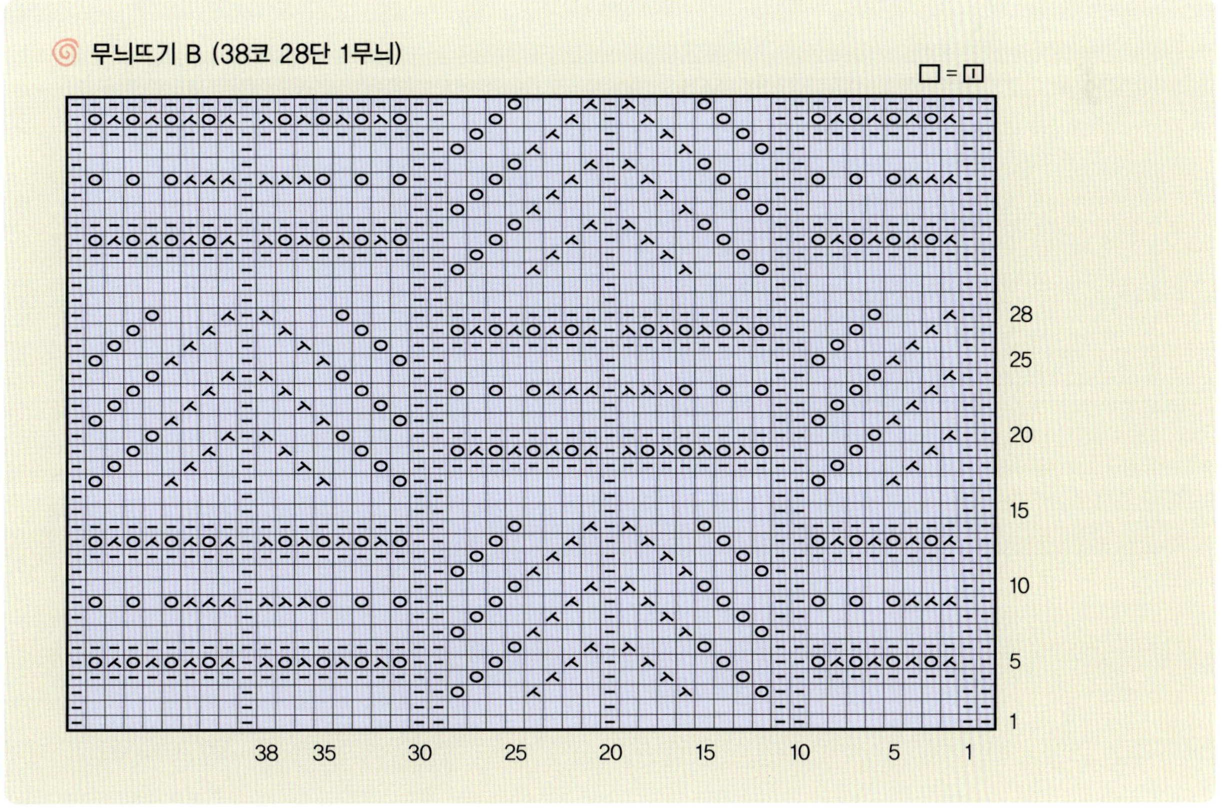

무늬뜨기 B (38코 28단 1무늬)

뒤판(도안)
진동둘레
진동둘레
日=□

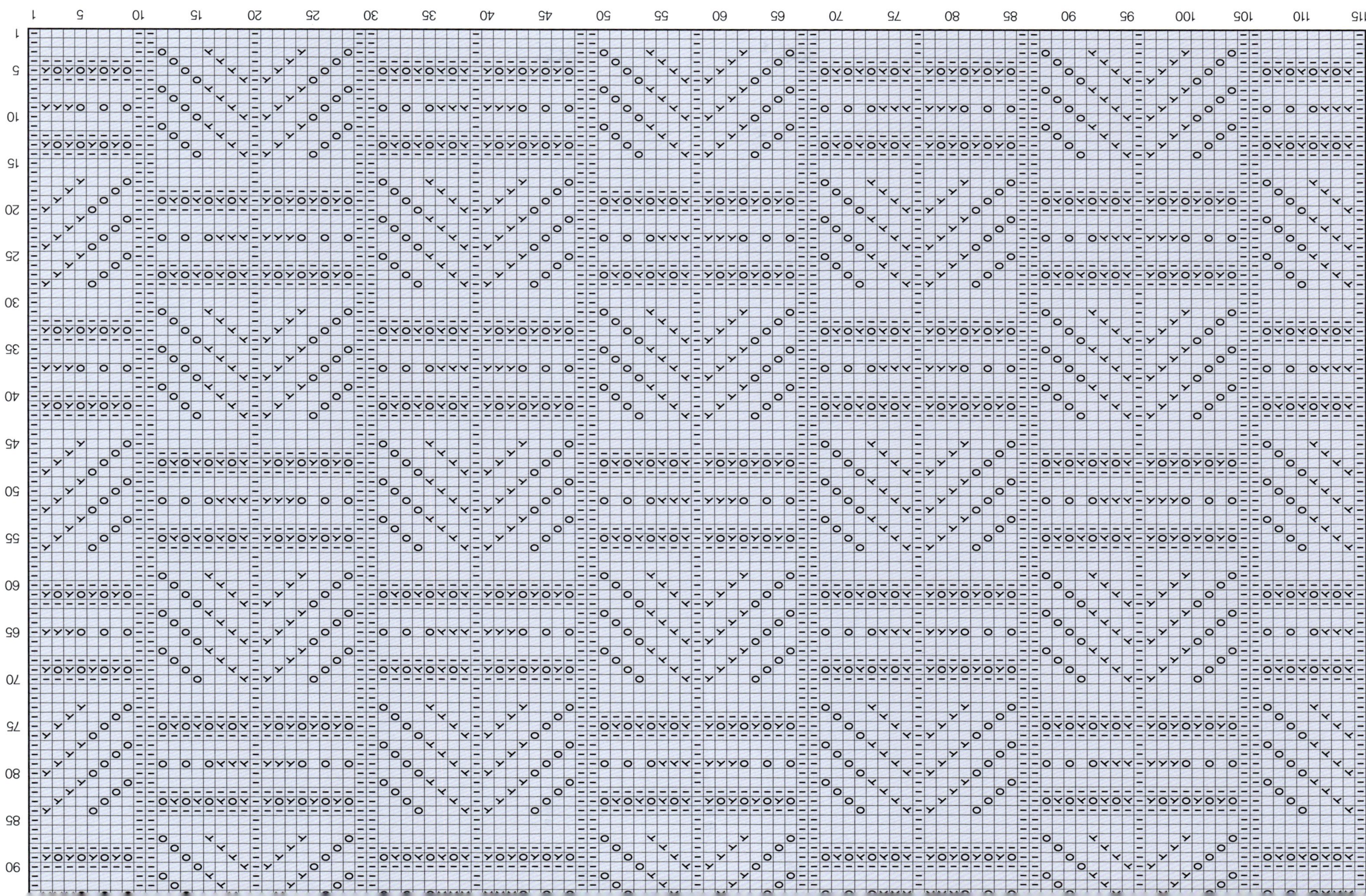

앞판(도안 2)
진동둘레
앞목둘레
진동둘레
146 145 140 135 130 125 120 115 110 105
53 50 45 40 35 30 25 20 15 10
1 5 10
11 15 19
17 15 10 5 1
1 5 10
11 15 19
1 5 10

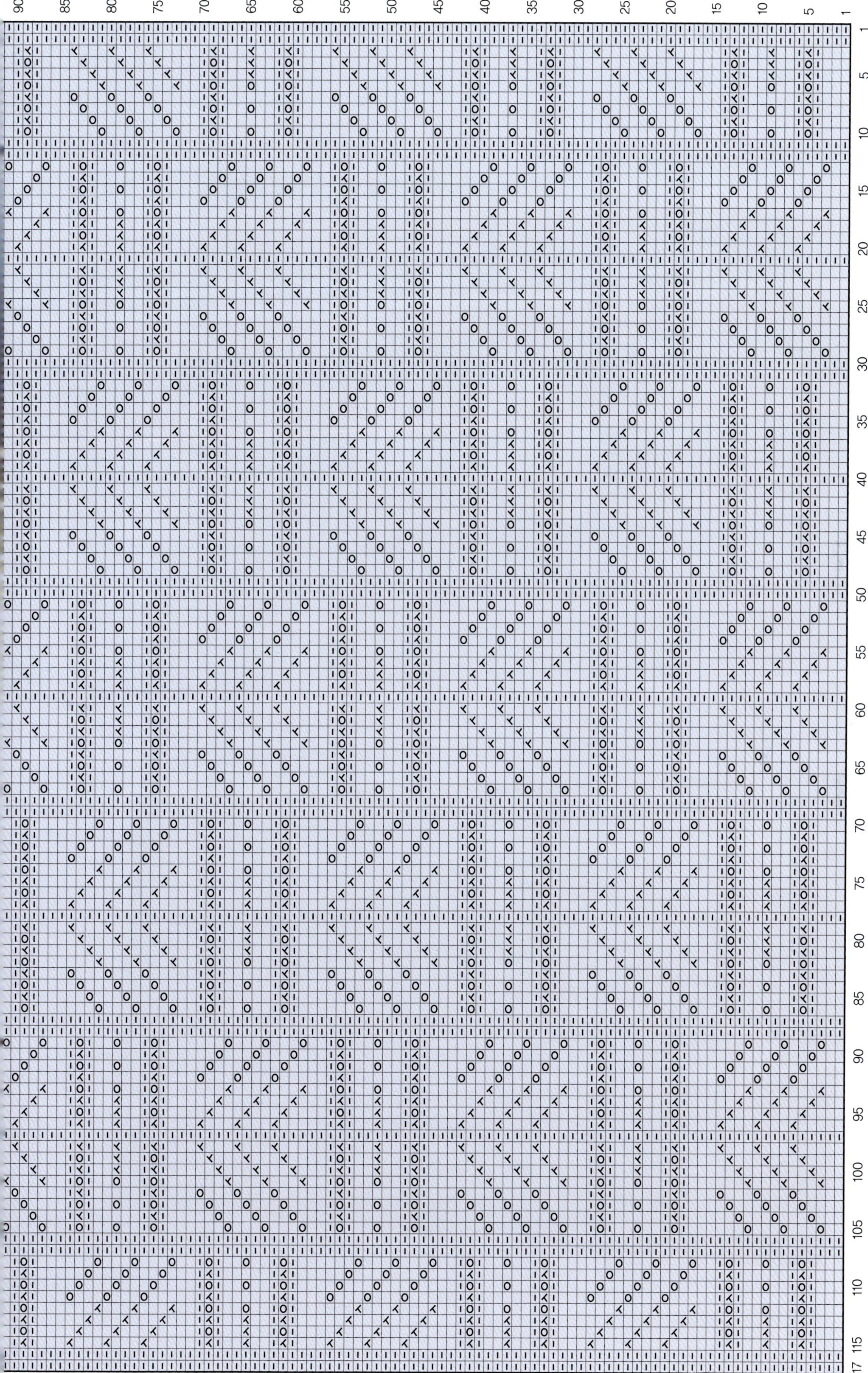

컬러 스웨터

Color sweater

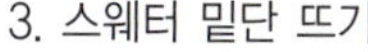

1. 점퍼 스타일 칼라 뜨기 및 앞중심 지퍼 달기
2. 기모노 스타일 소매 뜨기
3. 스웨터 밑단 뜨기

완성 치수

77 size

재료와 도구

실	컬러울(녹색, 보라, 자주, 빨강, 노랑, 연회색, 연노랑, 카키색), 베이스울(진남색)
바늘	6mm 줄바늘, 4.5mm 줄바늘, 돗바늘
부속품	지퍼 1개, 밑실 조금

뜨 는 방 법

01 6mm 줄바늘과 밑실로 기본코 75코를 만들어 베이스울 1올과 녹색 1올 2겹으로 무늬뜨기를 시작하는데 평 16단을 뜨고 한쪽 가장자리에 2단마다 1코, 2코, 3코 순으로 걸림코로 코를 늘린 후 멈춘다.

02 다른 바늘과 같은색 실로 74코를 만들어 무늬뜨기로 평 18단을 뜨고 01에서 떠준 방향과 마주보게 2단마다 2코, 3코 순으로 늘리고, 마지막 11코를 걸림코로 만든 뒤 01에 멈춘 부분과 연결하여 앞, 뒤판이 하나가 되게 무늬뜨기를 한다.

03 평 36단을 뜨고 양옆 가장자리를 2단마다 각각 7코, 6코 순으로 줄여주고 무늬뜨기하면서 8단마다 코 줄임을 하여 소매통 줄이기를 한다.

04 몸판 뜨기는 도안 1을 참고하여 뜨고, 반대편은 뒤판을 시작코 부분에서 코를 주워 연결해 뜬다. 앞판은 다른 실로 시작해서 왼쪽, 오른쪽 판이 대칭이 되도록 뜬다.

05 몸판이 끝나면 소매 솔기와 옆선을 돗바늘로 이어주고, 밑단은 베이스울 실 2겹과 4.5mm 줄바늘로 앞뒤 연결하여 247코를 주워 2코 고무뜨기 10단을 뜬 뒤 돗바늘로 마무리한다.

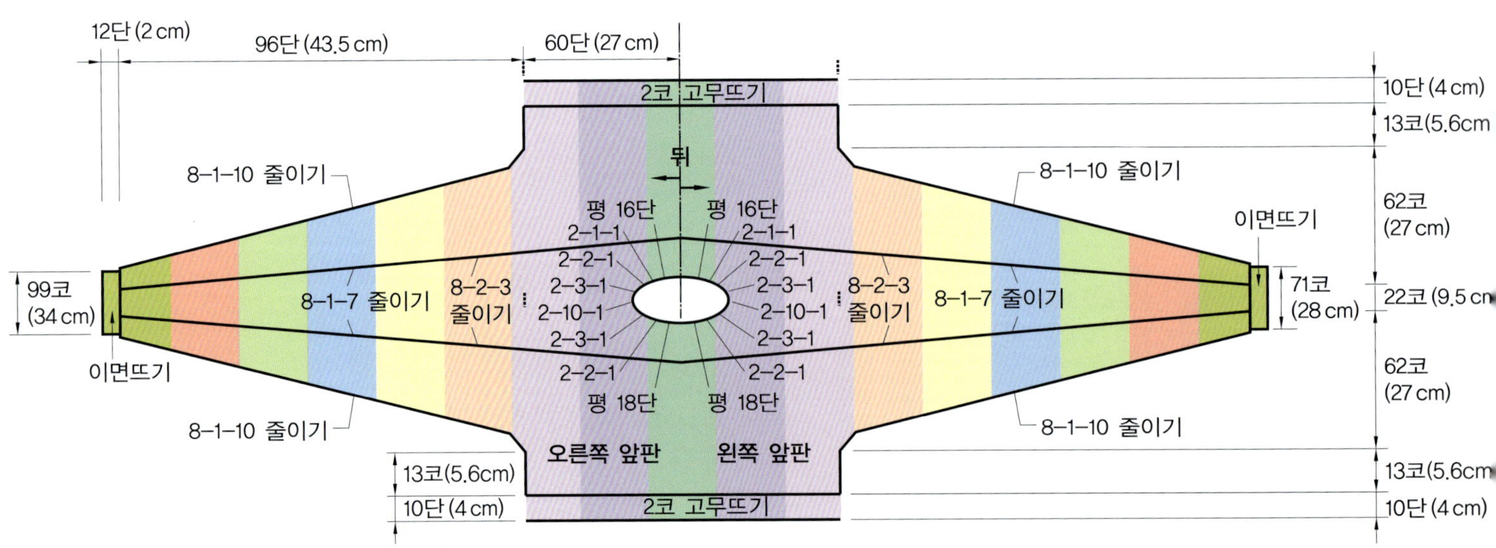

06 소매 끝단은 각각 71코를 4.5mm 줄바늘과 베이스울 실 2겹으로 코를 주워 이면뜨기 12단을 뜨고 돗바늘(1코 고무뜨기)로 마무리한다.

07 목단은 목둘레코 120코가 되게 4.5mm 줄바늘과 베이스울 실 2겹으로 주워 2코 고무뜨기 34단을 뜨고 반으로 접어 시작점에 감침질해 준다.

08 앞중심단은 밑단부터 목단선까지 4.5mm 줄바늘과 베이스울 실 2겹으로 99코 주워 이면뜨기 6단을 뜨고 돗바늘(1코 고무뜨기)로 마무리한다.

09 앞중심단에 지퍼를 달아 완성한다.

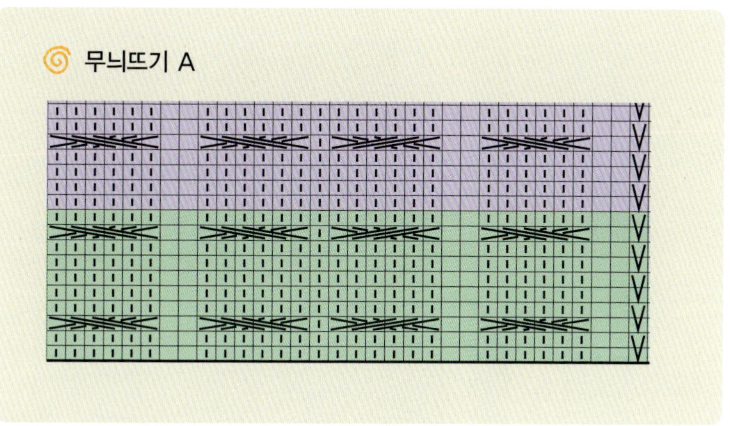

무늬뜨기 A

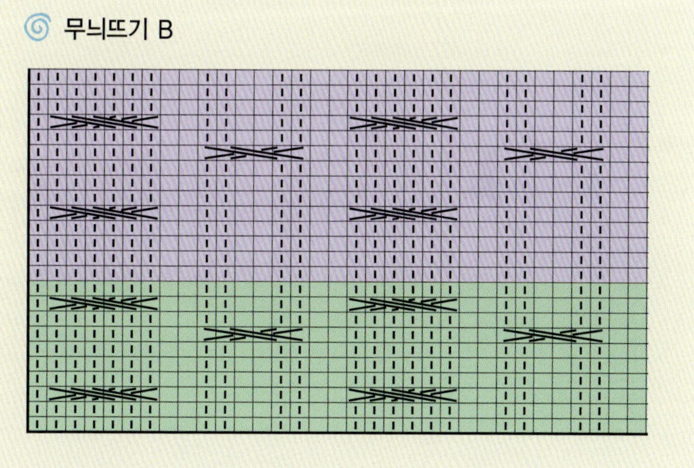

무늬뜨기 B

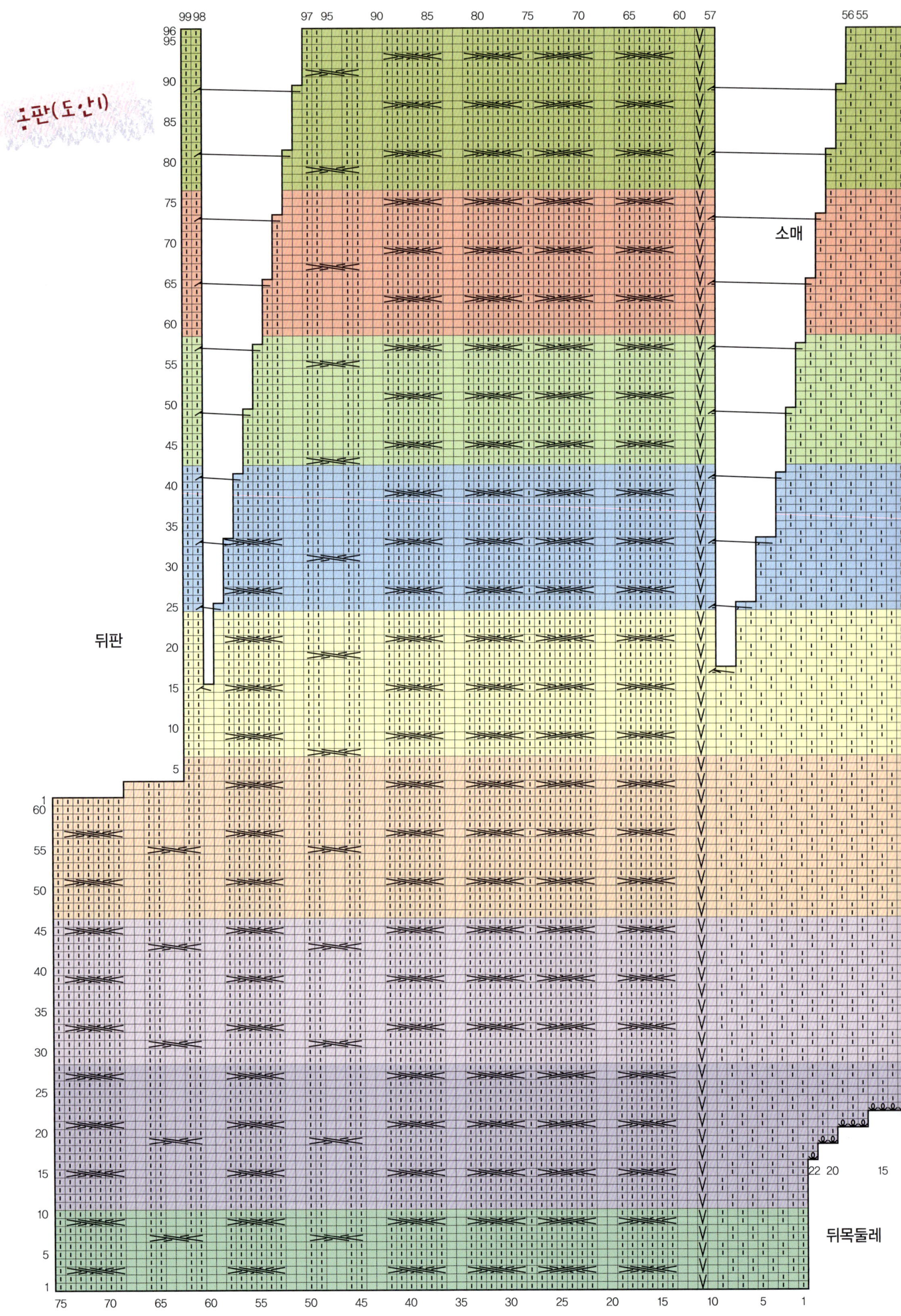
도판(도안1)
소매
뒤판
뒤목둘레

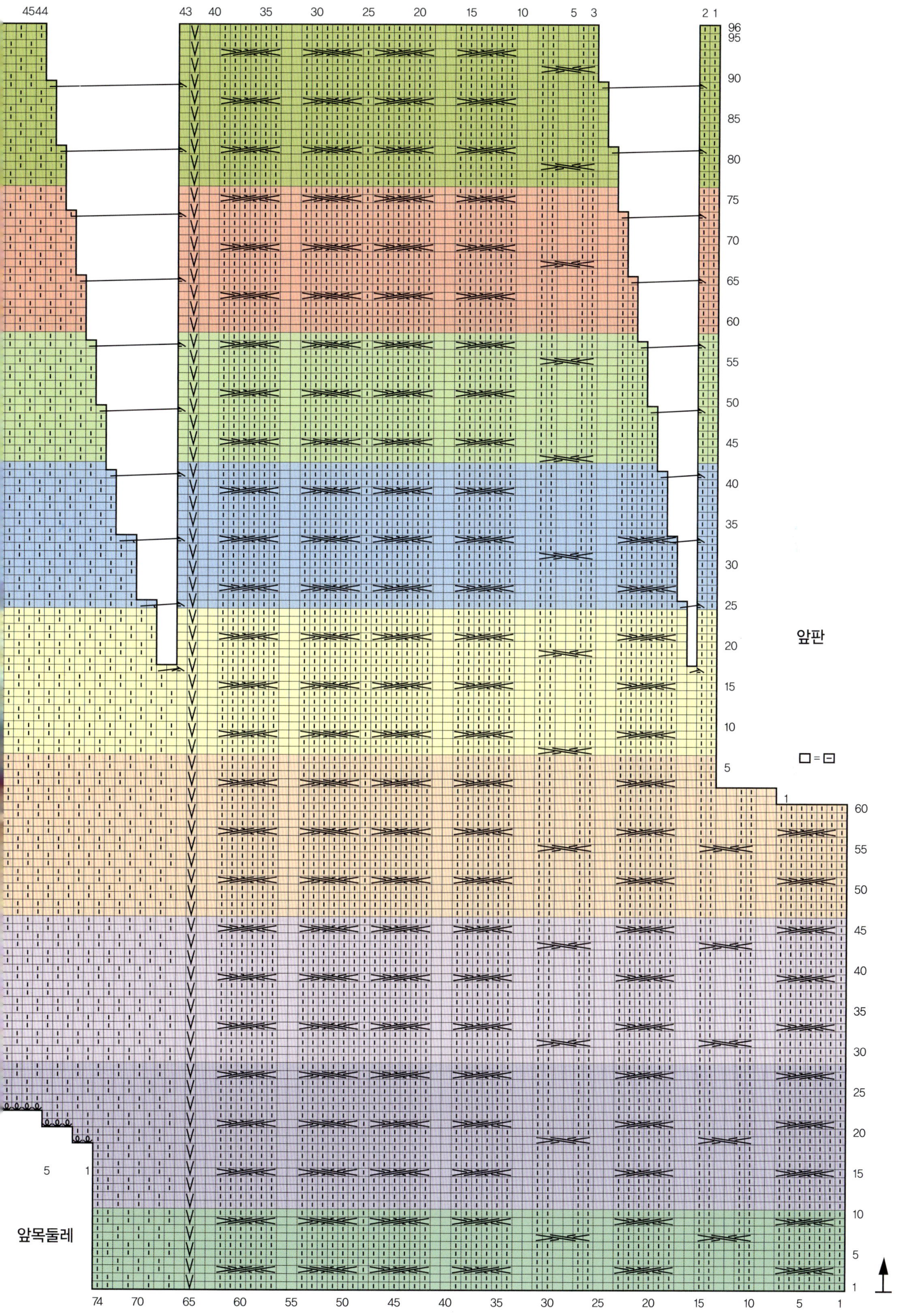
앞판
앞목둘레
□ = ⊟

베네통 스타일 컬러 투피스

베네통 스타일 컬러 투피스

1. 스탠드 칼라와 앞중심 지퍼 달기
2. 재킷 끝단 뜨기
3. 바지 벨트단 뜨기

 베네통 스타일 컬러 투피스

【조 끼】

완성 치수
55 size

재료와 도구

실 메리노펄(파랑, 청회색, 민트색, 연보라, 노랑, 주황, 체리핑크, 살구색, 연두색)

바늘 3.5mm 줄바늘, 4.5mm 줄바늘, 돗바늘

부속품 고무벨트 심(4×52cm), 지퍼

01 4.5mm 줄바늘과 파란색 실로 흔들코 248코를 만들어 무늬뜨기 A로 20단을 뜬다.

02 01이 끝나면 연보라색 실로 바꾸고, 270코가 되게 22코를 늘려 몸판 무늬뜨기 8무늬＋14코로 시작한다.

03 배색하면서 102단까지 뜨게 되면 오른쪽 앞판, 뒤판, 왼쪽 앞판을 나누어 진동둘레를 만드는데 양쪽 앞, 뒤판 경계에 5코를 막음해 준 뒤 그 중심 양옆을 각각 2단마다 4코, 3코, 2코, 1코 순으로 줄여 양쪽 앞판은 각각 58코, 뒤판은 104코가 되도록 한다.

04 앞판은 무늬뜨기 132단이 되면 앞목둘레를 만드는데 19코 막음한 뒤 2단마다 4코, 3코, 2코, 1코 순으로 줄여 나머지 29코를 어깨코로 평 18단을 뜨고 마무리한다.

05 뒤판은 무늬뜨기 152단이 되면 양 어깨코 각 29코만 평 6단을 뜬 뒤 앞판 어깨코와 붙여 준다.

06 몸판이 완성되면 3.5mm 줄바늘과 파란색 실로 목둘레 147코를 주워 무늬뜨기 B 20무늬와 몸판 무늬뜨기 기둥 꽈배기 무늬로 시작해서 16단을 뜨고 1코 고무뜨기 4단을 뜬 뒤 돗바늘로 마무리한다.

07 소매단은 진동둘레 부분에 4.5mm 줄바늘과 파란색 실로 127코를 주워 무늬뜨기 A를 10단 뜬 후 돗바늘로 꿰매어 완성한다.

08 앞중심단은 4.5mm 줄바늘과 파란색 실로 173코를 주워 이면뜨기 6단을 뜬 후 돗바늘로 마무리하고 지퍼를 달아 조끼를 완성한다.

09 배색 뜨기는 도안 1을 참고한다.

【바 지】

01 3.5mm 줄바늘과 파란색 실로 흔들코 170코를 만들어 1코 고무뜨기 14단을 원통뜨기로 뜬다.

02 01이 끝나면 4.5mm 줄바늘로 바꾸어 256코가 되게 늘려주고 몸판 무늬뜨기 8무늬로 시작해서 원통뜨기하는데 12단마다 16코 늘리기 3회, 16단마다 16코 늘리기 1회 한다.

03 원통 무늬뜨기 50단이 되면 중심 4코 꽈배기 무늬를 기준으로 오른쪽, 왼쪽 바지통으로 나누어 코 늘림을 하는데 앞 밑길이는 2단마다 1코－4회, 2코－3회, 4코－1회 순으로 늘려주고, 뒤 밑길이는 2단마다 1코－3회, 2코－3회, 3코－3회, 4코－1회, 6코－1회 순으로 늘려 준 뒤 평 50단을 원통뜨기로 뜬다.

04 다리통은 원통뜨기를 하는데 12단-10코-1회, 16단-10코-1회, 18단-10코-1회 하여 늘려준다.

05 바지 밑단은 1코 늘려준 뒤 무늬뜨기 A 14단을 뜨고 돗바늘로 꿰매준다. 앞·뒤 밑길이 트인 부분도
   돗바늘로 꿰매어 바지를 완성하고 허리 부분에 고무벨트를 넣어 박음질해 준다.

06 바지 배색과 코 늘림은 도안 2를 참고한다.

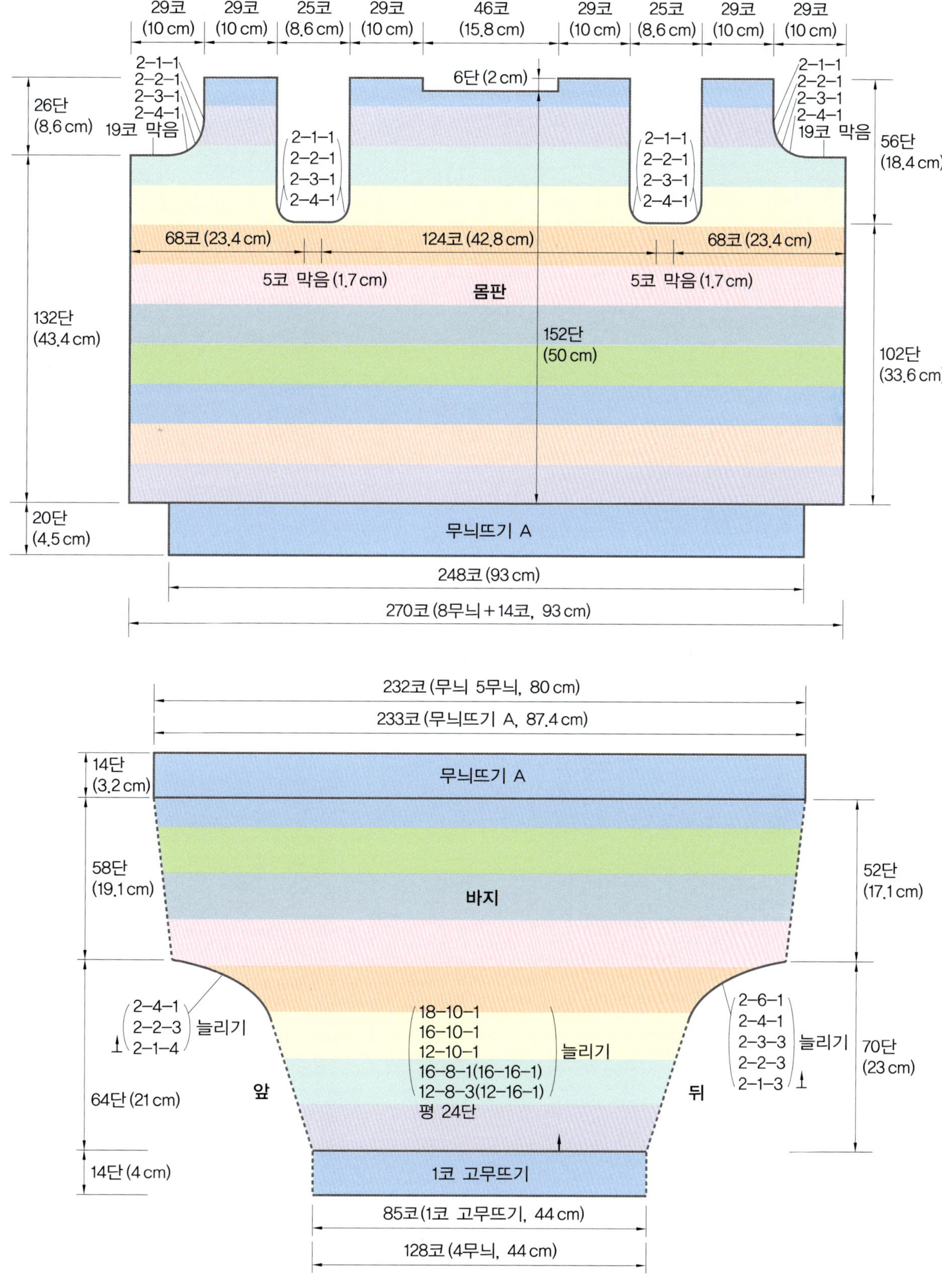

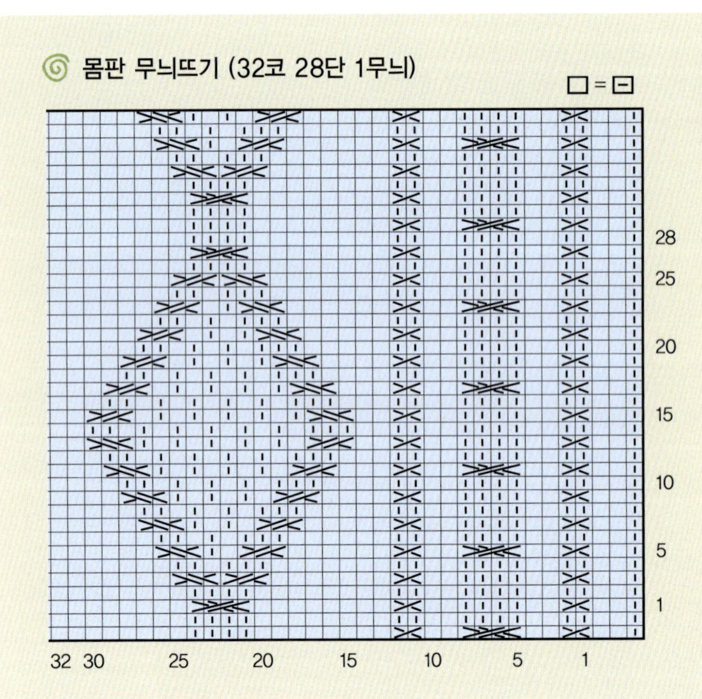

몸판 무늬뜨기 (32코 28단 1무늬)
□ = ⊟
28
25
20
15
10
5
1
32 30 25 20 15 10 5 1

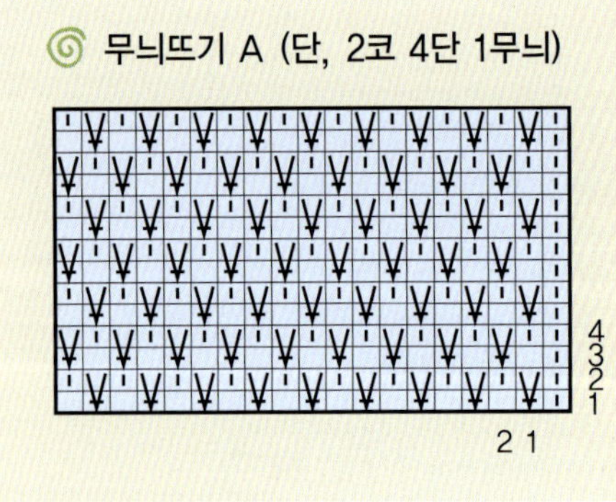

무늬뜨기 A (단, 2코 4단 1무늬)
4
3
2
1
2 1

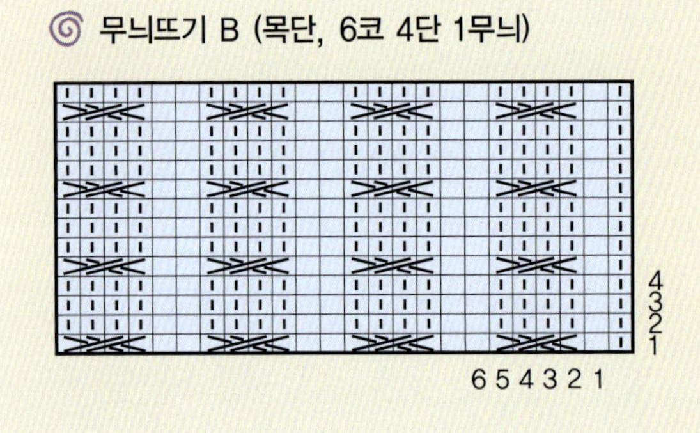

무늬뜨기 B (목단, 6코 4단 1무늬)
4
3
2
1
6 5 4 3 2 1

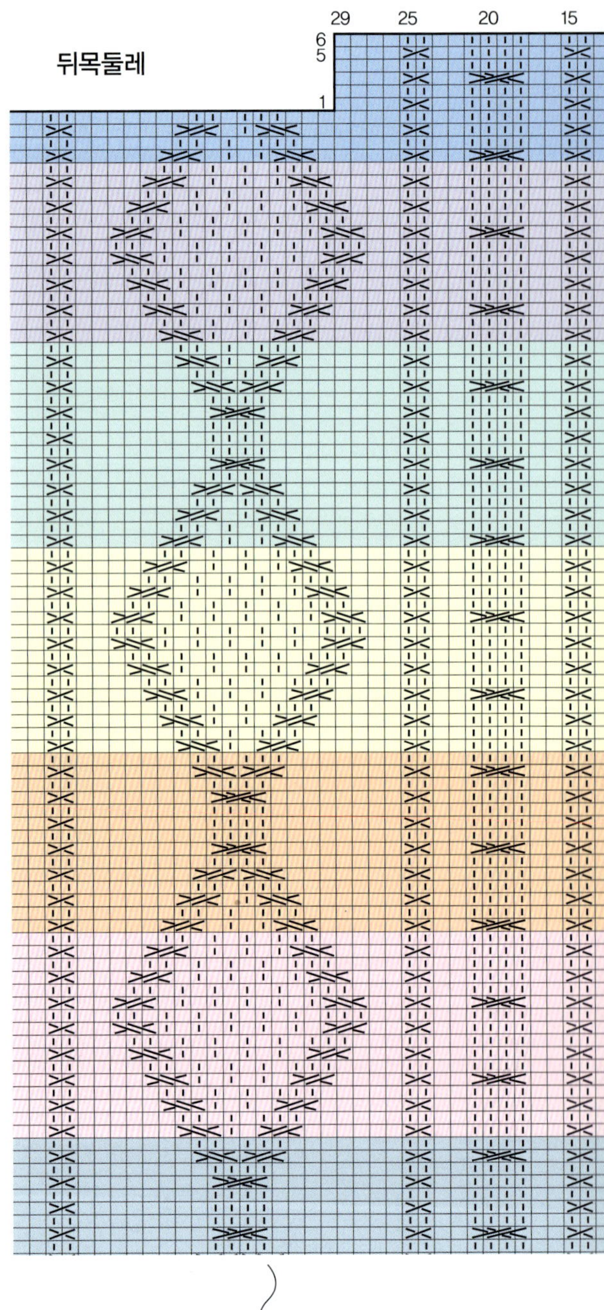

뒤목둘레
29 25 20 15
6
5
1

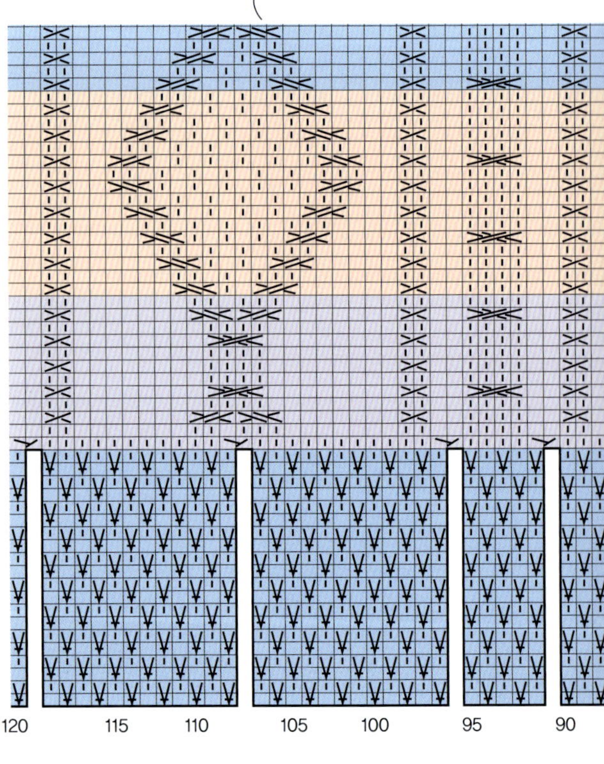

120 115 110 105 100 95 90

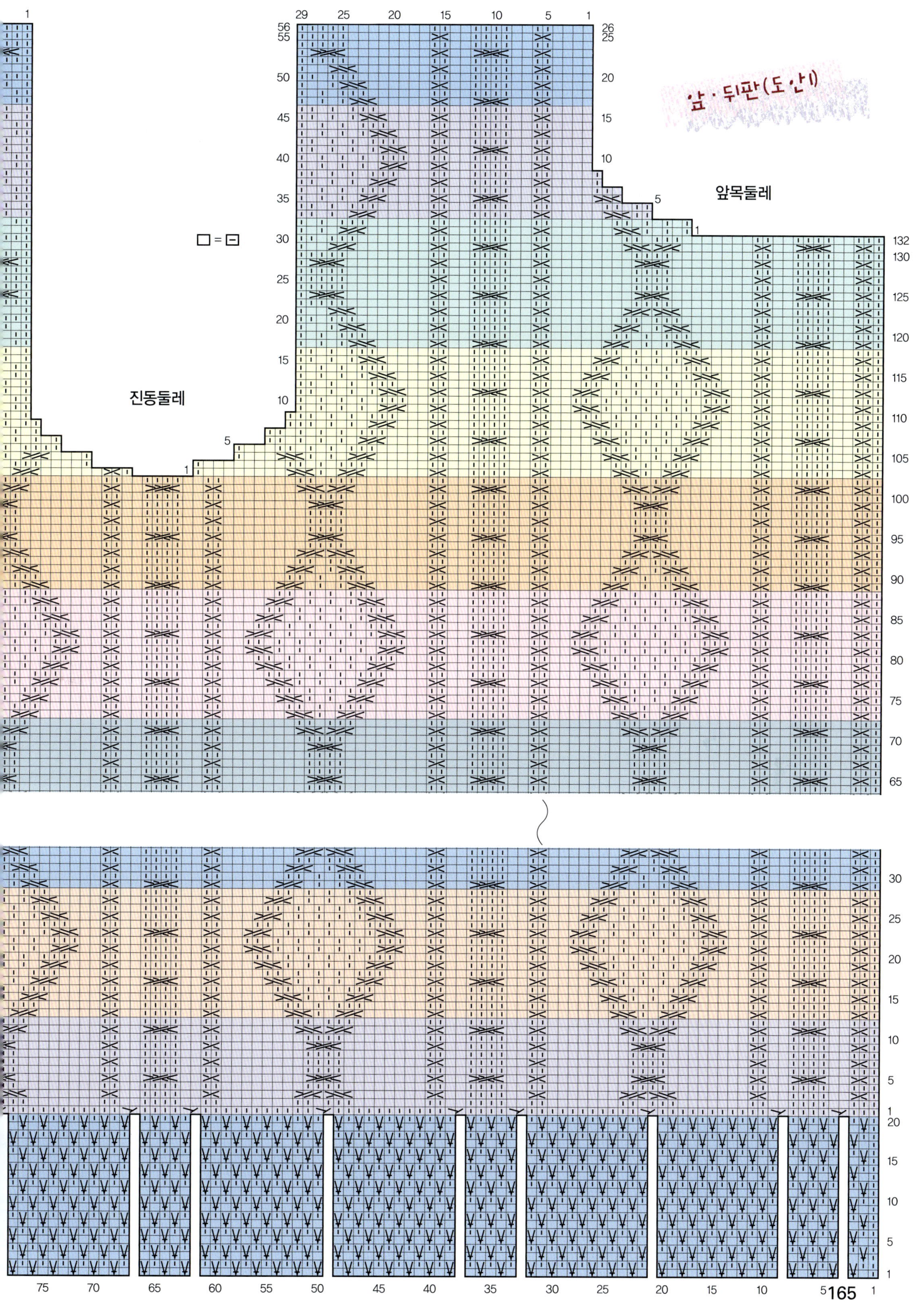
앞·뒤판(도안 I)
앞목둘레
진동둘레
□ = ⊟
165

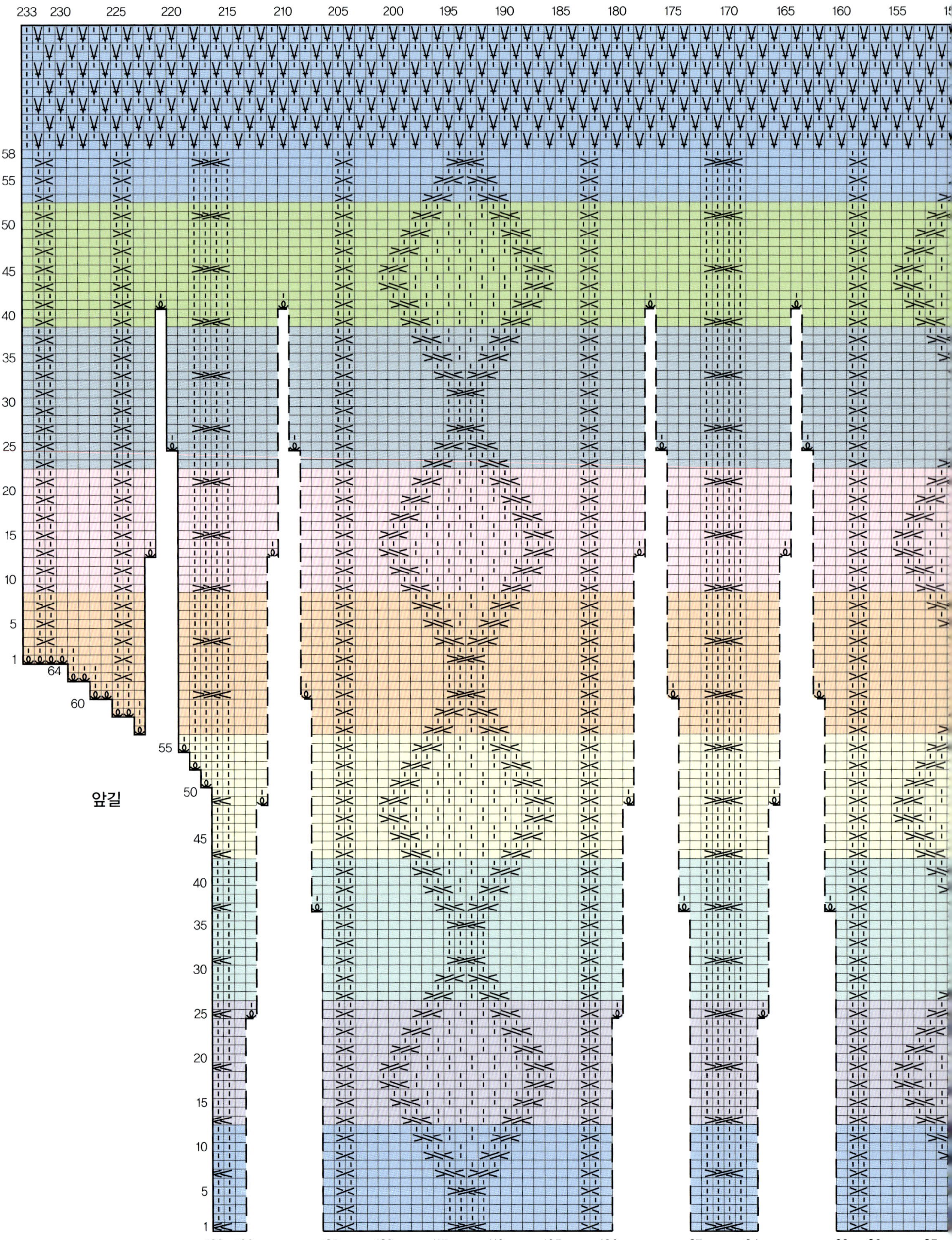

233 230 225 220 215 210 205 200 195 190 185 180 175 170 165 160 155 15
58 55 50 45 40 35 30 25 20 15 10 5 1
64 60 55 50 45 40 35 30 25 20 15 10 5 1
앞길
128 126 125 120 115 110 105 100 97 94 93 90 85

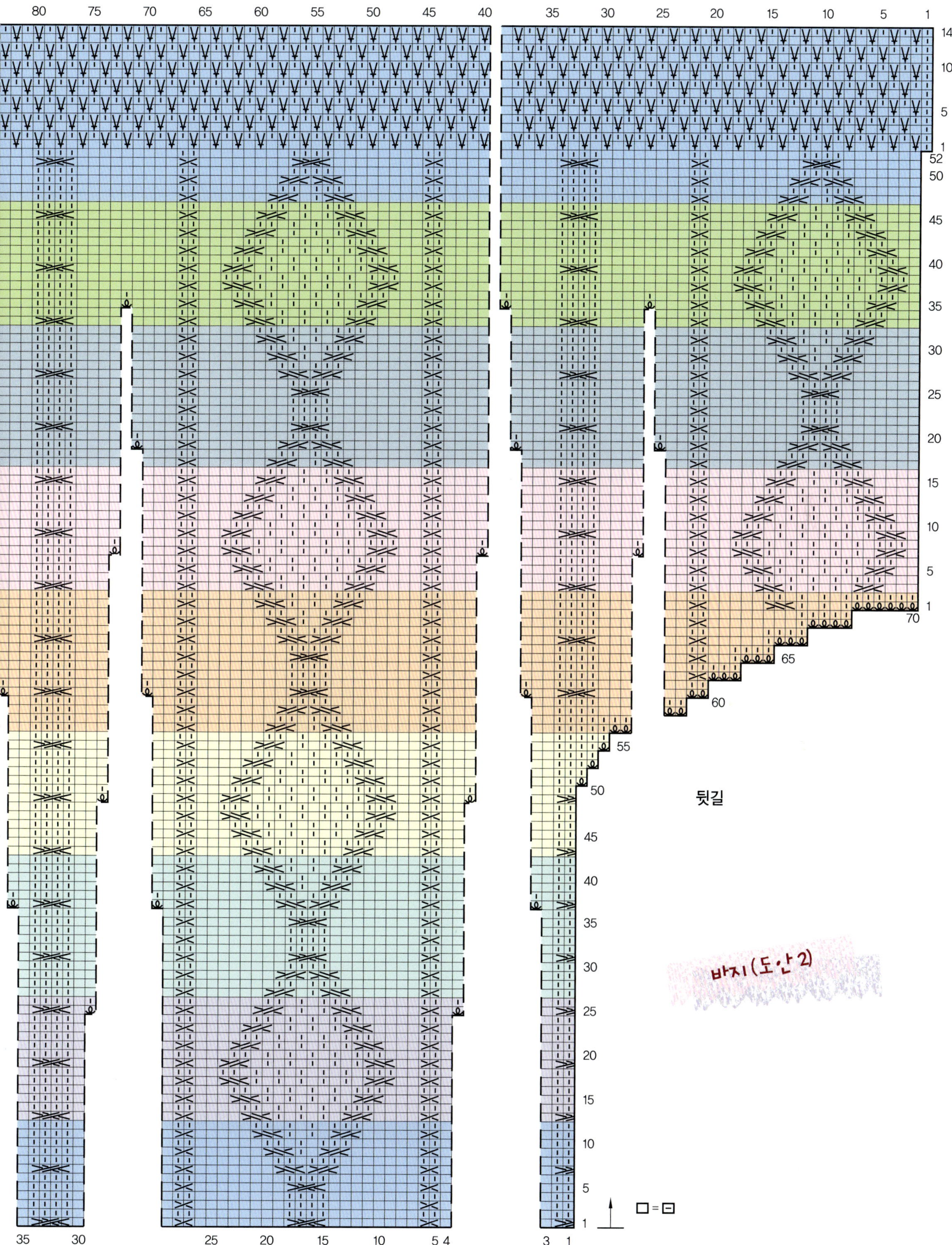

167

초록색 반코트

Green half-coat

1. 터틀넥 칼라 뜨기
2. 소매 카우스 달기
3. 밑단과 앞중심단 뜨기

08 초록색 반코트

77 size

실　실크울(초록색, 검정색)
바늘　6mm 줄바늘, 돗바늘
부속품　25mm 단추 11개, 주머니
　　　　 안감 조금

【뒤 판】

01 초록색 실크울 2올과 6mm 줄바늘로 기본코 92코를 만들어 무늬뜨기 A 5무늬＋2코로 시작해서 52단을 뜨고 양옆 가장자리에 걸림코 각 4코를 만들어 늘려준 후 38단을 떠서 주머니 입구를 만든다.

02 01까지 끝나면 늘림코 각 4코를 막음코로 마무리하고 34단을 더 뜬 뒤 양옆 가장자리를 2단마다 14코씩 늘리기 4회하여 204코가 되도록 한다.

03 204코를 평 37단 뜬 뒤 양옆 가장자리를 2단마다 8코 줄이기 4회하고, 뒤판 중심에 28코 막음한 다음 그 가장자리를 중심으로 2단마다 각각 3코, 2코, 1코 순으로 줄여 뒷목을 만드는데 그와 동시에 2단마다 9코 줄이기 4회하여 팔과 어깨 솔기를 만들고 나머지 14코는 막음코로 마무리한다.

【앞 판】

01 오른쪽 앞판은 초록색 실크울 2올과 6mm 줄바늘로 기본코 49코를 만들어 무늬뜨기 A 2무늬＋13코로 시작해서 52단을 뜨고 왼쪽에 걸림코 4코를 만들어 늘려준 후 38단을 뜬다.

02 01까지 끝나면 늘림코 4코를 막음코로 마무리하고 34단을 더 뜬 뒤 왼쪽 가장자리에 2단마다 14코 늘리기 4회하여 108코가 되도록 한다.

03 108코를 평 37단 뜬 뒤 왼쪽 가장자리를 2단마다 8코 줄이기 4회, 9코 줄이기 4회, 14코 막음코로 마무리한다.

04 앞중심 목둘레는 161단째 오른쪽 가장자리에 13코 막음한 뒤 2단마다 4코, 3코, 2코, 1코 순으로 줄여 만든다.

05 왼쪽 앞판은 01~04까지 과정을 대칭으로 작업하여 완성한다.

06 옆솔기는 주머니 입구 부분을 오픈시키고 소매까지 돗바늘로 앞, 뒤판을 이어준다. 어깨 솔기 부분도 돗바늘로 이어준다.

【칼 라】

01 목둘레에 초록색 실크울 2올과 6mm 줄바늘로 96코를 주워 무늬뜨기 A 5무늬＋6코로 시작해서 평 60단을 떠서 마무리한다.

【단뜨기】

01 앞중심과 목둘레, 밑단까지 검정색 실크울 2올과 6mm 줄바늘로 510코를 주워 메리야스뜨기 10단을 뜨고 막음코로 마무리하는데 오른쪽 앞단 쪽에 단춧구멍 7개를 만들어 준다.

02 소매 카우스를 초록색 실크울로 도안 4를 참고하여 2장 만들어 소매

끝 어깨 솔기 방향에 돗바늘로 달아주고, 카우스와 진동둘레까지 검정색 실크울 2올과 6mm
줄바늘로 110코를 주워 메리야스뜨기 8단을 뜨고 막음코로 마무리하여 완성한다.

03 주머니 속은 안감으로 2장 만들어 주머니 입구에 달아준다.

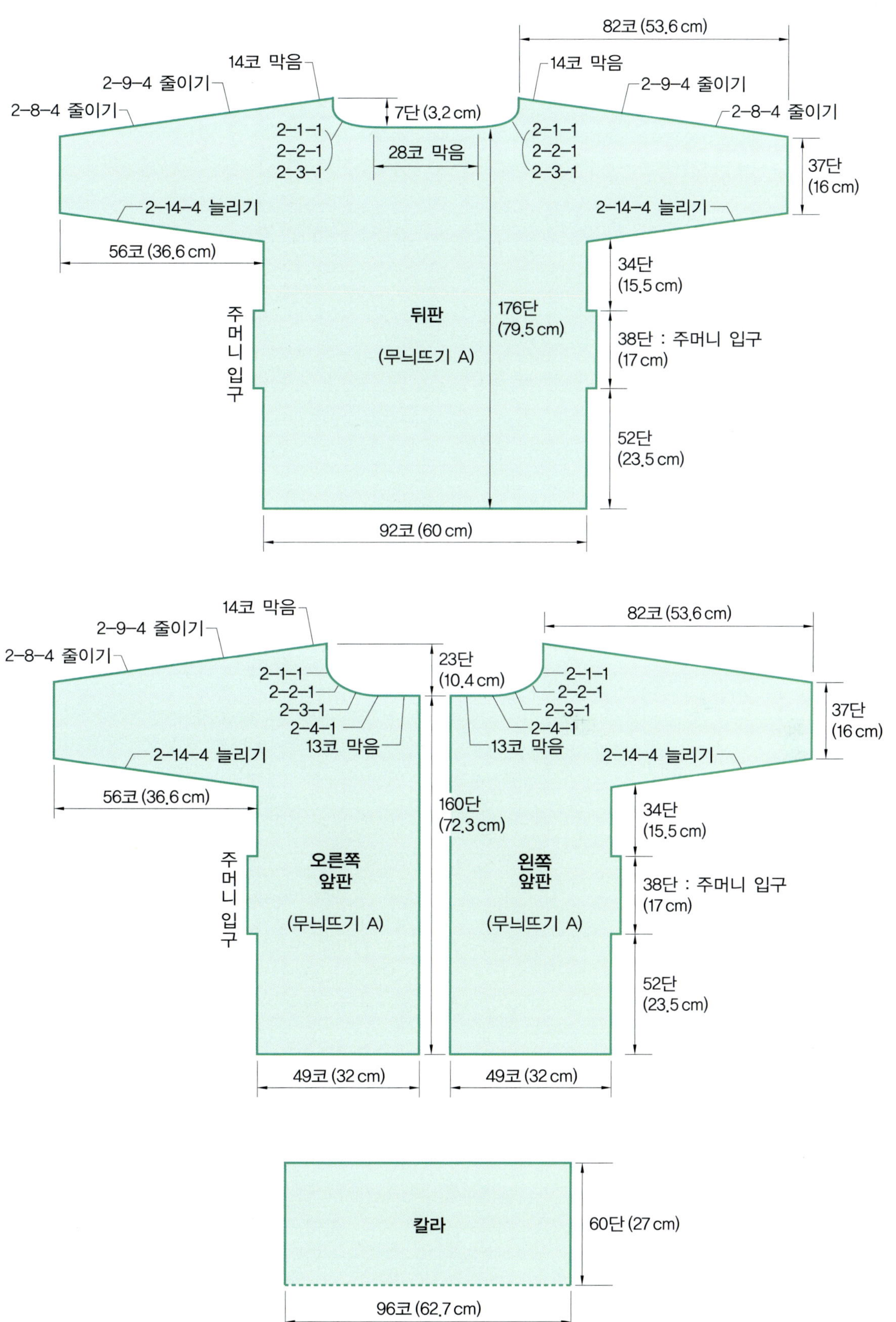

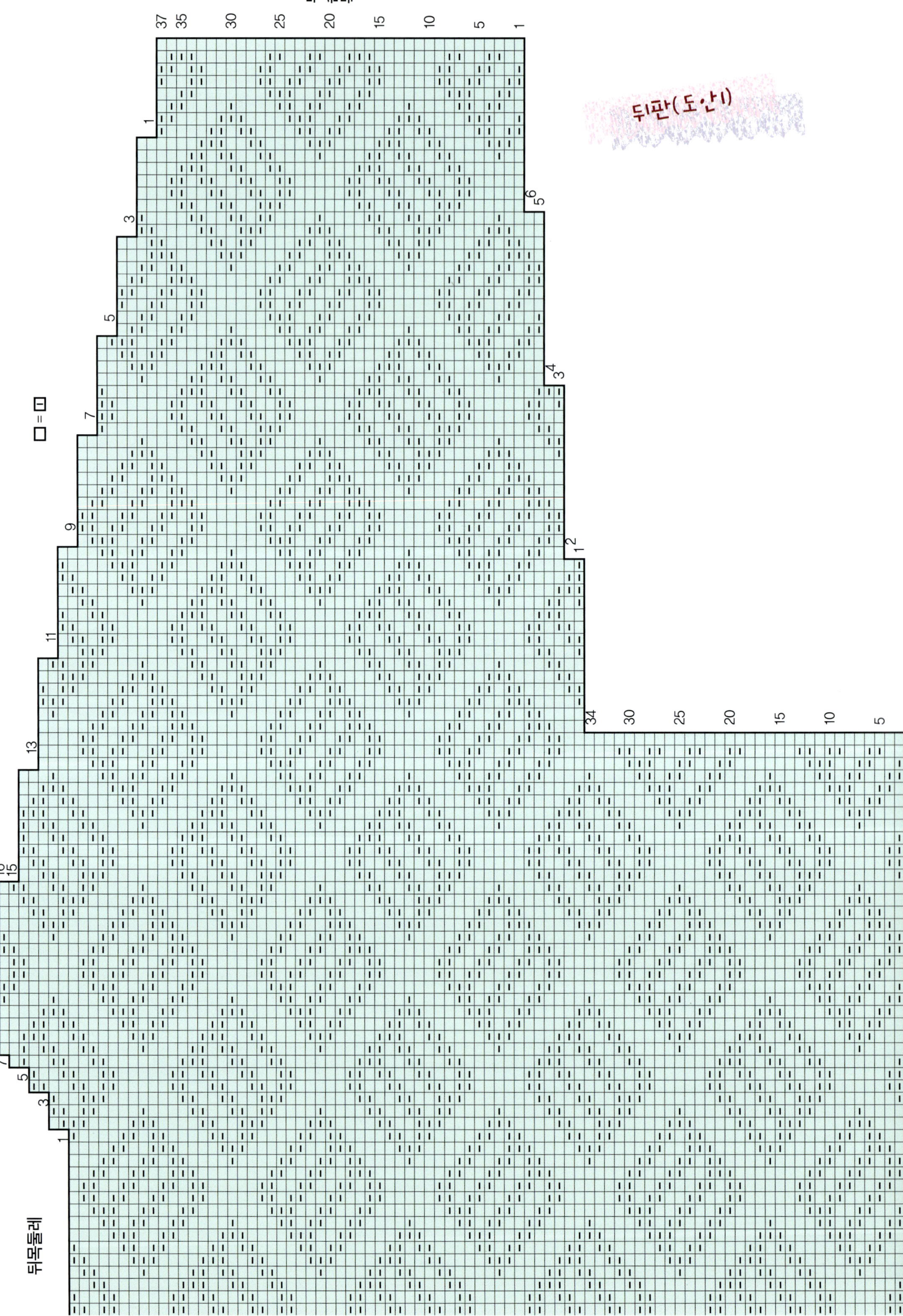
뒤선머
뒤판(도·안)
□=□
뒤목둘레
뒤판(도·안)

무늬뜨기 A (18코 18단 1무늬)   □ = □

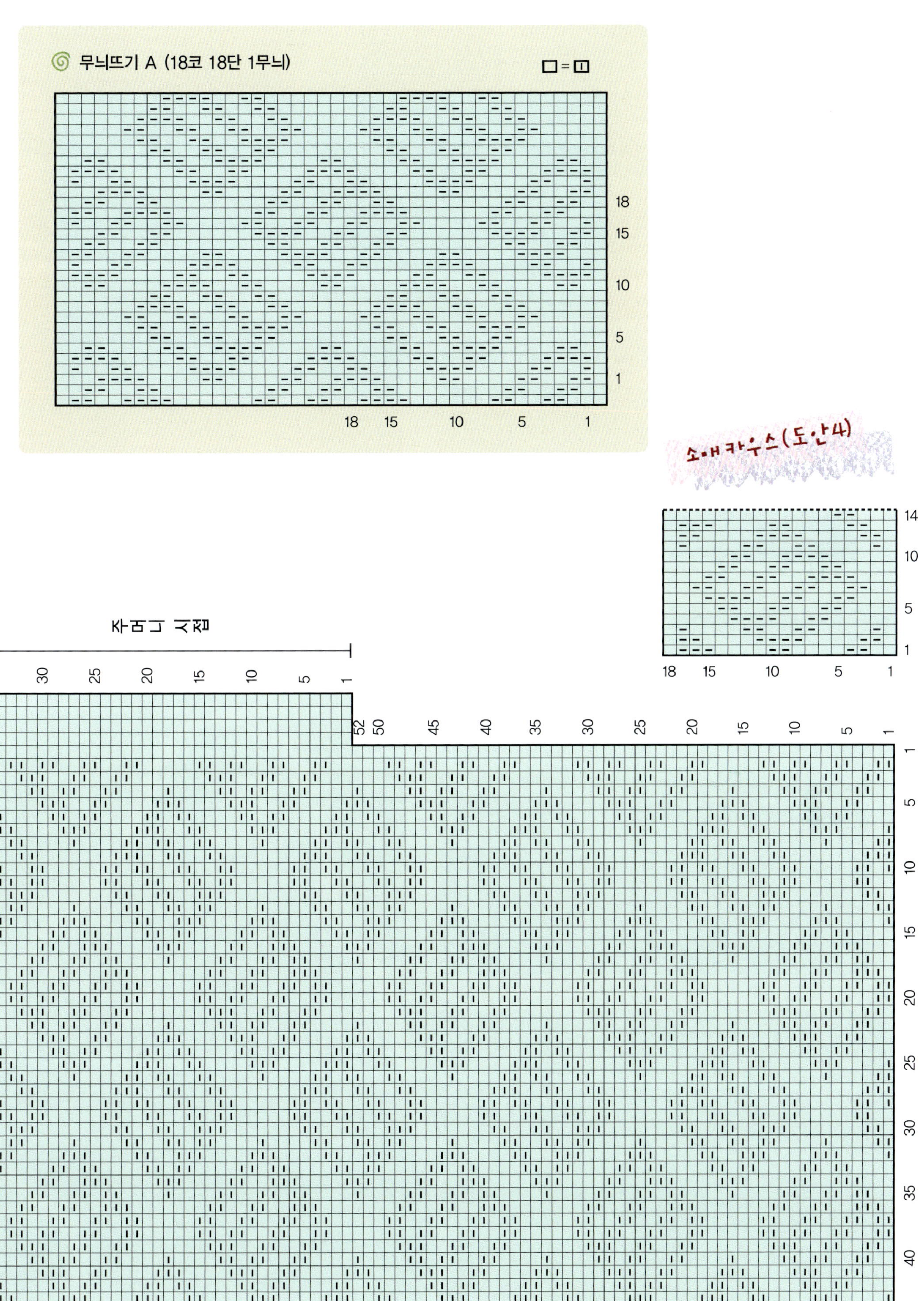

메리·수
37 35 30 25 20 15 10 5 1
칼라 (도·안3)
앞판 (도·안2)
뒷목둘레
앞목둘레
160 155 150 145 140 135 130 125 120 115 110 105 100 95
96 95 90 85

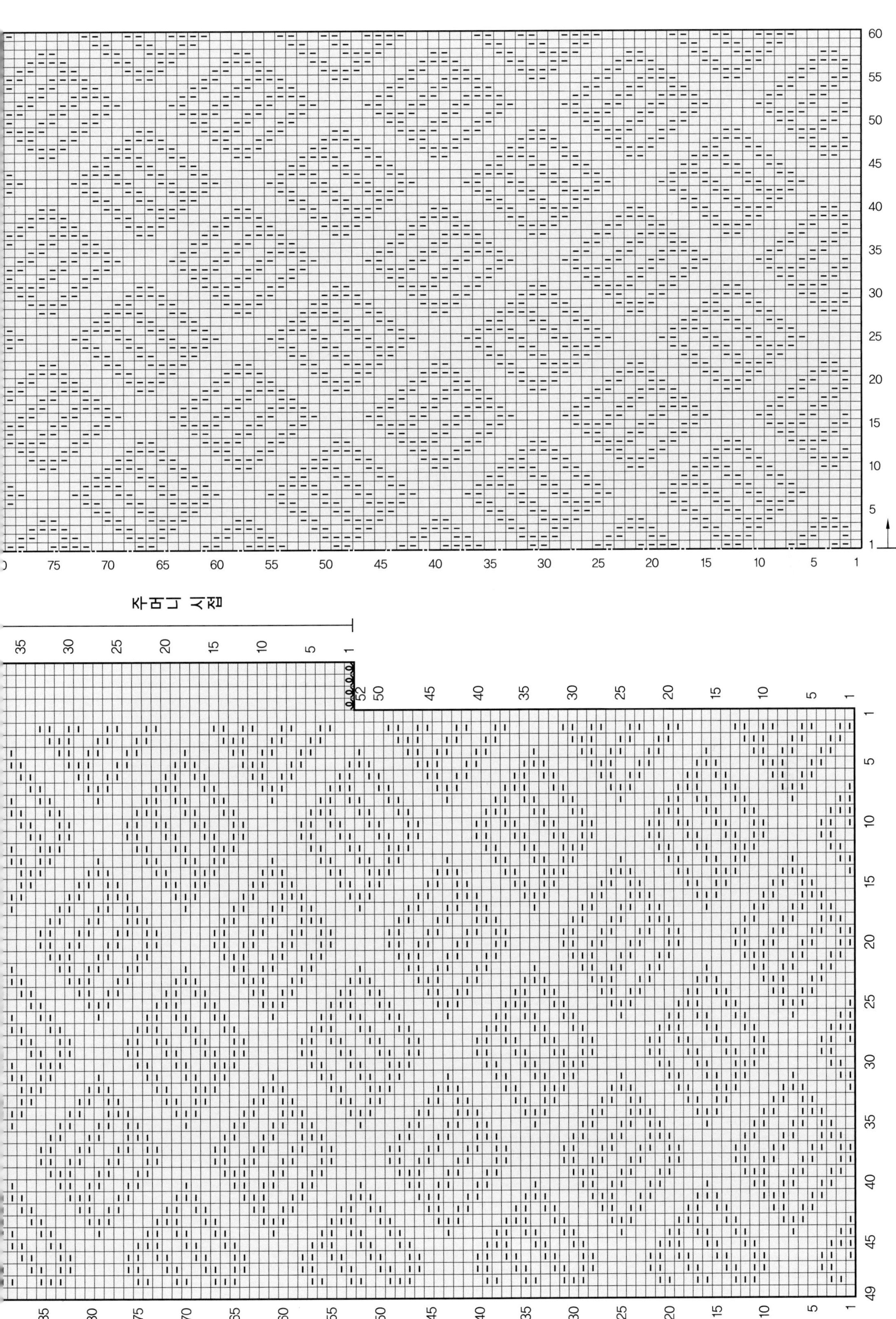
차트 시작

백색무늬 여자 폴라티셔츠

백색무늬 여자 폴라티셔츠

Coloration women's turtle neck-shirt

1. 터틀넥 칼라 뜨기 및 앞판 무늬뜨기
2. 몸판에 소매 달기
3. 셔츠 밑단 뜨기 및 끈 달기

배색무늬 여자 폴라티셔츠

완성 치수

66 size

재료와 도구

실	실크울(밤색), 슈퍼워시(노란색), 메리노펄(진회색, 연회색), 7-PLY(검정)
바늘	3.5mm, 4mm, 4.5mm, 5mm 줄바늘, 돗바늘, 코바늘 7호
부속품	풀어낼 밑실 조금

【뒤 판】

01 뒤판은 밑실과 4.5mm 줄바늘을 이용하여 90코를 만들고 노란색과 연회색 실을 걸어 메리야스뜨기를 시작한다. 색 배색은 도안 1을 참고하여 뜬다.

02 뒤판 진동둘레는 양옆을 각각 4코 막음한 뒤 2단마다 3코-1회, 2코-2회, 1코-1회 순으로 줄여 66코를 평 46단 뜨고 마무리한다.

【앞 판】

01 앞판은 밑실과 4.5mm 줄바늘을 이용하여 100코를 만들고 노란색과 연회색을 걸어 메리야스뜨기를 시작한다. 색 배색은 도안 2를 참고하여 뜬다.

02 앞판 진동둘레는 양옆을 각각 6코 막음한 뒤 2단마다 4코, 3코, 2코, 1코 순으로 1회씩 줄여 68코를 평 37단 뜬다.

03 02까지 되면 앞목둘레를 만드는데 중심 12코를 막음한 뒤 양옆을 각각 4코, 3코, 2코, 1코 순으로 줄여 양 어깨코를 각각 18코로 만들어 평 22단을 뜨고 마무리한다.

04 앞, 뒤판 어깨와 옆솔기를 돗바늘로 꿰매준다.

【단뜨기】

01 밑단은 검정색 실과 4.5mm 줄바늘로 밑실 시작 부분에 앞, 뒤판을 연결해 원통으로 190코를 주워 메리야스뜨기를 하고, 앞판 중심 부분에 7단째 구멍뜨기를 해 끈 넣을 구멍을 만들어 준다. 메리야스뜨기 24단을 뜬 뒤 접어 처음 시작 부분에 돗바늘로 감침질하여 완성하고 밑실은 풀어 낸다.

02 목단은 3.5mm 줄바늘과 검정색 실로 120코를 주워 1코 고무뜨기를 원통뜨기로 15단을 뜨고, 4mm 줄바늘과 바꿔 3단을 뜬 뒤 앞중심에 1코를 늘려주고 오픈시켜 7단을 더 뜬 후, 4.5mm 줄바늘로 바꿔 10단, 5mm 줄바늘로 바꿔 10단을 뜬 다음 돗바늘로 마무리한다.

【소 매】

01 소매는 밑실과 4.5mm 줄바늘로 50코를 만들어 노란색과 연회색 실로 배색하여 평 12단을 뜬 뒤 8단마다 양옆을 각각 1코씩 늘리기 14회를 한다. 배색뜨기는 도안 3과 도안 4를 참고하여 뜬다.

02 소매산은 양옆 가장자리를 각각 6코 막음한 뒤 2단마다 3코, 2코, 1코-12회, 2코, 3코 순으로 줄여주고 나머지코는 막음코로 막음한다.

03 소매 밑단은 시작 밑실 부분에 4.5mm 줄바늘과 검정실로 50코를 주워 메리야스뜨기 22단을 뜨고
접어 시작했던 부분에 감침질하고 밑실을 풀어 낸다.

04 소매 옆솔기를 돗바늘로 꿰맨 후 몸판에 달아 완성한다.

05 코바늘 7호와 검정색 실을 이용해 사슬뜨기 끈을 떠서 앞판 중심에 낸 구멍에 끼워 넣어 장식끈으로
사용한다.

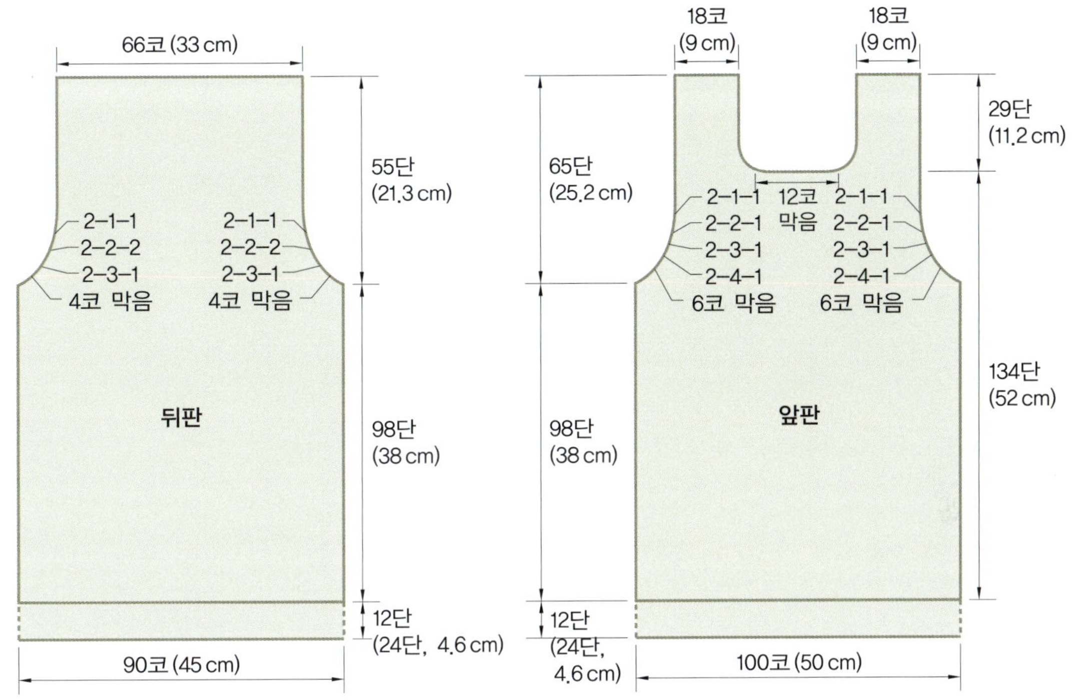
66코 (33 cm)
18코 (9 cm)   18코 (9 cm)
55단 (21.3 cm)
65단 (25.2 cm)
29단 (11.2 cm)
2-1-1   2-1-1
2-2-2   2-2-2
2-3-1   2-3-1
4코 막음   4코 막음
2-1-1   12코   2-1-1
2-2-1   막음   2-2-1
2-3-1   2-3-1
2-4-1   2-4-1
6코 막음   6코 막음
뒤판
앞판
98단 (38 cm)
98단 (38 cm)
134단 (52 cm)
12단 (24단, 4.6 cm)
12단 (24단, 4.6 cm)
90코 (45 cm)
100코 (50 cm)

Couple T-shirts
2-3-1   2-3-1
2-2-1   2-2-1
2-1-12   2-1-12
2-2-1   2-2-1
2-3-1   2-3-1
6코 막음   6코 막음
34단 (13.2 cm)
소매
124단 (48 cm)
8-1-14
늘리기
평 12단
11단 (22단, 4.2 cm)
50코 (25 cm)
78코 (39 cm)

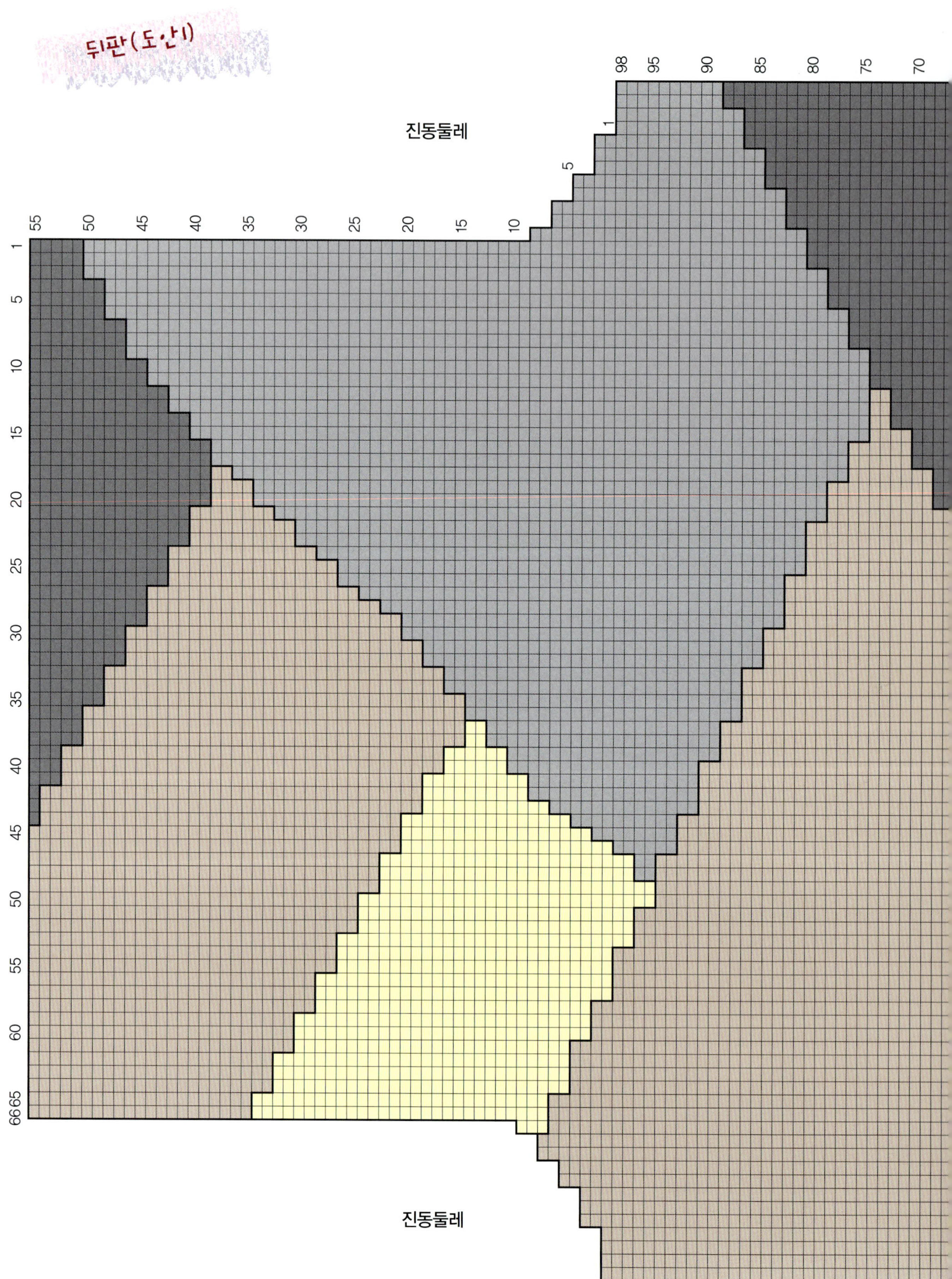

뒤판(도안1)
진동둘레
진동둘레

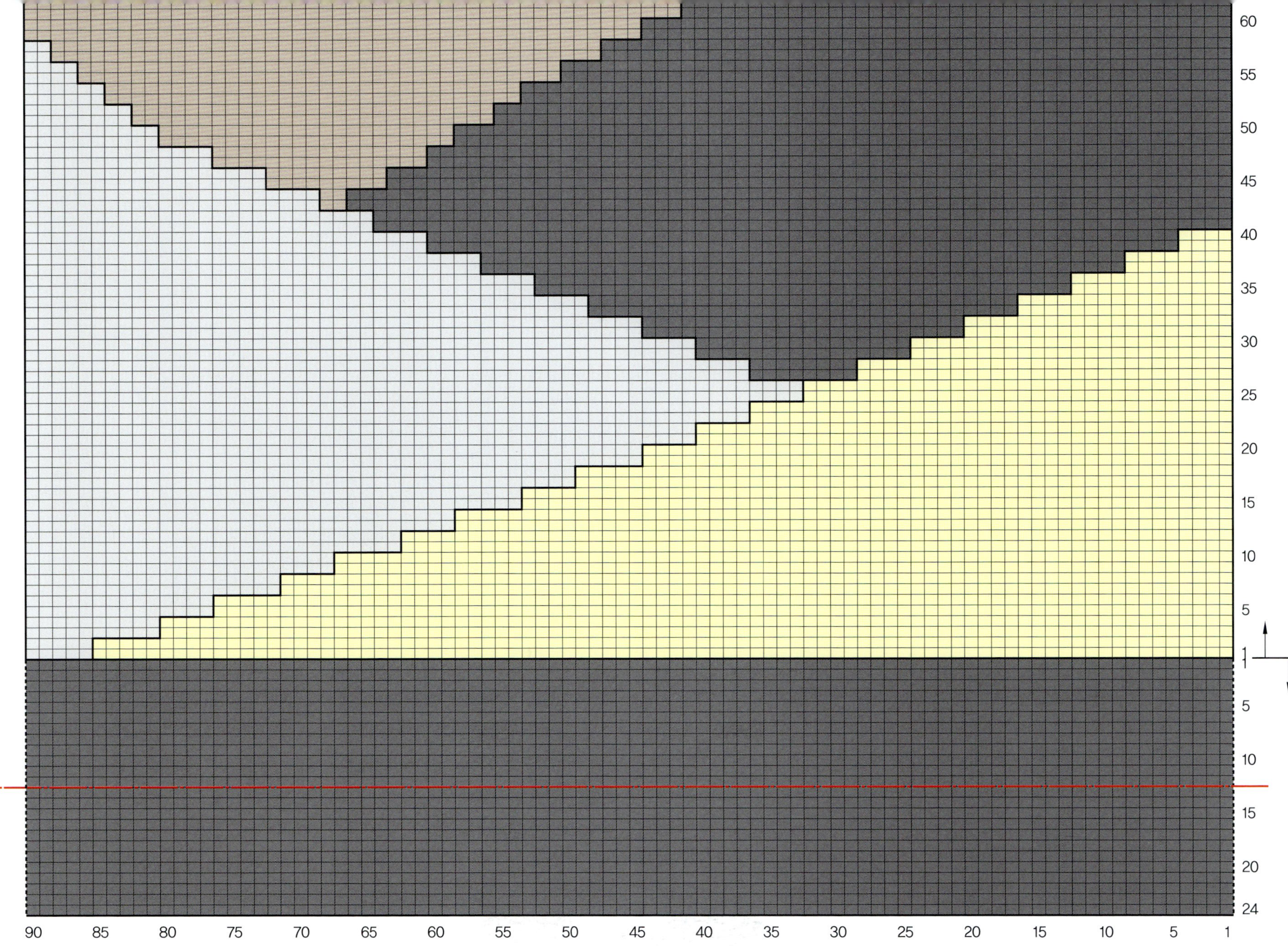

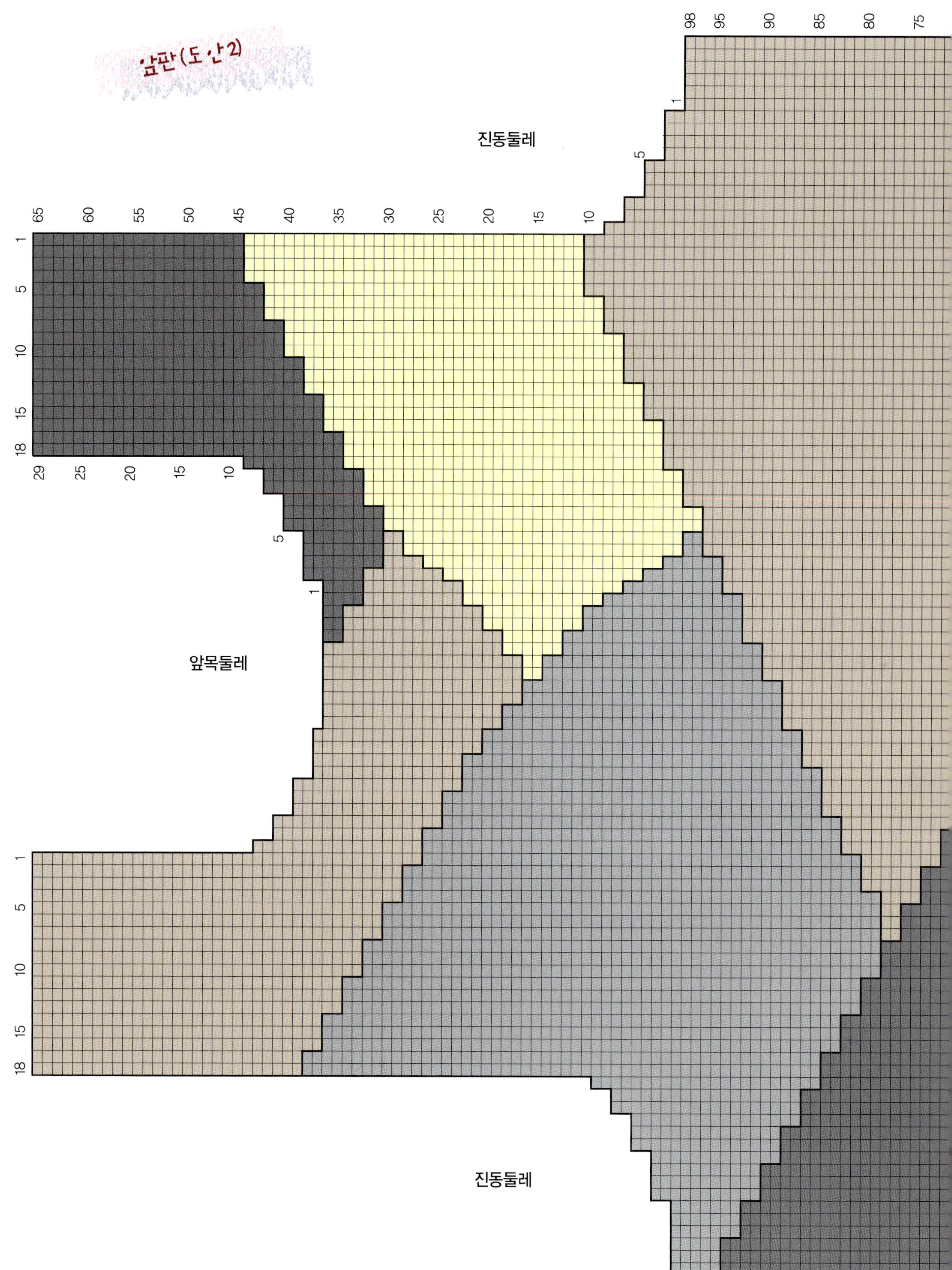
앞판(도안2)
진동둘레
앞목둘레
진동둘레

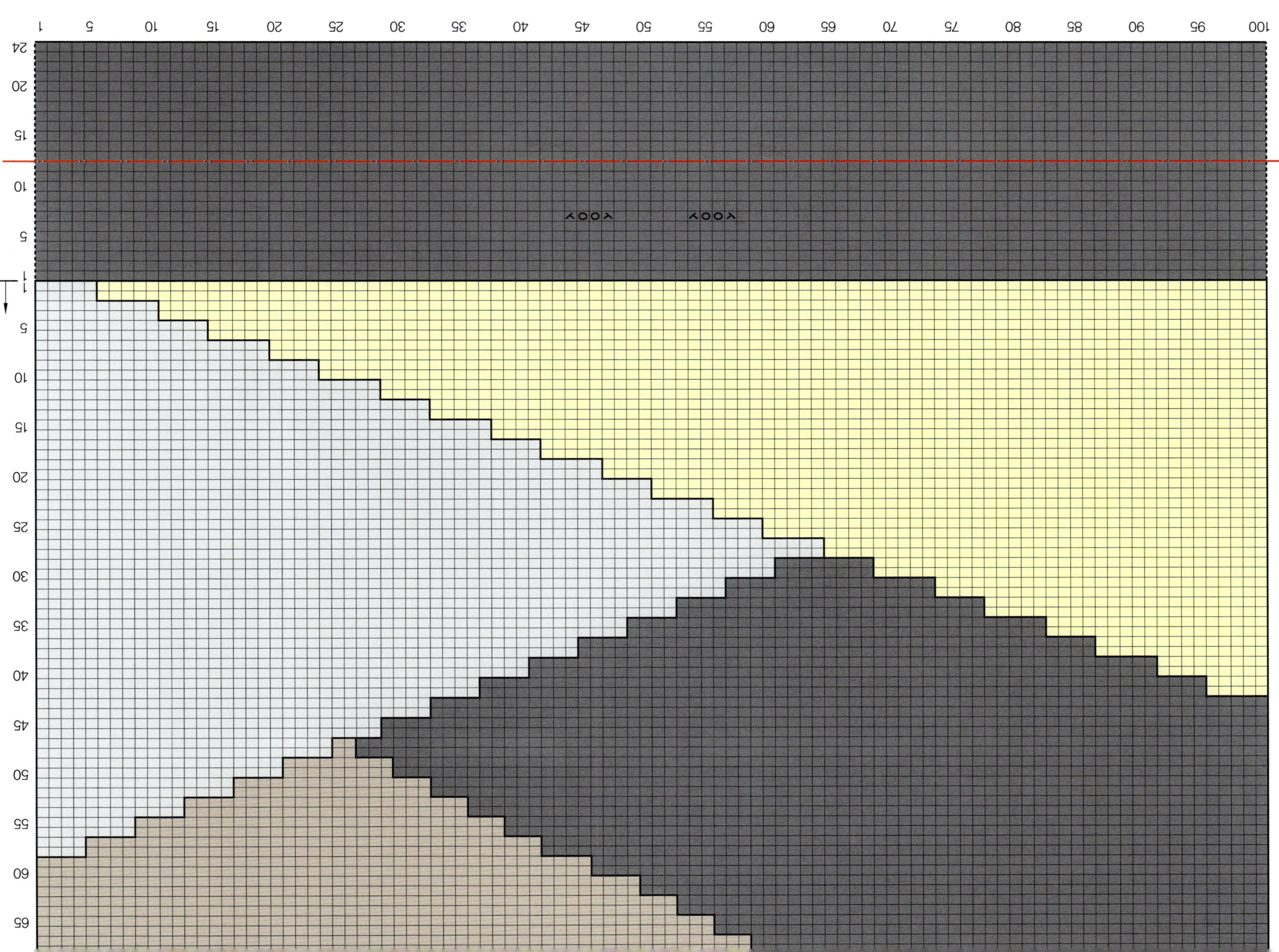

YOOY   YOOY

오른쪽 소매(도안 3)

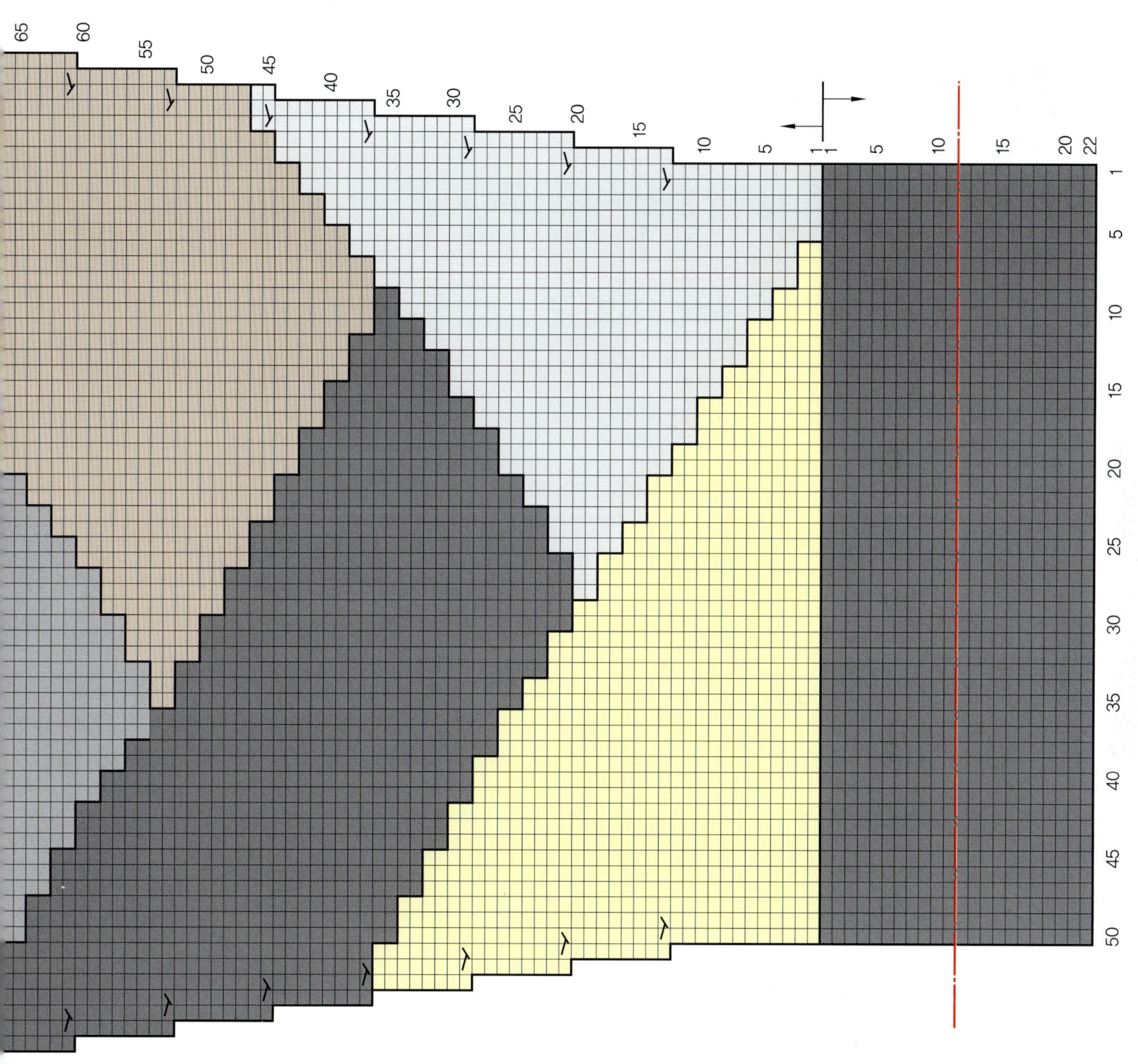

※ 왼쪽 소매는 무늬를 반대로 뜨면 된다.

백색무늬 남자 폴라티셔츠

Coloration men's
turtle neck-shirt

1. 터틀넥 칼라 뜨기 및 앞판 무늬뜨기
2. 몸판에 소매 달기
3. 셔츠 밑단 뜨기 및 끈 달기

 10 배색무늬 남자 폴라티셔츠

【뒤 판】

01 뒤판은 밑실과 4.5mm 줄바늘을 이용해 120코를 만들어 미색과 검정색 실을 걸어 메리야스뜨기를 시작한다. 색 배색은 도안 1을 참고하여 뜬다.

02 뒤판 진동둘레는 양옆 각각 10코 막음한 뒤 2단마다 4코, 3코, 2코, 1코 순으로 줄여 80코를 만들어 평 55단을 뜬 후 뒤목둘레를 만드는 데 양 어깨코 각 25코씩 평 6단을 뜨고 마친다.

【앞 판】

01 앞판은 뒤판 01과 같이 시작하고 진동둘레 만들기도 뒤판과 같이 줄인 뒤 평 37단을 뜨고 앞목둘레를 만든다.

02 앞목둘레는 중심에 10코 막음한 뒤 그 가장자리를 각각 2단마다 4코, 3코, 2코, 1코 순으로 줄여 양 어깨코 각 25코가 되도록 하고 평 16단을 뜨고 마친 뒤 뒤판 어깨와 마주 붙이고, 옆솔기도 돗바늘로 꿰매준다(도안 2 참고).

【단뜨기】

01 밑단은 밤색 실과 4.5mm 줄바늘로 밑실 시작 부분에 앞, 뒤판을 연결해 원통으로 240코를 주워 메리야스뜨기를 하는데 앞판 중심에 7단째 구멍뜨기를 해 끈 넣을 구멍을 만들어 준다. 메리야스뜨기 24단을 다 뜨면 처음 시작 부분에 접어 돗바늘로 감침질하여 완성하고 밑실은 풀어 낸다.

02 목단은 3.5mm 줄바늘과 밤색실로 130코를 주워 1코 고무뜨기를 원통뜨기로 13단을 뜨고 4mm 줄바늘로 바꿔 11단을 뜬 뒤, 앞중심에 1코를 늘려주고 오픈시켜 2단 더 뜬 다음, 4.5mm 줄바늘로 바꿔 13단, 5mm 줄바늘로 바꿔 13단 뜬 뒤 돗바늘로 마무리한다.

【소 매】

01 소매는 밑실과 4.5mm 줄바늘로 52코를 만들어 검정색 실을 걸어 뜨다 배색뜨기를 하는데 배색은 도안 3을 참고한다.

02 소매 옆솔기는 평 18단을 뜨다 양옆 가장자리를 각각 8단마다 1코 늘리기 16회하고, 소매산은 양옆 가장자리를 각각 6코 막음한 뒤 2단마다 3코, 2코, 1코－15회, 2코, 3코 순으로 줄여주고 나머지는 막음코로 마무리한다.

03 소매 밑단은 시작 밑실 부분에 4.5mm 줄바늘과 밤색 실로 52코를 주워 메리야스뜨기 22단을 뜬 뒤 접어 시작했던 부분에 감침질하고 밑실을 풀어 낸다.

【장식끈】

01 코바늘 7호와 밤색 실을 이용해 사슬뜨기로 끈을 떠서 앞판 중심에 낸 구멍에 끼워 넣어 장식끈으로 사용한다.

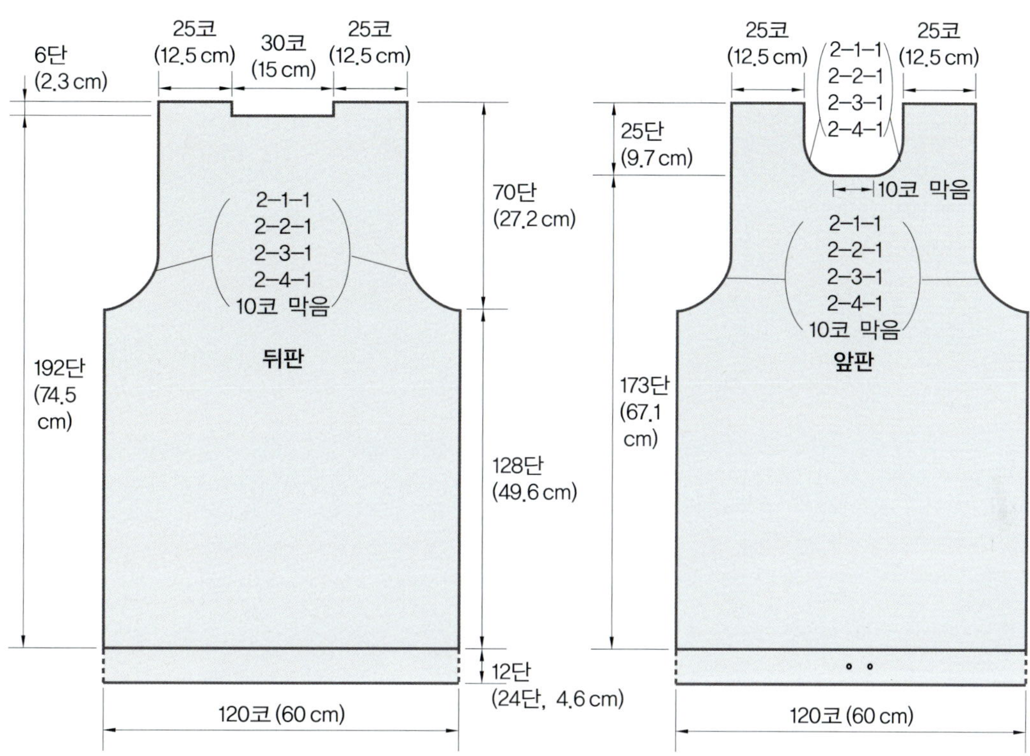

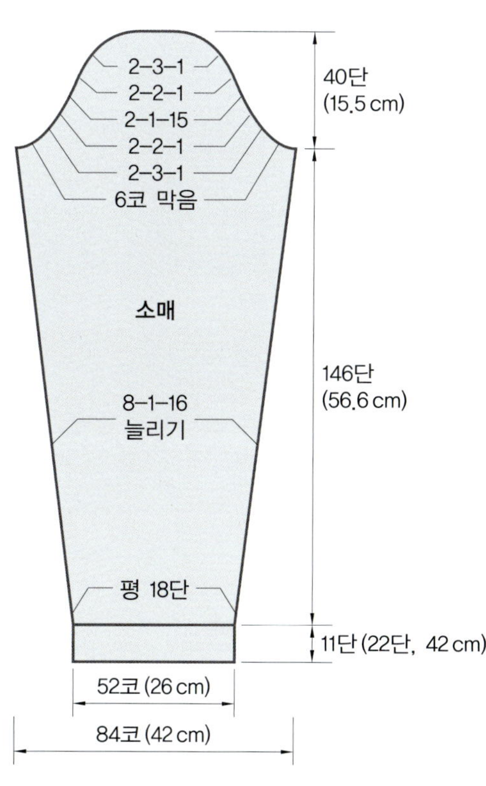

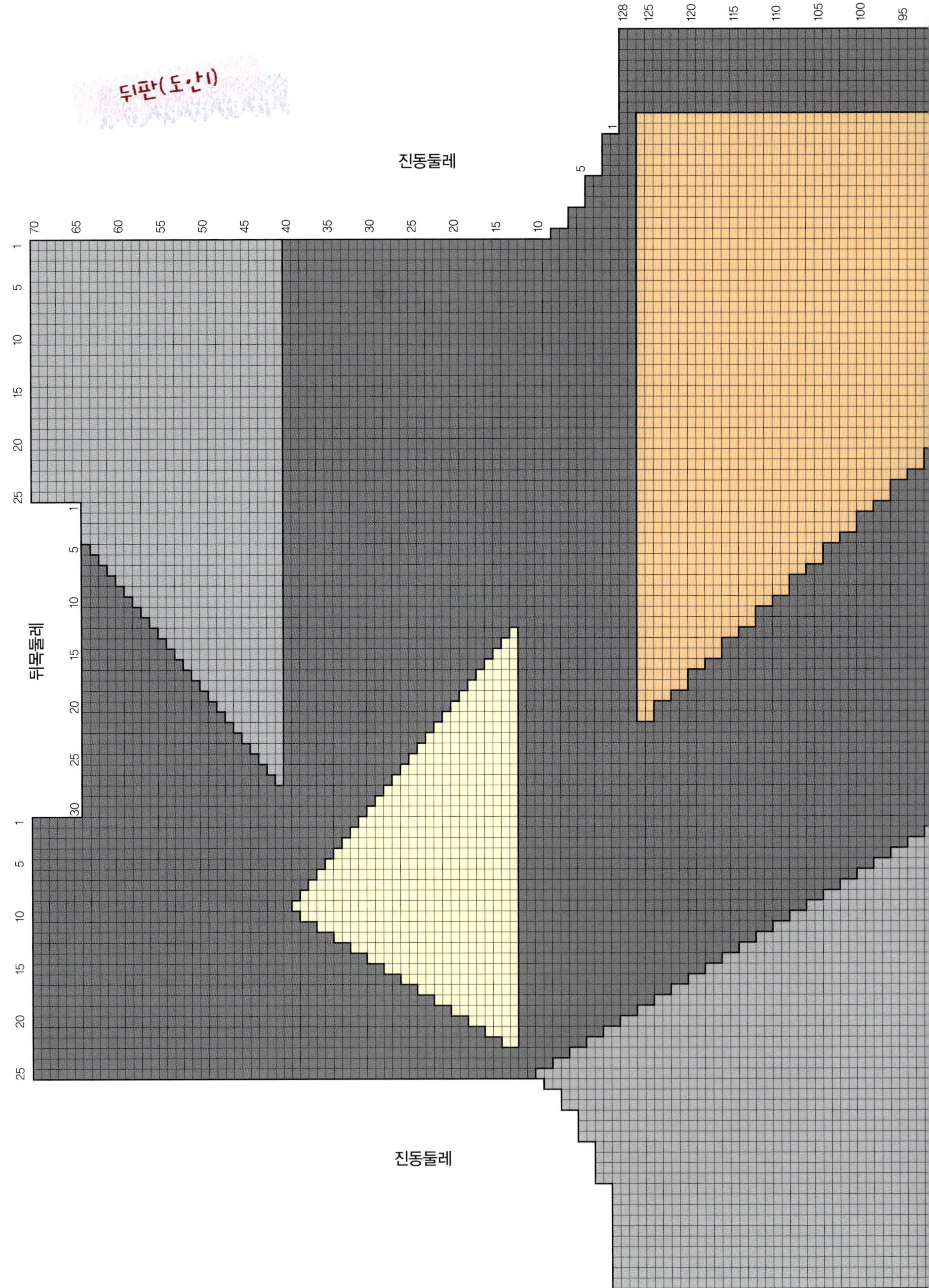

뒤판(도안1)
진동둘레
위목둘레
진동둘레

앞판(도안2)
앞목둘레
진동둘레
25 20 15 10 5 1
120 115 110 105 100 95 90 85 80 75 70 65 60

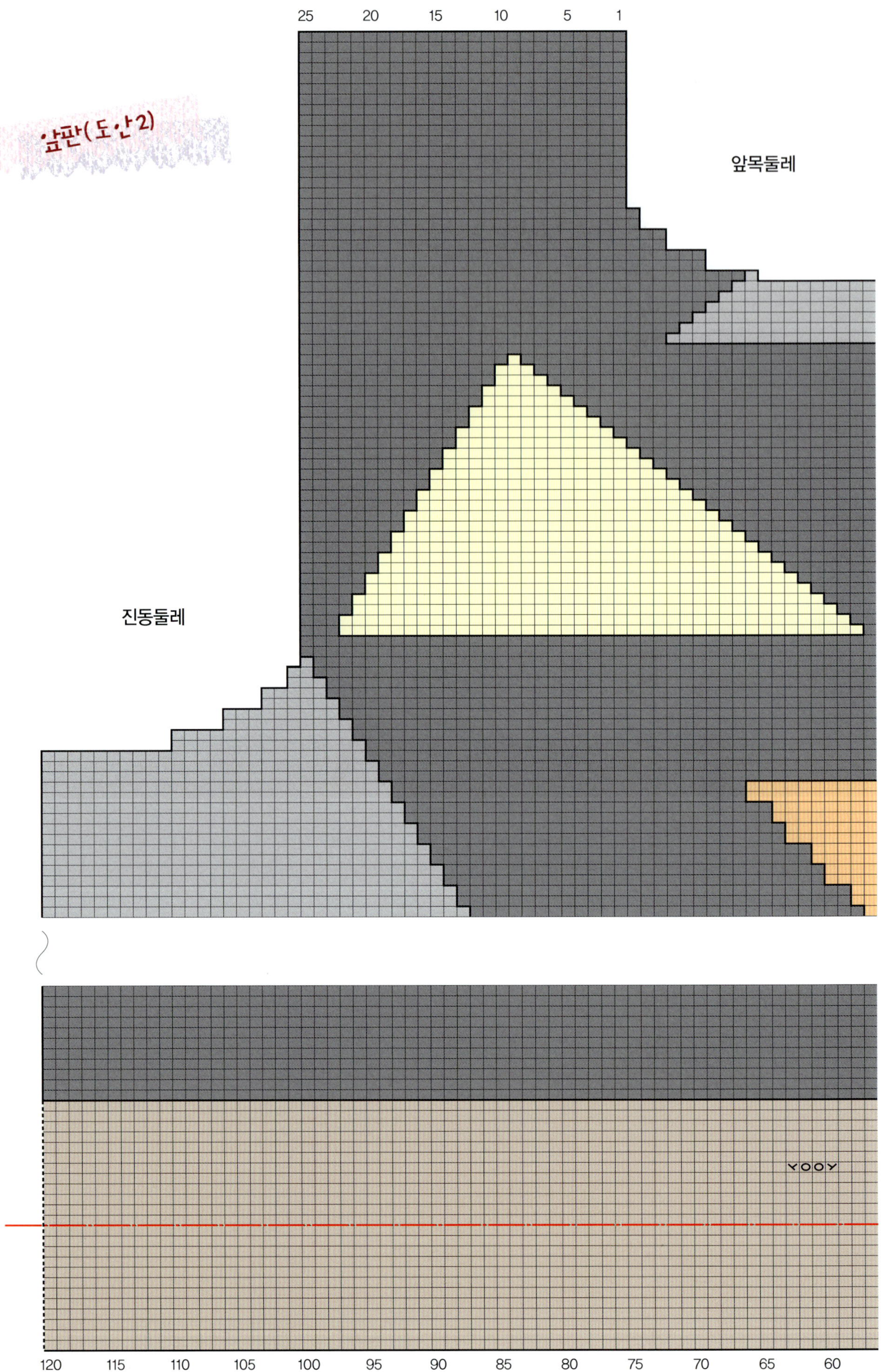

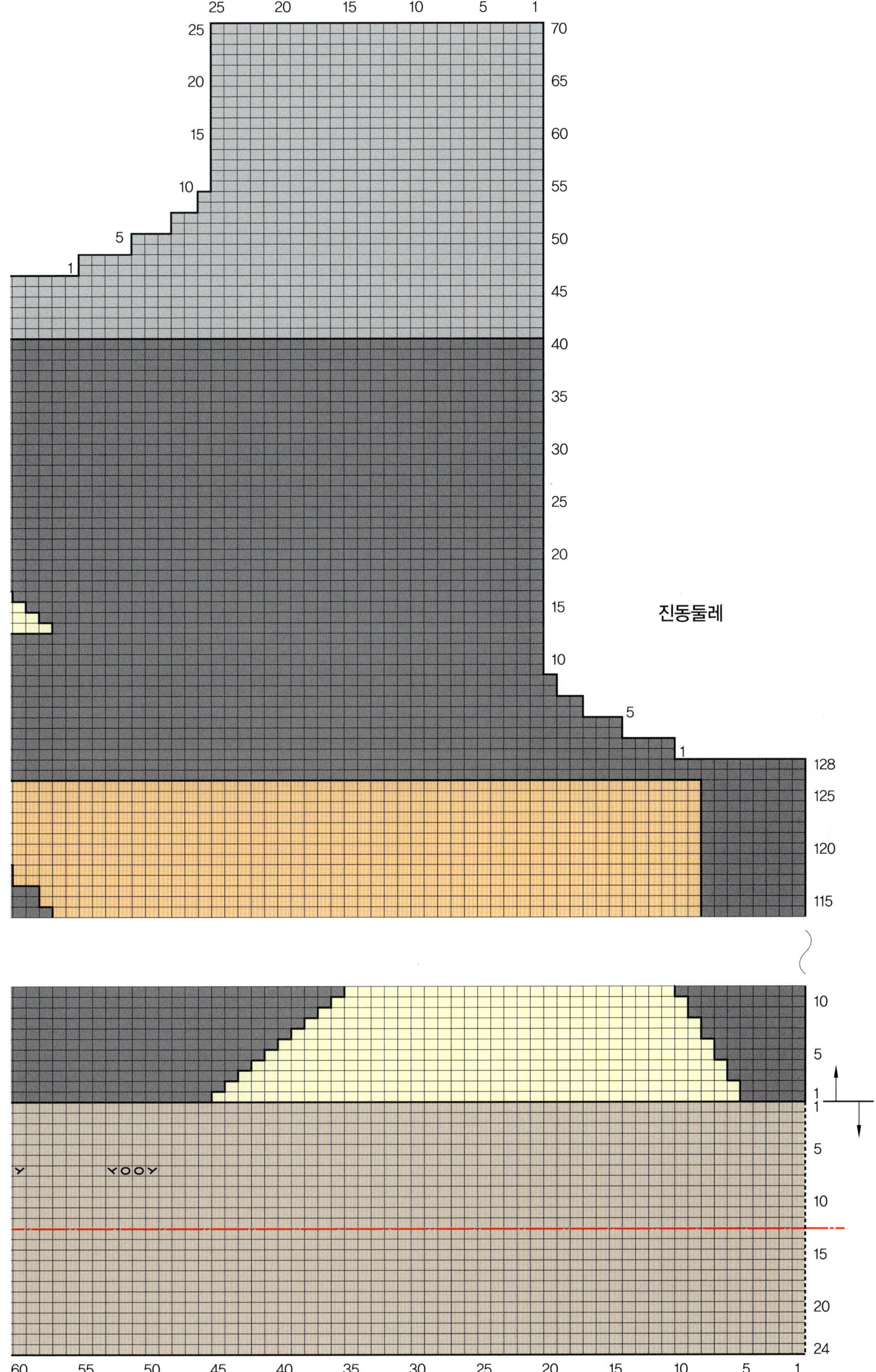
진동둘레

소매(도안3)

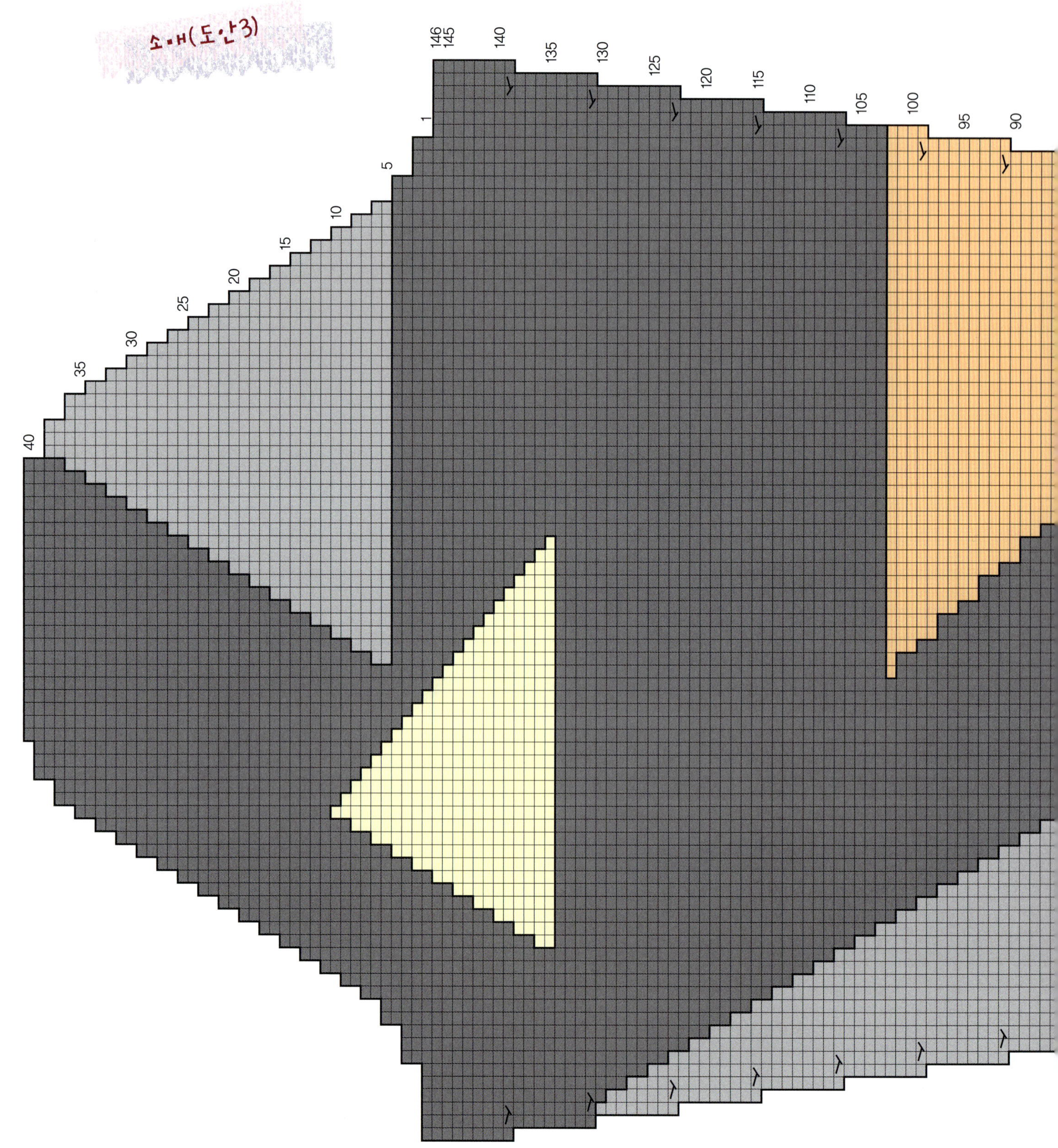
146
145
140
135
130
125
120
115
110
105
100
95
90
1
5
10
15
20
25
30
35
40

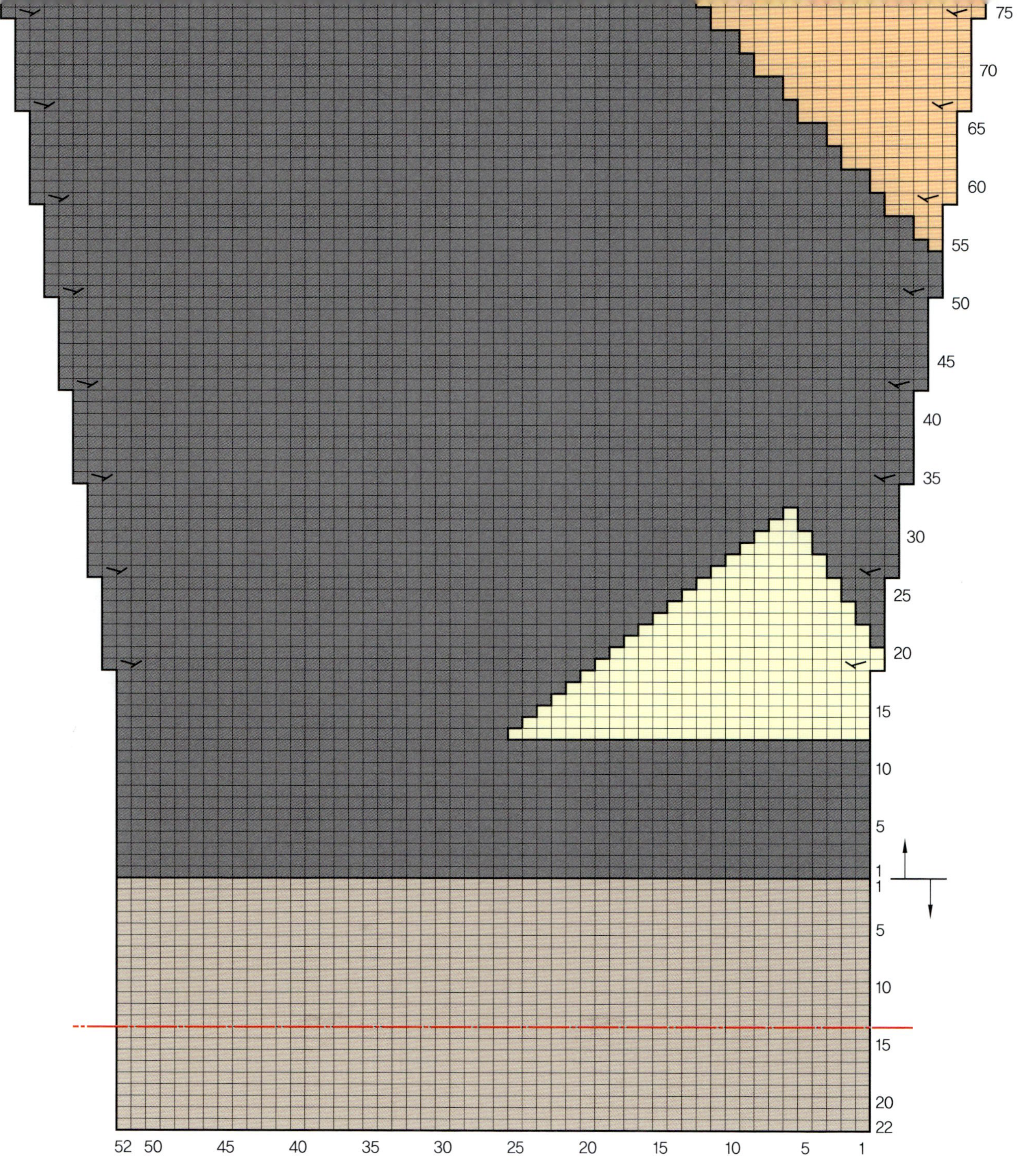

보라색 나염 주머니 숄

보라색 나염 주머니 숄

Violet mixing
pocket shawl

1. 숄 하단의 주머니 뜨기
2. 숄 시작 단뜨기
3. 숄 전체 무늬뜨기

 11 보라색 나염 주머니 숄

뜨는 방법

01 4mm 줄바늘과 실을 사용해서 흔들코 57코를 만들어 1코 고무뜨기 34단을 뜬다.

02 01이 끝나면 5mm 줄바늘로 바꾸어 29코를 늘려 86코로 만든다.

03 도안 1을 참고하여 무늬뜨기를 하고 45단째는 중심 42코를 1코 고무뜨기로 6단을 뜨고 난 뒤 42코만 돗바늘로 마감하고, 무늬뜨기 시작 부분에서 44코를 중심에서 주워 50단을 무늬뜨기해 준 뒤 전체 51단째 앞쪽 판과 연결하여 한 판이 되게 뜬다. 주머니 옆솔기 오픈된 곳은 돗바늘로 감침질한다.

04 주머니 부분에 42코 흔들코를 만들어 1코 고무뜨기 6단을 떠준다. 무늬뜨기 354단에 먼저 떠준 1코 고무뜨기를 본판에 대주고 중심 42코를 뒤로 빼어 따로 떠서 주머니 속으로 이용한다. 394단째는 겉과 안 주머니를 같이 떠서 붙여주고, 주머니 옆솔기 오픈된 곳은 돗바늘로 감침질해서 완성한다.

05 04까지 끝나면 4mm 줄바늘로 바꾼 후 29코를 줄여 57코가 되도록 하여 1코 고무뜨기 34단을 뜨고 돗바늘로 꿰매 완성한다.

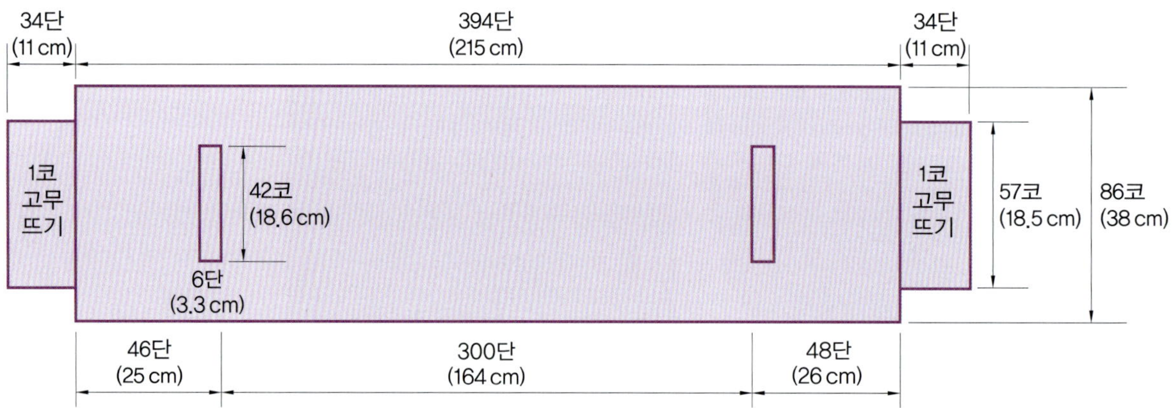

몸 (도·안 I)

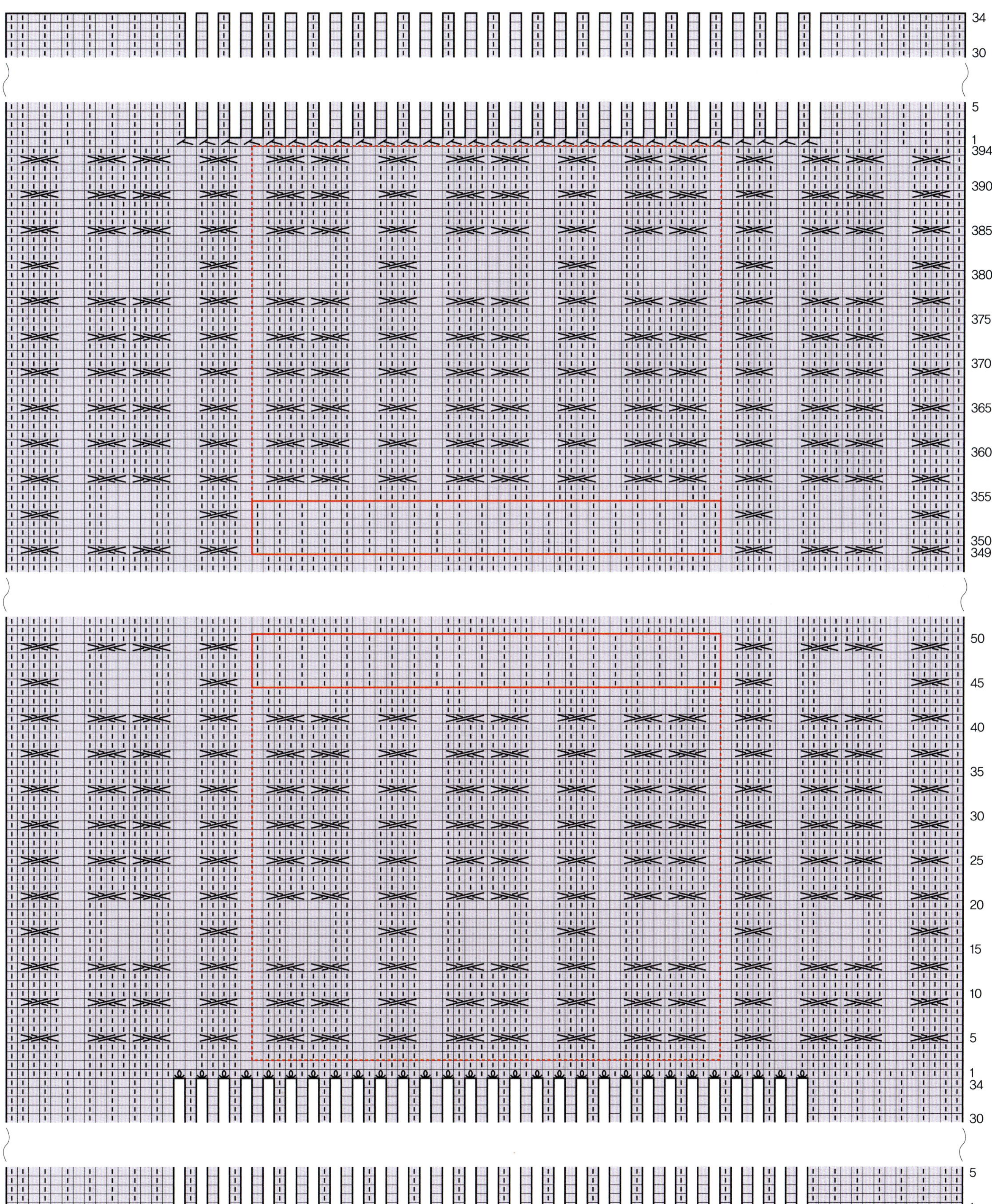
□ = ⊡

체리핑크 판쵸 & 모자 & 토시

체리핑크 판쵸 & 모자 & 토시

뜨 는 방 법

01 5mm 줄바늘과 실을 이용해서 흔들코 240코를 만들어 1코 고무뜨기 4단을 뜬 후 무늬뜨기 8무늬로 시작해서 74단을 뜬다.

02 01이 끝나면 4.5mm 줄바늘로 바꾸어 꽈배기 무늬 부분 쪽에서 5코씩 해서 40코를 줄여 200코가 되도록 하여 1코 고무뜨기 18단을 뜬다.

03 02가 끝나면 4mm 줄바늘로 바꾸어 40코를 줄여 160코가 되게 한 다음 2코 고무뜨기 60단을 뜬 뒤 돗바늘(2코 고무뜨기)로 마무리한다.

TIP. 이 작품에서 작업은 원통뜨기로 했으나 무늬뜨기 부분이 어려우면 1코 를 더해 오픈시켜 뜬 뒤 시접선을 돗바늘로 꿰매어 작업해도 괜찮다.

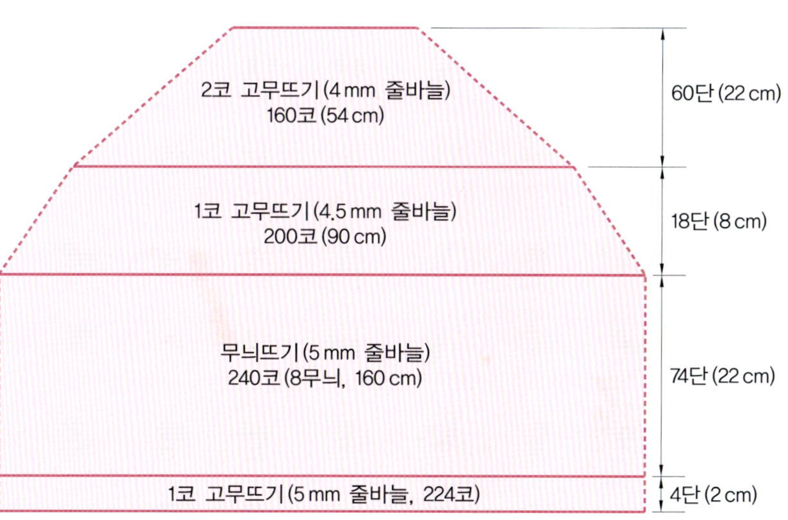

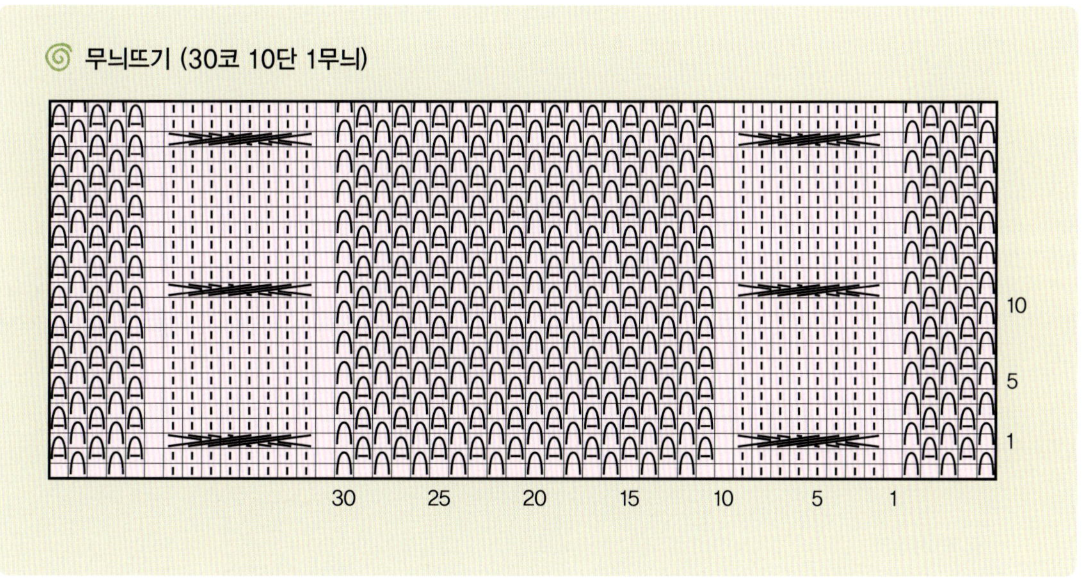

뜨는방법

【모 자】

01 4.5mm 줄바늘과 실을 이용해서 흔들코 88코를 만들어 2코 고무뜨기 40단을 원통 뜨기한다.

02 5mm 줄바늘로 바꾸어 2코 늘려 90코를 만든다. 그리고 무늬뜨기 5무늬로 시작해서 원통뜨기로 21단을 뜬다.

03 22단부터 도안 1을 참고하여 코 줄임을 한다. 나머지코 15코가 되면 돗바늘에 실을 꿰어 한고리가 되게 꿰어 묶어 마무리한다.

【토 시】

01 4.5mm 줄바늘과 실을 이용해서 흔들코 40코를 만들어 2코 고무뜨기 66단을 원통뜨기한다.

02 67단과 68단에는 엄지손가락 구멍을 내고 12단을 더 원통뜨기한 후 돗바늘(2코 고무뜨기)로 마무리한다.

03 코바늘로 장식 꽃리본을 떠서 팔부분에 달아 완성한다.

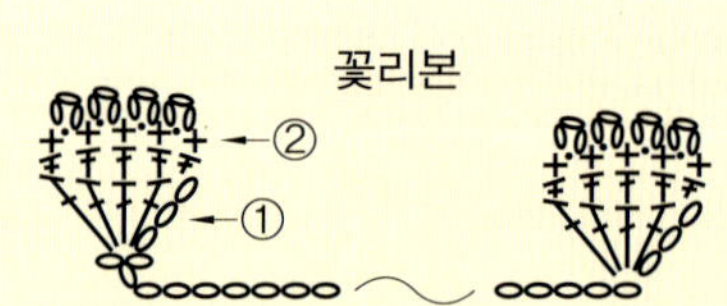

① 고리에 한길긴뜨기 10개를 떠서 원을 만든다.
② ①을 반으로 접어 겹친 2코를 1코로 뜨며 피코뜨기한다.
TIP. 사슬은 원하는 길이만큼 먼저 떠서 장갑에 끼워준 뒤 꽃장식뜨기 ①의 고리 구멍에 사슬을 넣어 풀리지 않게 매듭짓는다.

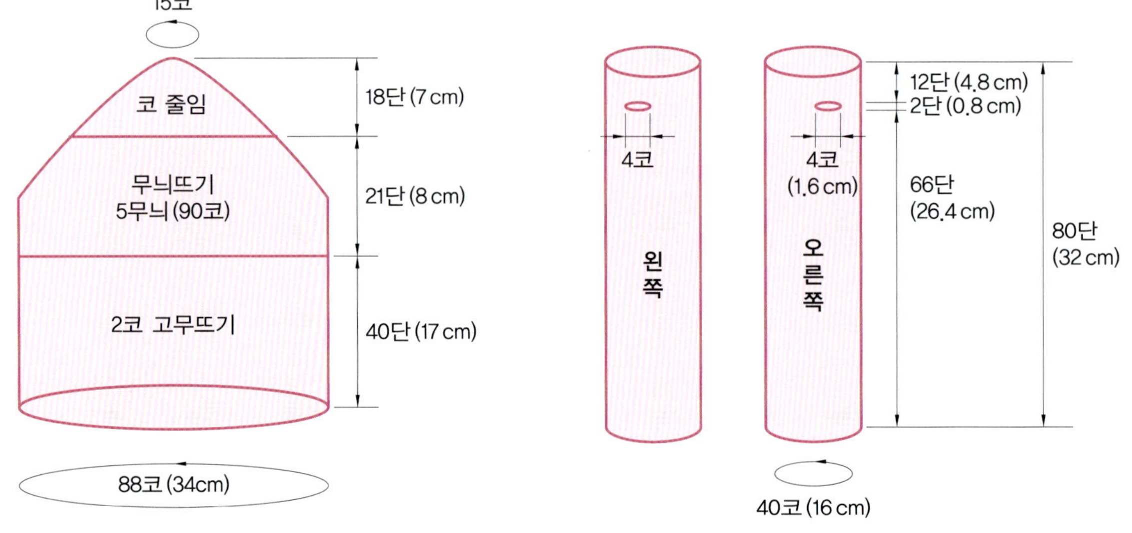

◎ 무늬뜨기 (18코 8단 1무늬)

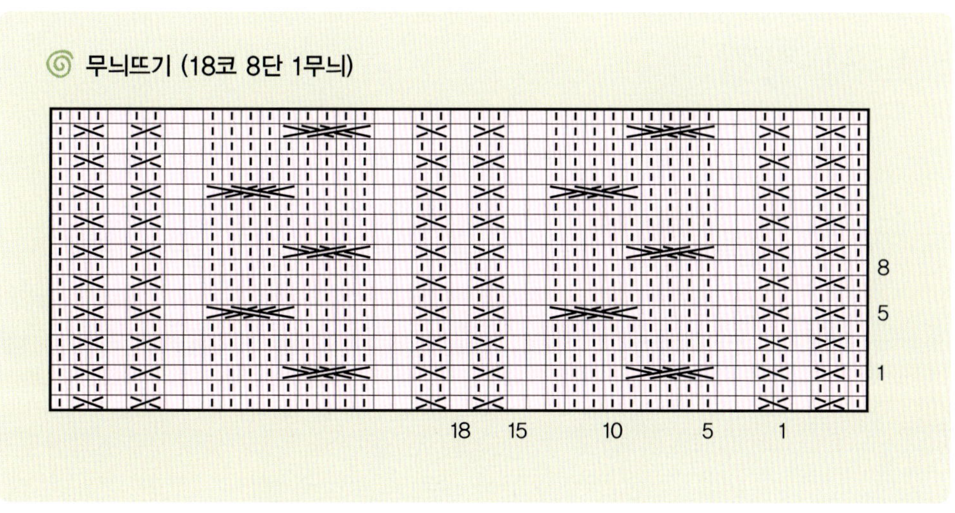

모자(도안1)

□ = ⊟

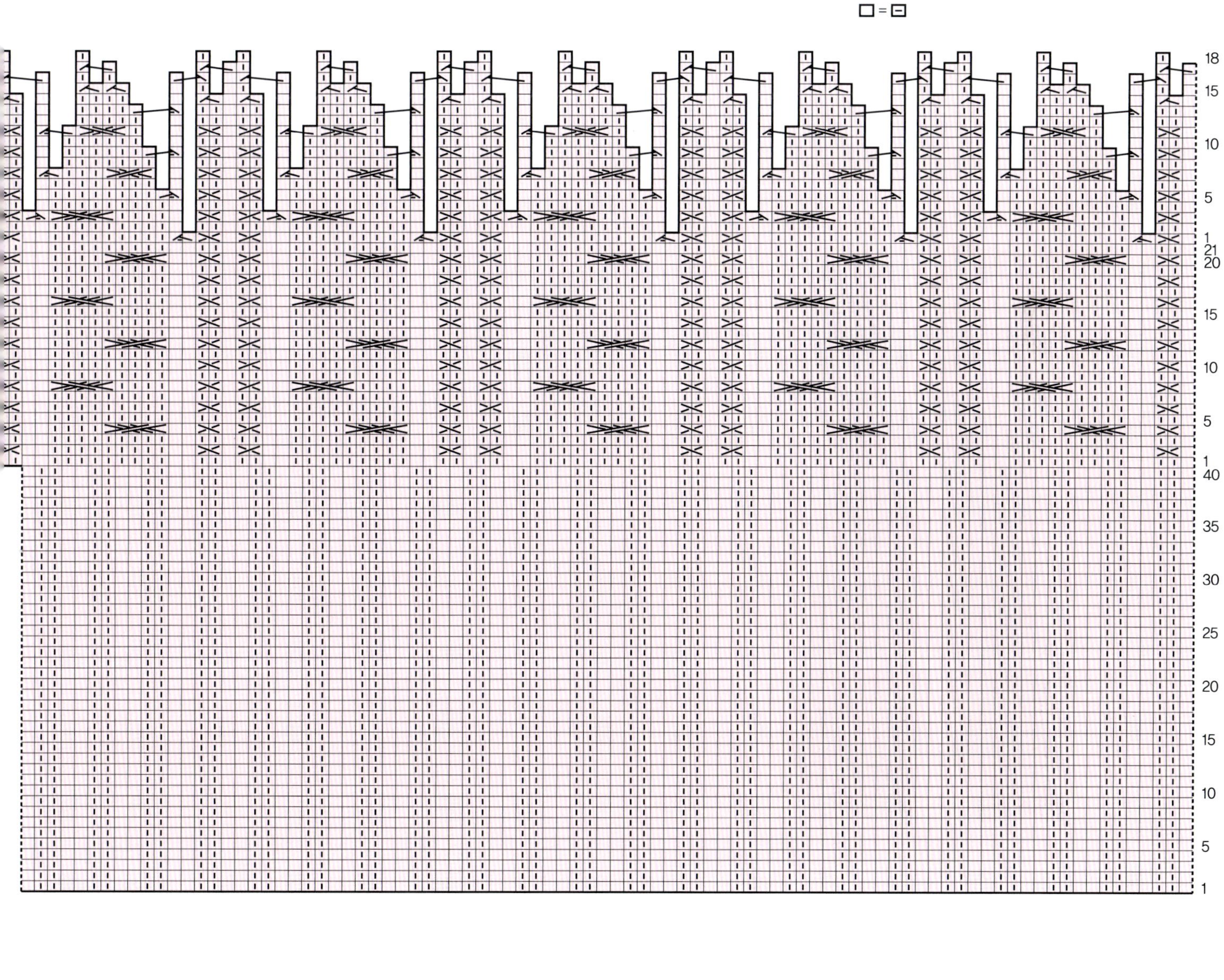

 12 파란색 토시 장갑

뜨 는 방 법

01 3.5mm 줄바늘과 실을 이용해서 흔들코 52코를 만들어 2코 고무뜨기 10단을 뜬 뒤 4mm 줄바늘로 바꾸어 무늬뜨기를 하는데 도안 1을 참고한다.

02 무늬뜨기 시 평 12단을 뜬 뒤 10단마다 1코 줄이기를 6회하여 무늬 기둥 양 옆을 각각 줄여 40코가 되도록 한다.

03 무늬뜨기 전체 121~122단에 엄지손가락 구멍을 낸 뒤 평 12단을 더 뜬 다음 3.5mm 줄바늘로 바꾸어 2코 고무뜨기 8단을 뜬 후 돗바늘 (2코 고무뜨기)로 마무리한다.

04 엄지손가락 부분에 12코를 주워 2코 고무뜨기 6단을 뜨고 돗바늘(2코 고무뜨기)로 마무리한다.

　– 왼쪽, 오른쪽 엄지손가락은 대칭적으로 구멍을 낸다.

05 모든 작업은 원통뜨기로 한다.

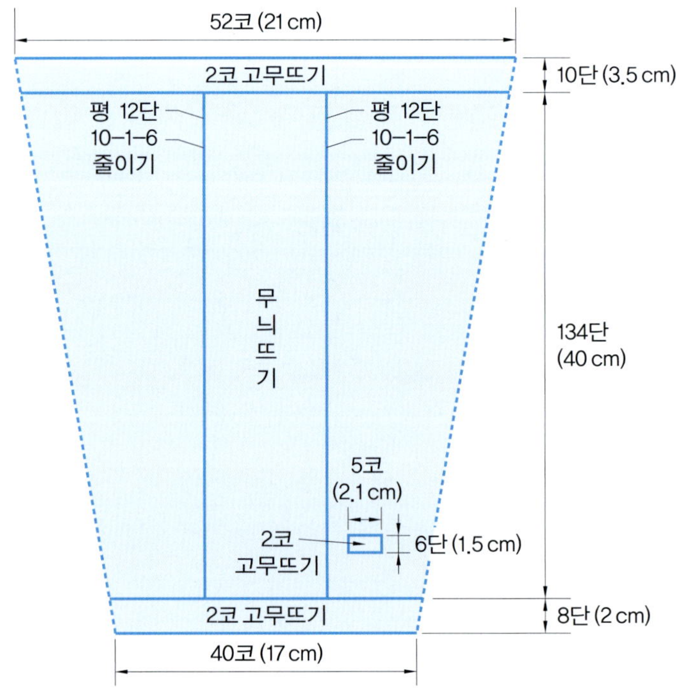

*오른쪽은 왼쪽과 대
 칭으로 뜨면 된다.

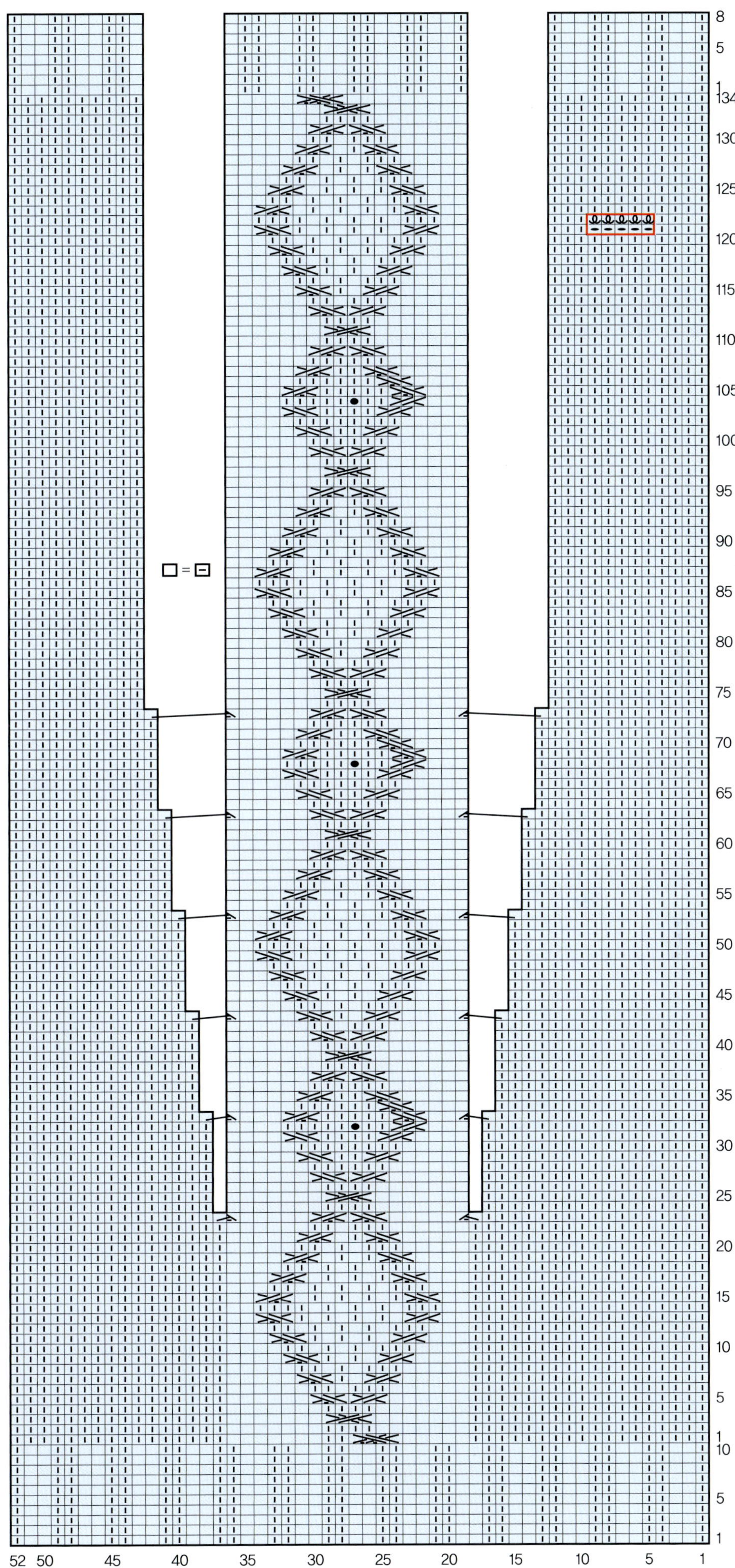

뉴 트렌드 패션 손뜨개

2012년 1월 10일 인쇄
2012년 1월 15일 발행

저자 : 임현지
펴낸이 : 남상호

펴낸곳 : 도서출판 **예신**
www.yesin.co.kr

140-896 서울시 용산구 효창원로 64길 6
대표전화 : 704-4233, 팩스 : 335-1986
등록번호 : 제03-01365호(2002. 4. 18)

값 20,000원

ISBN : 978-89-5649-092-2